Matthias Eckoldt

VIRUS

Matthias Eckoldt

VIRUS

Partikel, Paranoia, Pandemien

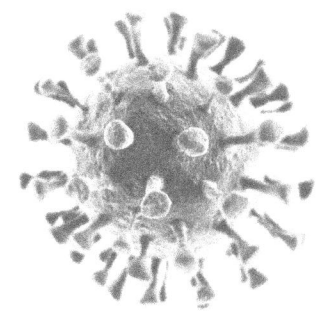

ecoWIN

Sämtliche Angaben in diesem Werk erfolgen trotz sorgfältiger Bearbeitung ohne Gewähr.
Eine Haftung der Autoren bzw. Herausgeber und des Verlages ist ausgeschlossen.

1. Auflage
© 2021 Ecowin bei Benevento Publishing Salzburg – München,
eine Marke der Red Bull Media House GmbH, Wals bei Salzburg

Die Abbildungen im Innenteil des Buches wurden übernommen von: Alamy (S. 35), Bundesarchiv, Koblenz, Sig. 183-84387-0001 (S. 158), Peter Palm, Berlin (S. 188), The Science Museum / Science and Society Picture Library, London (S. 137), Science Photo Library/ Picturedesk (S. 105), Wikicommons (S. 73, 228) sowie aus: Francis Crick, *Ein irres Unternehmen*, München 1988 (S. 164); Helmut Ruska, *Virus*, Darmstadt 1950 (S. 115).

Alle Rechte vorbehalten, insbesondere das des öffentlichen Vortrags, der Übertragung durch Rundfunk und Fernsehen sowie der Übersetzung, auch einzelner Teile. Kein Teil des Werkes darf in irgendeiner Form (durch Fotografie, Mikrofilm oder andere Verfahren) ohne schriftliche Genehmigung des Verlages reproduziert oder unter Verwendung elektronischer Systeme verarbeitet, vervielfältigt oder verbreitet werden.

Medieninhaber, Verleger und Herausgeber:
Red Bull Media House GmbH
Oberst-Lepperdinger-Straße 11–15
5071 Wals bei Salzburg, Österreich

Satz: MEDIA DESIGN: RIZNER.AT
Gesetzt aus: Minion Pro, Forma DJR Banner
Umschlaggestaltung: Benedikt Lechner
Umschlagmotiv: Shutterstock/creativeneko
Autorenillustration: © Claudia Meitert / carolineseidler.com
Printed by GGP Media GmbH, Germany
ISBN: 978-3-7110-0275-4

Für meine Mutter,
die so viele Virenerkrankungen behandelt hat.

»Im Grunde muss man davon ausgehen, dass sich die meisten Hypothesen, die man aufstellt und an denen man lange feilt und arbeitet, als falsch erweisen.«
Harald zur Hausen

»Wir können überhaupt nicht ausschließen, dass irgendwann einmal medizinisch resistente Viren entstehen, die einfach losmarschieren, und die Medizin ratlos dasteht und Jahre braucht, um eine Diagnose für die Krankheit zu entwickeln. So etwas halte ich für viel wahrscheinlicher, als dass eine Riesen-Explosion geschieht, die die Menschheit vernichtet.«
Niklas Luhmann

»In der Natur gibt es keine Probleme. Die Natur kennt nur Lösungen.«
André Lwoff

Inhalt

Vorwort: Am Anfang war das Virus   13

I. Wie alles begann

Infektionskrankheiten oder:
üble Düfte und winzige Tierchen   21

Über die Urzeugung oder:
Henne und Ei – aber wo ist der Hahn?   24

Erste Experimente oder:
Gammelfleisch und Strafe Gottes   27

Eine neue Dimension oder:
elende Biestchen unterm Flohglas   32

Widerlegung der Urzeugung oder:
Hirngespinste und Mikroben   38

Nachweis von Infektionswegen oder:
der lange Schatten der Miasmatiker   44

II. Noch immer kein Virus in Sicht

Die Pockenimpfung oder:
eine Lady und ein Milchmädchen   50

Bakterien als Infektionskeime oder:
die Sporen im Auge der Kuh   54

Das erste Virus oder: der unsichtbare Feind   59

Gelbfieber- und Tollwutvirus oder:
Menschenversuche an sich selbst und an anderen   67

Bakterienfressende Viren oder:
Bananenwhisky und Sisalschnaps   74

III. Der Durchbruch

Die Spanische Grippe oder:
morgens krank, abends tot ... 82

Das Elektronenmikroskop oder:
ein Streich der Nazis? ... 93

Viruskristalle oder:
5000 Liter Saft und ein Paradoxon ... 102

Anzucht von Viren oder:
wie Impfstoffe ausgebrütet werden ... 109

Erste Taxonomie der Viren oder:
Keule und Polsternagel ... 112

IV. Wie Viren codieren

Die Bedeutung der Nukleinsäure oder:
wie man Viren zerlegt und wieder zusammensetzt ... 118

Der genetische Code oder:
die DNA, ein eher langweiliges Molekül? ... 127

Die Definition der Viren oder:
das Geheimnis der Lysogenie ... 140

V. Strategien von Viren und Wirten

Die Polioimpfungen oder:
kein Patent für die Sonne ... 150

Retroviren oder:
ein Schritt zurück und die Ordnung der Viren ... 160

Krebserzeugende Viren oder:
zwei Gene übernehmen die Regie ... 169

HIV oder:
viel Streit um viel Ruhm und viel Geld ... 176

VI. Corona und Co.

Die PCR oder: wie man
Nummernschilder vom Mond aus sehen kann   192

Viren in der Biotechnologie oder:
die Büchse der Pandora ist geöffnet   200

Pandemien seit dem Jahr 2000 oder:
sechzig Tage Zwangsurlaub für Virologen   213

Die Krankheit X oder:
ein Dank an die Viren   227

Dank   237

Anmerkungen   239

Sach- und Personenregister   247

Vorwort
Am Anfang war das Virus

So ein kleines Ding! Kleiner als ein Sandkorn – viel kleiner. Zehnmal kleiner? Nein! Hundertmal kleiner? Nein! Tausendmal kleiner? Nein, noch kleiner! 10 000-mal kleiner als ein Sandkorn. Kleiner als winzig! Mit keinem Lichtmikroskop der Welt zu sehen und von der Struktur her so simpel, dass sich trefflich darüber streiten lässt, ob es überhaupt den Kriterien des Lebens genügt. Um in den strengen Augen der Biologen als lebendig zu gelten, sollte ein »Lebe-Wesen« nämlich zumindest sechs Bedingungen erfüllen:

- Wachstum, im Sinn von Größenzunahme und Entwicklung;
- Fortpflanzung, also das Hervorbringen von Nachkommen;
- Stoffwechsel, die Fähigkeit, chemische Stoffe der Umgebung für die eigenen Zwecke, wie Energiegewinnung oder Substanzaufbau, zu nutzen;
- Bewegung, ein Phänomen, das nicht so einfach ist, wie es scheint, es wird gleich noch differenzierter diskutiert;
- Reizbarkeit, hier geht es nicht um Choleriker, sondern um die Möglichkeit, auf Umweltreize zu reagieren, sowie:
- Evolution, die Weitergabe der eigenen Merkmale an die Nachkommen (Vererbung), wobei es bei jedem Vererbungsvorgang zu Merkmalsänderungen kommen kann, die unter Umständen die Überlebenschancen der Nachkommen verbessern.

Das sieht ein wenig nach einer anthropozentrischen Definition aus, denn zuerst fällt auf, wie spielend der Mensch diese Kriterien erfüllt.

Aber was ist mit den Pflanzen? Sie bewegen sich nicht, sondern bleiben ihr Leben lang dort stehen, wo sie ihre ersten Wurzeln geschlagen haben. Das schon, verlautet es von den Freunden der definitorischen Klarheit, aber sie bewegen sich doch. Langsam zwar, aber dennoch merklich, wenn man sich den Drang und die Hinwendung zum Licht anschaut. Hier könnte man wiederum einwenden, dass es sich um Wachstum und nicht um Bewegung handelt, aber sei's drum. Das Kriterium der Evolution scheint als Bedingung ebenfalls streitbar, da sich auch Minerale evolutiv verhalten und weiterentwickeln.[1]

Doch es gibt auch eine Alternative zu dieser Lebensdefinition, die einzelne Merkmale addiert. In den Achtzigerjahren des letzten Jahrhunderts schlug der chilenische Biologe Humberto Maturana (*1928) vor, das Lebendige eher von der Struktur her zu betrachten. Er suchte nach einem einzigen Kriterium, das für alle biologischen Wesen zutraf, und gab diesem das geheimnisvolle Label »Autopoiesis«. Das Wort bedeutet so viel wie »Selbsterschaffung« und trägt der grundsätzlichen Eigenschaft des Lebens Rechnung. Leben entsteht nur aus Leben, und jeder lebendige Organismus kann seine eigenen Strukturen nur selbst aufbauen. Weder die Umwelt noch ein anderes System kann hier Vorschriften machen. Denn alles, was lebt, ist für seine innere Organisation selbst verantwortlich, das heißt, es geht mit äußeren Reizen immer zu seinen eigenen Bedingungen um, und nicht etwa zu denen der Umwelt.

Wendet man nun diese beiden Versuche, das Eigentümliche des Lebens zu fassen, auf Viren an, kommt man zu ganz unterschiedlichen Resultaten. Mit der summarischen Lebensdefinition als Richtschnur springen die Viren deutlich unter der Latte durch, da sie sich weder selbst vermehren können noch über einen eigenen Stoffwechsel verfügen und darüber hinaus kaum Anstalten machen, auf ihre Umwelt zu reagieren. Damit müssten Viren aus dem erlesenen Kreis des Lebendigen verbannt werden, und Biologen bräuchten beziehungsweise dürften sich nicht mit ihnen beschäftigen.

Die Idee der Autopoiesis führt hingegen zu einem anderen Ergebnis. Sicher, Viren können sich nicht selbst fortpflanzen, ihnen gelingt es nicht, sich zu teilen wie die Zellen noch sich zu paaren wie die meisten Tiere, und auch nicht, sich durch Bestäubung zu vermehren wie viele Pflanzen. Sie brauchen dafür eine Zelle, deren Befehlszentrum sie kapern können. Einmal eingedrungen, geben sie Befehle zur Produktion ihrer Nachkommen, die sich mitunter beim Verlassen des Wirtes auch noch mit einem Stück von dessen Zellwand ummanteln. So praktizieren die Viren vielleicht keine materielle, wohl aber eine informationelle Selbsterschaffung. Alle Viren tragen die Informationen darüber, wie ihre Strukturen aufzubauen sind, in sich. Sie besitzen die oberste Verfügungsgewalt über ihre innere Organisation. Allerdings brauchen sie zur Umsetzung ihrer Selbsterzeugung ein anderes biologisches Wesen. Damit aber sind die Viren im Reich des Lebens beileibe nicht allein. Benötigen nicht auch Apfelbäume andere, völlig artfremde Organismen wie Bienen, um sich fortzupflanzen? Und wer wollte ihnen die Lebendigkeit absprechen?

Vor dem Hintergrund der Autopoiesis-Idee sind Viren also quicklebendig. Wenn man bedenkt, dass sie sogar andere Lebewesen zwingen können, ihre Reproduktion zu betreiben, könnte man bei übertriebenem Interesse an Polemik sogar von einer höheren Lebensstufe sprechen. In jedem Fall aber verhalten sich Viren enorm clever und sind beispiellos erfolgreich. Ihre Individuenzahl auf der Erde kann man ohne Übertreibung als astronomisch bezeichnen. Mehr noch, diese Attribuierung muss nach Faktenlage sogar als Untertreibung gewertet werden. Denn durch unser Universum fliegen etwa 10^{25} Sterne. Eine 1 mit 25 Nullen. Unvorstellbar, aber nicht unaussprechbar, auch wenn die Bezeichnung aus verständlichen Gründen selten gebraucht wird: Zehn Quadrillionen Sterne, mit denen die Viren auf der Erde den Vergleich nicht zu scheuen brauchen. Auf unserem Planeten leben – sagen wir es ruhig einmal – 10^{33} Viren. Um von 10^{25} auf 10^{33} zu kommen, muss man die Zahl mit 100 Millionen multiplizieren. Es gibt also 100 Millionen Mal mehr Viren auf der Erde als Sterne im All. Erstaunlicherweise hat auch diese Zahl einen Namen: eine Quintilliarde! Auf einen Menschen kommen 10 Milliarden

Billionen Viren. Und eine einzige Art kann bereits so viel Ungemach verursachen!

Es ist wirklich unfair, die Lebendigkeit der Viren zu bestreiten. Nicht wegen ihrer schieren Menge und auch nicht nur wegen ihrer unübersehbaren Cleverness im Umgang mit biologischen Systemen, sondern vor allem, weil immer mehr Anzeichen dafür sprechen, dass die Viren bei der Entstehung des Lebens tatkräftig mitgewirkt haben. Viren könnten sogar die ersten Organismen überhaupt gewesen sein und damit den unteren, noch unverzweigten Teil vom Stammbaum des Lebens bilden.

Eine spannende Hypothese sagt dazu Folgendes: Vor etwa 3,9 Milliarden Jahren enthielt die Luft auf der Erde noch keinen Sauerstoff. Oberirdisch standen die Zeichen damit nicht sehr günstig für den Startschuss der biologischen Evolution. Anders in den Tiefen der Ozeane, besonders dort, wo der Meeresboden in der frühen Erdentwicklung immer wieder aufriss und glühendes Magma austrat. Dadurch konnte sich das Wasser in der Nähe solcher Stellen auf bis zu 400 Grad Celsius erhitzen – möglich ist das aufgrund des enormen Drucks, der in diesen Tiefen herrscht. Ein Paradies für chemische Reaktionen. In diesem ozeanischen Hexenkessel könnten dann Biomoleküle entstanden sein und daraus schließlich auch erste kurze RNA-Sequenzen. Damit war die Grundlage für die Existenz von Viren geschaffen, da sich mit dieser Nukleinsäure nicht nur genetische Informationen speichern lässt, sie konnte damals vermutlich sogar die Funktion von Enzymen ausüben – etwas, was heute Proteinen (Eiweißen) vorbehalten ist. So gelang es den Viren möglicherweise nach und nach, komplexere biologische Strukturen auszubilden, sodass sie schließlich auch über eine Art Stoffwechsel und in gewissem Maße über die Fähigkeit zur Fortpflanzung verfügten. In den letzten Jahren gefundene sogenannte Riesen- oder Gigaviren, die selbst noch andere Viren in sich tragen können, geben zu dieser Vermutung Anlass. Diese Urform des Lebens war jedoch nicht sonderlich effektiv. Die einzelnen Prozesse dauerten wahrscheinlich sehr lange. Allerdings war damals

Zeit im Überfluss vorhanden. Es gab keine äußeren Bedrohungen – jedenfalls nicht von anderem Leben. Ein paar Hundert Millionen Jahre könnten die Viren allein auf der Welt gewesen sein, bis schließlich die ersten Einzeller auftauchten. Mit ihrem – an den Viren gemessen – hochkomplexen Aufbau, der innovativen Art der Energiegewinnung und der Möglichkeit zu teils rasanter Fortpflanzung wurden sie rasch zu den Platzhirschen und machten die Viren zu evolutionären Verlierern. Doch deren Ende war damit noch nicht besiegelt. Die Viren fanden eine evolutionäre Nische als Parasiten der Zellen, die offensichtlich viel erfolgversprechender war als ihre vormalig autonome Lebensweise. Mit der Zeit konnten sich die Viren denn auch eine weitere Reduktion ihrer Strukturen erlauben, denn alles Wichtige erledigten die Zellen, während sie sich darauf beschränkten, sich als reine biologische Informationseinheit vervielfachen zu lassen. Wenn diese Hypothese stimmt, dann wären nicht die Viren den zellulär organisierten Lebewesen in die Quere gekommen, sondern gerade andersherum.

So oder so ähnlich könnten die biologischen Anfänge ausgesehen haben. Eigentlich ein guter Startpunkt für ein Buch über die Geschichte der Viren. Doch es gibt da noch eine andere spannende Geschichte zu erzählen, jene nämlich vom Ringen um Erkenntnisgewinn über die merkwürdige Natur der Viren. Sie handelt von Menschen, die sich auch von Irrwegen und Rückschlägen nicht davon abbringen ließen, in den Mikrokosmos des Lebens vorzudringen. Ohne sie wüssten wir von Viren nach wie vor nichts. Deshalb dienen die wissenschaftlich-medizinischen Eckpunkte als Leitfaden für das Buch. Im historischen Kontext wird entwickelt, was Forscher – oft unter Einsatz des eigenen Lebens (und das von anderen) – über Viren in Erfahrung gebracht haben. Erstaunlich sind ihr Wagemut und ihre Hartnäckigkeit vor allem vor dem Hintergrund, dass es die Forscher über lange Zeit lediglich mit dem Konzept »Virus« zu tun hatten, nicht aber mit dem Partikel selbst. So kann man hier von geradezu mystisch anmutenden, sich dennoch erstaunlich hartnäckig haltenden Spekulationen über die Urzeugung von Krankheitserregern lesen; ebenso von ethisch fragwürdigen Experimenten mit den allerersten Impfstoffen, von zermürbenden Misserfolgen bei der Suche nach den Viren, die partout ihre Gestalt nicht zeigen wollten, von dramatischen Fehleinschätzungen während der – bislang – größten Viruspandemie 1918–1920, aber auch von epochalen Erfolgen der Virenforschung im Bombenhagel des Zweiten Weltkriegs. Von reiner Verzweiflung angesichts der Unberechenbarkeit bakterienfressender Viren sowie von im wahrsten Sinne rauschhaften Sternstunden der Wissenschaft bei der Erfindung der PCR-Technik für den Virennachweis und von ruhmversessener Umdeklarierung nobelpreiswürdiger Laborproben des AIDS-Erregers. Nicht zuletzt wird es auch um einen historischen Moment des Erschauderns in der Wissenschaftlergemeinde gehen, als man mithilfe von Viren die Büchse der Pandora in der Gentechnologie öffnete. Und damit: Willkommen in der Gegenwart, in der die elaborierten Analyseverfahren deutlich machen, dass beim Thema Viren gerade erst die Spitze des Eisbergs in den Blick kommt. So zeigt die wechselvolle Geschichte der Virenforschung auch, warum sich menschliche Neugier besser Demut zum Ratgeber nehmen sollte, anstatt sich immer wieder in Allmachtsfantasien hineinzusteigern.

I.
WIE ALLES BEGANN

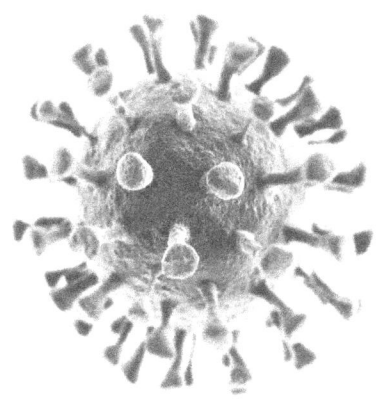

Infektionskrankheiten oder: üble Düfte und winzige Tierchen

Hippokrates (um 460 bis etwa 370 v. Chr.), der als Stammvater der Medizin gehandelt wird und jenem Eid seinen Namen gab, auf den sich Ärzte noch heute berufen, soll einmal von den Athenern angefleht worden sein, sie von der in ihrer Stadt grassierenden Pest zu befreien. Er kam, so geht die Legende, und schaute sich in Athen um. Überall litten und starben Menschen an dieser Krankheit. Das öffentliche Leben fand kaum noch statt. Einzig in den Schmieden wurde eifrig weiter gehämmert. Konnte das ein Zufall sein? Für den erfahrenen Arzt gab es keine Zufälle. Also erklärte er Hitze, Feuer und Rauch zu den Heilmitteln gegen die Pest, ließ die Wohnstätten ausräuchern und auf Plätzen und Straßen gewaltige Brände entfachen. Nach und nach soll die Seuche aus der Stadt verschwunden sein.

Ob die Anordnungen des Hippokrates tatsächlich das Ende der Seuche besiegelten, weiß man nicht. Es ist noch nicht einmal klar, ob überhaupt und, wenn ja, wie viel Wahres diese Episode enthält. So wie man ohnehin wenig über Hippokrates weiß, eigentlich gar nichts. Einig sind sich die Historiker nur darin, dass er den nach ihm benannten Eid weder erfunden noch selber geschworen hat. Gleichwohl zeigt die vermeintliche Begegnung des Arztes mit der Seuche in Athen die entscheidende Methodik der Medizin. Sie beruht auf Beobachtungen sowie aus Erfahrung gewonnenen Vorannahmen, in deren Licht das Gesehene interpretiert wird. Hippokrates setzte auf Feuer und Rauch, aber angesichts seiner Beobachtungen hätte er den Athenern ebenso gut die harte körperliche Arbeit der Schmiede verordnen können, um die Pest zu bekämpfen.

Hätte er nicht! Denn er war ein sogenannter Miasmatiker, wahrscheinlich sogar Initiator dieser Lehre, nach der Infektionskrankheiten durch Verunreinigungen der Luft entstehen. Das Wort »Miasma« stammt aus dem Altgriechischen und wird mit »übler Dunst« übersetzt. Eines der dem Hippokrates zugeschriebenen Bücher trägt denn auch gleich im Titel den Hinweis auf das Miasma: Es heißt *Über die Winde*. Demnach verursachen krank machende Dämpfe Infektionen und – im großen Stil – Seuchen, indem sie das Gleichgewicht der Körpersäfte durcheinanderbringen. Vor diesem Hintergrund ordnete Hippokrates die Maßnahmen in Athen an. Die üblen Gerüche, die seinen Glaubenssätzen zufolge zur Pest geführt hatten, sollten durch Rauch und Feuer aus der Stadt getrieben werden.

Bedenkt man die hygienischen Bedingungen in Antike und Mittelalter, liegt diese Theorie nahe und trifft in Teilen auch den Kern, da viele Krankheiten tatsächlich über Schmutz und Fäkalien weitergegeben werden. Das wären dann gewissermaßen die gefürchteten giftigen Ausdünstungen. Äußerst suspekt waren dem Miasmatiker auch Sümpfe. Dort befürchtete er die durch Fäulnisprozesse verursachte Freisetzung übler Dämpfe. Die Überzeugung, dass Miasmen für die Übertragung infektiöser Krankheiten verantwortlich sind, hielt sich bis tief in die Neuzeit.

Aber es gab noch eine andere Auffassung von der Ausbreitung der Seuchen. Auch dabei spielten feuchte Orte eine Rolle. Dort sollten nach der Idee des *contagium animatum*, des »belebten Ansteckungsstoffes«, winzige Tierchen entstehen. So klein, dass man sie mit bloßem Auge gar nicht sehen könne. Sie »gelangten mit der Luft durch Mund und Nase in den Organismus und erzeugten schwere Krankheiten«.[2] Der Terminus *contagium animatum* wurde erstmals von dem Universalgelehrten Marcus Terentius Varro (116–27 v. Chr.) verwendet. Obwohl auch der römische Arzt Claudius Galenus (129–199) als Taktgeber der abendländischen Medizin die Idee des Ansteckungsweges über belebte Stoffe aufnahm, führte sie lange Zeit ein Schattendasein. Schuld daran war sicherlich die von Varro behauptete Natur der infektiösen Tierchen, der sogenannten Kontagien. Wie sollte man ihre Existenz und Wirksamkeit nachweisen, wenn man sie mit bloßem Auge gar nicht sehen konnte? Zwar stand die Sache mit den Miasmen im Prinzip nicht besser, aber zumindest waren die üblen Dünste dem Geruchssinn zugänglich. Andererseits hätte aber auch die Beobachtung von Ansteckungswegen eine Entscheidung zugunsten der Kontagientheorie bringen können. Denn bei der Pest sprang die Krankheit offensichtlich von einem Menschen zum anderen über. Doch das allein galt den Miasmatikern nicht als Beweis. Sie verwiesen darauf, dass die Kranken ebenfalls üble Dünste von sich gäben, die dann wiederum andere infizierten.

Letztlich konnte die Kontroverse zwischen Miasmatikern und jenen, die an Kontagien, also kleinste Organismen, als Krankheitserreger, glaubten, nicht entschieden werden, solange noch eine weitere Vorstellung Geister und Gemüter erhitzte. Dabei ging es um die sogenannte Urzeugung. Sie propagierte die spontane Entstehung von Leben aus unbelebter Materie. Auf Grundlage dieser Konzeption konnte man beides behaupten: dass kleine krank machende Organismen plötzlich an verschiedenen Orten beziehungsweise in oder auf den Körpern bereits Erkrankter entstehen, aber auch, dass Seuchen durch das Aufsteigen von üblem Dunst hervorgerufen werden, in oder von dem die Krankheiten spontan erzeugt werden. Bevor etwas Licht ins Dunkel des Infektionsgeschehens fallen konnte, musste zuerst die Idee der Urzeugung grundlegend verhandelt werden. Das dauerte allerdings bis in die Mitte des 19. Jahrhunderts.

Über die Urzeugung oder: Henne und Ei – aber wo ist der Hahn?

Man nehme ein unreines Hemd, vorzugsweise von einer Frau, und werfe es zusammen mit etwas Weizen in ein Fass. Dann überlasse man diese beiden Zutaten sich selbst. Für etwa drei Wochen. Was entsteht in diesem Experiment?

Noch ein kleiner Hinweis: Durch den Geruch des Weizens verändert sich das Hemd und wird zu einer Haut, die das Getreidekorn überzieht. Was also entsteht? Natürlich Mäuse! Und zwar »nicht junge oder saugende Mäuslein, auch nicht nackende oder unzeitige, sondern völliglich geformte Mäuse«.[3]

Der weit gereiste Universalwissenschaftler und praktizierende flämische Arzt Johannes Baptista van Helmont (1580–1644) ersann diesen Versuch zum Nachweis der Möglichkeit einer Urzeugung, auch Abiogenese genannt. Sein Experiment wird sicherlich wiederholt erfolgreich verlaufen sein, allein der Weizenkörner wegen. Doch die Sache hatte einen ernsten Hintergrund. Hinter der Theorie stand die spätestens seit der Antike brennende Frage, wie das Leben entstanden sein könnte. Die Beobachtung lehrte seit alters, dass alle Lebewesen nach ihrem Tod über kurz oder lang zu Staub zerfallen. Aus Leben wird also tote Materie. Im Umkehrschluss müsste dann aber auch Leben aus toter Materie entstehen können. Ansonsten kommt man nie aus dem Henne-Ei-Paradoxon heraus. Wenn das Ei zuerst da war, gab es niemanden, der es ausbrüten konnte, war aber die Henne zuerst da, kann sie nicht aus einem Ei geschlüpft sein. Da scheint die Urzeugung doch eine elegante und höchst willkommene Lösung, durch die dem Unbelebten der Lebensgeist eingehaucht wird. Ist die

Henne einmal auf der Welt, kann sie Eier legen, und die beobachtbare Ordnung der Welt ist gewährleistet – mal abgesehen vom nächsten Problem, nämlich wie der Hahn entstanden ist. Vermutlich wird auch hier die Urzeugung segensreich gewirkt haben, wären doch anderenfalls die Eier unbefruchtet, es könnten sich keine Küken aus dem Ei pellen und weder andere Hennen noch Hähne entstehen.

Für eine Urzeugung im großen Stil braucht es etwas mehr als ein verschwitztes Frauenhemd und Weizen. Hier müssen die Elemente ran: Feuer, Wasser, Luft und Erde. Das wussten schon die Vorsokratiker. Auf deren Ideen aufbauend formt Aristoteles (384–322 v. Chr.) die Idee der Abiogenese – wie so vieles andere auch – zu einer fast zweitausend Jahre lang dominierenden Theorie. Er verbindet sie jedoch nicht mit der Entstehung des Lebens als solchem, sondern setzt sie zur Klassifizierung der Arten ein. So sieht der Empiriker unter dem Himmel von Zeus folgende (Zeugungs-)Arten: die Säugetiere, die lebendige Nachkommen zur Welt bringen, jene Geschöpfe, die ihre Jungen über den Weg des Eierlegens in die Welt setzen, und verschiedenes, zumeist eher kleines Getier, das unmittelbar durch Urzeugung entsteht. Zwar beschreibt Aristoteles die Larvenstadien der Insekten sehr genau, er ist sich zugleich jedoch sicher, dass die Raupen der Schmetterlinge »aus den grünen Blättern entstehen, und am meisten aus jenen des Kohls«.[4] Auch einigen Fischarten, wie beispielsweise dem Aal, schreibt Aristoteles Spontanzeugung aus Unbelebtem zu. Er entstehe im Sand, so wie auch die Regenwürmer. Die Bienen werden im Kuhmist spontan gezeugt, und »alle Arten der Schalentiere entstehen von selbst im Schlamm«.

Judentum, Christentum und Koran nehmen die Vorstellung der Urzeugung dankbar auf. Hier wie dort entsteht Adam, wie die Regenwürmer bei Aristoteles, aus Erde, während Eva der Rippe des ersten Menschen entstammt. Dieser Schöpfungsakt trägt zwar wesentliche Züge der Urzeugung, indem unbelebte in belebte Materie verwandelt wird, aber sie bekommt einen Autor. Anders als bei Aristoteles und seinen Vorgängern, denen es um den Akt der spontanen und unbeeinflussten Entstehung ging, führt hier der Herr selbst den Taktstock. Diese Nuancierung hält sich das gesamte Mittelalter über und kommt explizit in den Überlegungen des deutschen Astronomen Johannes Kepler (1571–1630) zum Ausdruck. Der Mann, der die Gesetze der Planetenbewegungen fand, sieht das ganze All von einem Geist beseelt, der mit überschüssiger Materie nach Gutdünken verfährt. In einem Brief an den Entdecker der Sonnenflecken, Johann Fabricius (1587–1617), schreibt Kepler im Oktober 1605: »So verwandelt [der Geist] den Schweiß der Frauen und Hunde in Läuse und Flöhe, den Tau in Heuschrecken und Raupen, den Leim in Aale, die Erde in Pflanzen, das Aas in Würmer, den Kot in Käfer.«[5]

Erste Experimente oder: Gammelfleisch und Strafe Gottes

Kepler – nicht nur Naturforscher, sondern zugleich evangelischer Theologe – bringt das Verständnis des christlichen Mittelalters auf den Punkt: Gott spricht durch Urzeugung zu den Menschen. Er kann mit den in der Bibel beschriebenen Heuschreckeninvasionen ganze Landstriche veröden und überhaupt nach Belieben Plagen der Menschheit ersinnen. Läuse, Flöhe, Würmer. Und vor allem Krankheiten. Die Theologen interpretieren Seuchen gern als Strafe Gottes, und Dichter wie Giovanni Boccaccio (1313–1375) nehmen diese Sichtweise auf: »Da brach in der herrlichen Stadt Florenz, die jede andere in Italien an Schönheit übertrifft, eine tödliche Pest aus ... Durch den gerechten Zorn Gottes wegen unserer lasterhaften Handlungen zu unserer Besserung über die Sterblichen verhängt.«[6] Insbesondere Pestepidemien gelten als Beleg für das ebenso strenge wie wachsame Auge Gottes, der sich das sündige Verhalten seiner Schäflein eine gewisse Zeit anschaut, bevor er sie dann grausam bestraft. Dann sind auch die Geißler unterwegs und züchtigen sich selbst bis aufs Blut, um Buße zu tun und gleichsam direkt Anteil am Leid des ans Kreuz geschlagenen Jesus zu nehmen.

Mitte des 14. Jahrhunderts breitete sich von Asien her eine die ganze Welt erfassende Pandemie aus, die allein in Europa 75 Millionen Menschenleben forderte – zu einer Zeit, in der sich die Weltbevölkerung auf gerade einmal 350 Millionen Häupter belief. Vielerorts wussten die Christen, was zu tun war, um dem Schwarzen Tod zu begegnen, und wählten einen für sie weniger schmerzhaften Weg als das Geißeln. Denn schuld an allen Übeln, da wurden sie sich rasch einig, waren im Zweifelsfall die Juden – an Gottes Zorn zumal. Als beliebte Variante zur Rechtfertigung der Pogrome dieser Zeit kursierte rasch die Paranoia von der jüdischen Weltverschwörung, nach der die Semiten durch die gezielte Vergiftung der Brunnen die Pest über die Länder der Welt brachten. So wurden die Massenmorde an der jüdischen Bevölkerung »Gott zu Lobe und zu Ehren und der Christenheit zur Seligkeit«[7] exekutiert. In einem gut dokumentierten Fall in Straßburg versicherte man im Februar 1349 den Juden, dass sie ins Exil geschickt würden. Vor den Toren der Stadt nahm man ihnen jedoch all ihre Habseligkeiten ab und pferchte sie in ein Holzhaus, das zugesperrt und in Brand gesetzt wurde. Das geraubte Geld teilten die Christenmenschen dann gerecht unter den Zünften der Stadt auf.[8]

Einen Brückenschlag vom 14. ins 21. Jahrhundert ermöglicht der evangelikale Prediger Ralph Drollinger. Seit 2017 gab er Bibelstunden im Weißen Haus unter Donald Trump. Er kam zu dem Schluss, dass diejenigen Personen, die eigentlich durch die Corona-Pandemie zurechtgewiesen werden sollten, für Gottes Zorn auf die gesamte US-amerikanische Nation verantwortlich seien. Obwohl Drollinger sich derselben Denkfigur bediente wie manche Christen im 14. Jahrhundert, unterschied sich seine Schlussfolgerung doch ein wenig, denn er machte nicht die Juden für die Corona-Krise verantwortlich. Die Schuldigen sind für ihn vielmehr Schwule, Lesben und Umweltschützer, von denen Erstere die Leidenschaft in den Schmutz zögen und sich Letztere des Glaubens an die falsche »religion of environmentalism« befleißigten, also dem »Götzen Umweltschutz« huldigten.[9]

Jenseits theologischer und machtpolitischer Zusammenhänge interessierte das Thema Urzeugung vor allem die Ärzte und Naturforscher. Für sie machte es einen entscheidenden Unterschied, ob sich Leben – und damit Krankheit – spontan bilden kann oder ob es in jedem Fall eine zumindest prinzipiell nachverfolgbare Kette von Ursachen gibt. In ersterem Fall hieß es, sich ins Schicksal fügen, in letzterem aber könnte man die wahren Auslöser erforschen und bekämpfen.

Ein erster Ansatz dazu kommt von Girolamo Fracastoro (1477–1553). Als typischer Renaissancemensch beschäftigte sich der Venezianer sowohl mit der Medizin, der Philosophie, der Sternenkunde als auch der Geologie. Und er dichtete. Aus seiner Feder floss ein Poem über die von den Seefahrern aus Übersee heimgebrachte »garstige« Geschlechtskrankheit: »Jener Same ward gesät / Einer Krankheit, die – gar seltsam – ferne Zeiten nie gesehen / Aber heute ganz Europa / Asien, das ferne Libyen / hat durchwütet.«[10] Fracastoro taufte die Plage in seinem Gedicht auf den Namen »Syphilis«. Sie wird auch in seinem späten Hauptwerk eine Rolle spielen. Bereits der Titel macht klar, was er als Ursache vieler Krankheiten annimmt, er lautet: *De contagione et contagiosis morbis eorumque curatione* – »Über Ansteckung, ansteckende Krankheiten und ihre Heilung«.[11] Außer über die Syphilis schreibt der mit Leidenschaft praktizierende Arzt über Typhus, Pest, Tuberkulose, Tollwut und Lepra. All diese Krankheiten seien durch winzige, dem Auge nicht sichtbare Erreger verursacht und von Mensch zu Mensch übertragbar. Entweder direkt durch Berührung oder auch indirekt über kontaminierte Kleidung. Fracastoros Ansichten konnten sich in der Medizin nicht durchsetzen. Allzu direkt richteten sie sich gegen den herrschenden Glaubenssatz, wonach üble Dämpfe für die Entstehung epidemischer Krankheiten verantwortlich waren. Außerdem war die Idee der Urzeugung noch zu populär, um gezielte Interventionen gegen zudem noch unsichtbare Krankheitserreger in Angriff zu nehmen. Wozu auch? Letztlich lag das Schicksal ohnehin in Gottes Hand.

Wie sich Mäuse unter normalen Umständen vermehren, dürfte auch für Baptista van Helmont kein Geheimnis gewesen sein. Nicht von ungefähr erwähnt er die nackten, saugenden Jungen.[12] So galt die Urzeugung zu seiner Zeit offensichtlich als *eine* Möglichkeit der Entstehung neuer Individuen. Anders als Aristoteles, der die Abiogenese für bestimmte Arten wohl eher als alternativlos dachte, hielt van Helmont offensichtlich beide Möglichkeiten für denkbar. Wie sollte unter solch unklaren Anfangsbedingungen Ordnung in das Reich der Natur gebracht werden?

Ein Machtwort musste her. Es kam von einem Zeitgenossen van Helmonts, dem englischen Arzt und Anatomen William Harvey (1578– 1657). Mit ihm bricht die Zeit der Schlussstriche in diesem immer mehr der Rationalität verpflichteten Jahrhundert an. Harvey fällt bei seinen Tierexperimenten etwas auf, das im krassen Gegensatz zur herrschenden Lehrmeinung steht. Wenn er die Aorta eines seiner Versuchstiere durchtrennt, schießen ihm mit jedem der dem gemarterten Tier noch verbleibenden Herzschläge große Mengen Blutes entgegen. Nach der seit fast anderthalb Jahrtausenden geltenden Theorie von Claudius Galenus bildet die Leber das Blut. Wie aber können solch gewaltige Mengen in jeder einzelnen Sekunde produziert werden? Und vor allem, wie schafft es der Körper, diese Blutmassen zu verbrauchen, ohne dass – zumindest hin und wieder einmal – die Beine anschwellen und der Kopf platzt? All diese Probleme sind mit einem Schlag gelöst, als sich Harvey von der Idee der permanenten Neuschöpfung des Blutes löst. Er wagt 1628 den Bruch mit dem bis dahin unbezweifelten Lehrsatz und stellt fest: »Das Blut bewegt sich bei den Lebewesen in einem Kreise.«[13]

1651 legt der Wegbereiter der neuzeitlichen Medizin nach und räumt mit einem weiteren Dogma auf, das wieder einmal von Aristoteles und Galen stammt. Dabei geht es nun um die geschlechtliche Zeugung, genauer um die Entstehung des Embryos. Seit der Antike gilt als unumstößlich, dass der Fötus im Samen bereits nahezu komplett vorgeformt ist und dann bis zur Geburt vom weiblichen Menstrualblut genährt wird. Harvey prüft diese Theorie an Hühnerembryos und seziert darüber hinaus die Gebärmutter trächtiger Hirschkühe. Seine Beobachtungen führen ihn zu einem neuen Lehrsatz: *ex ovo omnia*. Alles entsteht aus dem Ei![14]

Alles? Eigentlich sprach Harvey nur von Hühnern, Rotwild und erst im Analogieschluss vom Menschen. Doch als der italienische Arzt Francesco Redi (1626–1697) die Schriften von Harvey las, nahm er das *omnia* sehr ernst. Was, wenn auch das Kleingetier nicht durch Urzeugung aus Schlamm entsteht, sondern ebenfalls aus befruchteten

Eiern? Um diese Frage zu klären, führt Redi ein nicht gerade appetitliches Forschungsobjekt in die experimentelle Wissenschaft ein. Er nimmt sich acht Flaschen, in die er jeweils ein Stück Fleisch legt. Vier der Gefäße verschließt Redi, die anderen bleiben offen. Dann beobachtet er minutiös, was geschieht. Schon bald passieren Fliegen die offenen Flaschenhälse und setzen sich auf das vergammelnde Fleisch. Nach wenigen Tagen sieht Redi dort bereits Maden herumkriechen. In der Vergleichsgruppe mit den versiegelten Flaschen verfault das Fleisch zwar ebenfalls, allerdings entstehen dort keine Maden. Offensichtlich bilden sich die Maden nicht spontan aus Fleisch, sondern haben ihren sehr lebendigen Ursprung in den Fliegen: Ein schlagendes Argument gegen die Urzeugung.

Redi entkräftet mit einem weiteren Versuch gleich im Vorhinein einen möglichen Einspruch gegen sein Experiment. Denn schließlich wäre es ja möglich, dass die Urzeugung zumindest ein wenig Luft benötigte, um sich vollziehen zu können. Also verändert Redi seinen Versuchsaufbau ein bisschen. Vier Flaschen bleiben offen, die restlichen werden anstatt mit einem Korken nur mit einem Fliegengitter verschlossen. Obwohl Redi also die Luftzufuhr gewährleistet, kriechen nach einiger Zeit wiederum nur auf dem Fleisch in den offenen Flaschen Maden herum. Die vom Fliegengitter abgeschirmten Proben gammeln dagegen ohne Getier vor sich hin. So kann Redi zwar einen Beweis für die natürliche Herkunft der Maden erbringen, das Konzept der Urzeugung aber war damit noch lange nicht vom Tisch.

Eine neue Dimension oder: elende Biestchen unterm Flohglas

Ausgerechnet ein neues Instrument, mit dem die Klärung der Herkunft und Entwicklung von Kleinstgetier und Krankheitserregern hätte glücken können, rettete die Legende von der Spontanentstehung des Lebendigen aus toter Materie. Technologien sind halt manchmal nur so schlau wie ihre Benutzer. Einen Beleg dafür liefert Antoni van Leeuwenhoek (1693-1723). Der Niederländer hatte nicht nur nicht Biologie studiert, sondern überhaupt keine Universität je von innen gesehen. Die Buchhalterlehre, zu der ihn seine Mutter drängte, weil sie ihn in einer Beamtenlaufbahn gut versorgt sehen wollte, brach er ab. Stattdessen wurde er Tuchhändler und ließ sich, gerade 22-jährig, mit eigenem Haus und Geschäft in seiner Geburtsstadt Delft nieder. Obwohl er auch den Rest seines Lebens, immerhin weitere siebzig Jahre, dort blieb, muss van Leeuwenhoek äußerst umtriebig gewesen sein. Er fungierte als Kammerherr im städtischen Gericht, als Eichmeister für alkoholische Getränke, schließlich als Oberstadtdirektor. Eine tiefe Freundschaft verband ihn mit dem gleichaltrigen Maler Jan Vermeer (1632-1675), dessen Nachlass er später verwaltete. Bei einem Besuch des städtischen Jahrmarkts fand van Leeuwenhoek eines Tages seine eigentliche Bestimmung. Am Stand des Brillenschleifers entdeckte er ein sogenanntes Flohglas. Eine Linse, mit der man die Welt um einen herum stark vergrößern konnte. Sogar die kleinen Plagegeister auf der Haut nahmen so Gestalt an und mussten für den Spitznamen der geschliffenen Gläser herhalten. Van Leeuwenhoek jedenfalls begeisterten sie nachhaltig. Sogleich soll er den Händler bekniet haben, ihn in der Kunst ihrer Herstellung zu unterweisen. Der Linsenschleifer tat ihm schließlich den Gefallen, woraufhin van Leeuwenhoek nun jede freie Minute mit dem Schmelzen und Polieren von Gläsern zubrachte und sich dabei sehr geschickt anstellte. Außerdem konstruierte er eine Schraubvorrichtung, mit der er die Gegenstände seiner Forscherbegierde punktgenau vor der Linse fixieren konnte. In dieser Art entstanden über die Jahre mehr als 500 Mikroskope. Sein Meisterstück lieferte der Niederländer mit einer Linse, die eine 270-fache Vergrößerung aufwies. Eine beachtliche Leistung, denn gewöhnliche Lichtmikroskope unserer Tage schaffen kaum mehr als den Faktor 1000. Dabei arbeitete van Leeuwenhoek noch gar nicht mit Objektiv und Okular, sondern nur mit einer einzigen Linse. So gesehen war sein Mikroskop eigentlich nicht mehr als ein besseres Vergrößerungsglas.

Der Hobbyforscher widmet sich leidenschaftlich jener Welt, die dem menschlichen Auge ansonsten verschlossen bleibt. Alles Mögliche landet auf seinen Objektträgern. Von Bienenstacheln und Käferbeinen über Läuse, deren Augen er gesehen haben will, bis hin zu Mücken, deren Rüssel er eingehend betrachtet. Van Leeuwenhoek kann sich nicht sattsehen. Seine Beobachtungen werden zu Beginn einzig von der Faszination der kleinsten Dimensionen angetrieben. Ein tieferes Interesse an der Erforschung der Natur entwickelt sich erst, als er einen Tropfen von einem Heuaufguss mikroskopiert. Er traut seinen Augen nicht. So wenig van Leeuwenhoek von der kleinen Menge klarer Flüssigkeit erwartet hatte, so stark wird er von seinem Fund überrascht. Auf der anderen Seite der Linse wimmelt es von Tierchen, die sich wieselflink bewegen. Immer wieder schaut er in sein Mikroskop, aus Angst, diese Wunderwelt könne nur in seiner Fantasie existieren. Doch die putzmunteren »Dierkens«, wie er sie in seiner Landessprache nennt, sind noch da. Nur ein Mann kann ihm jetzt helfen.

Van Leeuwenhoek eilt zu seinem Freund Reinier de Graaf (1641–1673). Der studierte Mediziner hatte sich als Entdecker der Eibläschen im Uterus einen, heute im Graaf-Follikel verewigten, Namen gemacht und war sogar Mitglied der Londoner Royal Society. Allerdings zeigt er sich ebenso ratlos wie fasziniert angesichts des fröhlichen Treibens unter dem Mikroskop. Für ihn steht fest: Van Leeuwenhoek hat eine epochale Entdeckung gemacht. Gern würde er sich selbst der Sache annehmen, doch de Graaf belastet gerade eine Urheberstreitigkeit mit dem Anatomen Jan Swammerdan (1637–1680). Es geht dabei um eine Technik zur Darstellung von Blutgefäßen. Der Plagiatsvorwurf gegen de Graaf zerrt wohl derart an seinen Nerven, dass er schließlich freiwillig aus dem Leben scheidet. Vor seinem Suizid findet er jedoch noch Gelegenheit, der Royal Society die Beobachtungen van Leeuwenhoeks zu empfehlen. Und das war gut so, denn die hochgelehrten Herren zeigten sich von den Berichten des Autodidakten aus Delft ebenfalls reichlich überfordert. In linkischem Stil beschrieb er, was er in seinem Mikroskop gesehen hatte: »Elende Biestchen, die munter laufen, da sie mit unglaublich dünnen Füßchen ausgestattet sind. Sie machen halt, stehen gleichsam auf einem Punkt, drehen sich dann mit einer Schnelligkeit, wie wir sie an einem Kreisel sehen, und der Rahmen, in dem sie sich bewegen, ist nicht größer als ein Sandkorn.«[15]

Der unermüdliche van Leeuwenhoek untersuchte alles, was ihm unterkam. Ein Tropfen aus dem Teich, etwas Regenwasser und sogar ein aufgelöstes Pfefferkorn – all diese Flüssigkeiten enthielten »eine unglaubliche Menge verschiedenartigster winziger Dierkens«.

Im wissenschaftlichen Olymp zu London mag man nicht glauben, was man da liest. Die renommiertesten Wissenschaftler der Zeit spotten über die Berichte aus den Niederlanden. Hätte ihnen die Empfehlung de Graafs nicht vorgelegen, wer weiß, ob van Leeuwenhoeks Schilderungen nicht als fantastische Ausgeburten eines überspannten Geistes abgetan worden wären. So aber beauftragt man zwei Mitglieder der Gesellschaft, das leistungskräftigste Mikroskop zu besorgen, das aufzutreiben ist, und die Versuche zu wiederholen. Nun sehen auch die Mitglieder der Royal Society das Gewusel, das in einem einzigen Wassertropfen herrscht. Daraufhin ermuntern sie van Leeuwenhoek, ihnen weiter zu berichten, und tragen ihm sogar die Mitgliedschaft in ihrem erlesenen Kreis an.

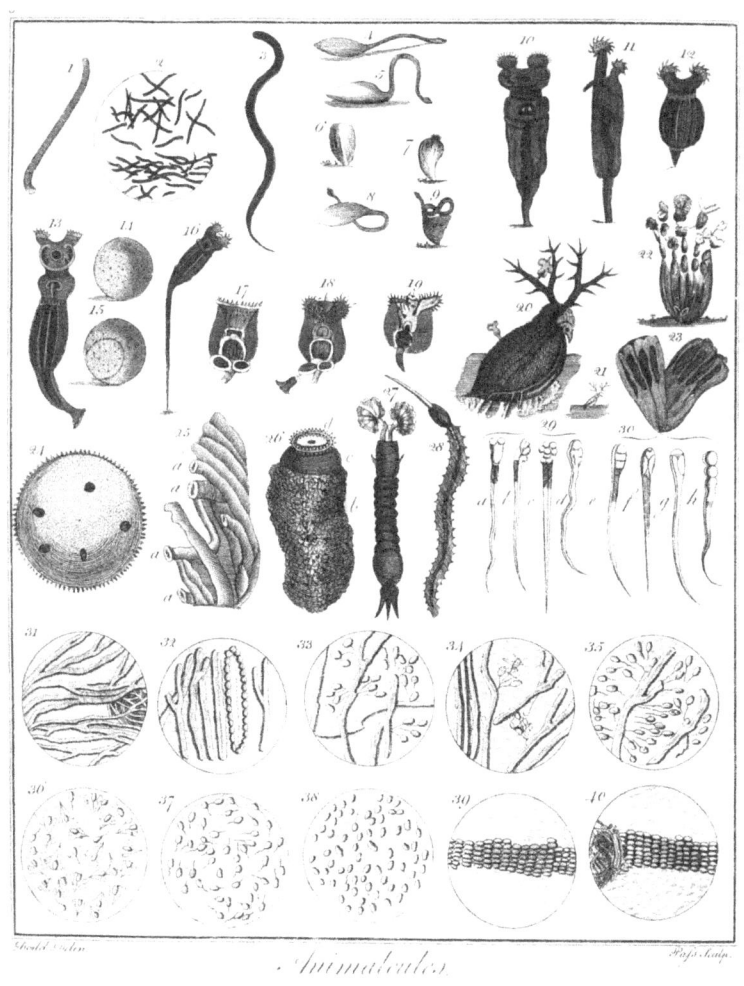

Zeichnungen von Mikroorganismen durch Antoni van Leeuwenhoek

So erhält der nicht studierte Autodidakt die Meriten des Ausnahmewissenschaftlers. Allerdings ruht er sich nicht auf den frischen Lorbeeren aus, sondern mikroskopiert weiter, fertigt Zeichnungen an und schreibt. Der Höhepunkt aus heutiger Sicht ist dabei sicherlich seine Untersuchung des Zahnbelags, bei der er mehrere Arten von Bakterien entdeckt. Wobei »entdecken« dann doch zu viel der Ehre ist, denn van Leeuwenhoek beschreibt zwar die »Dierkens, die ihre Körperchen in graziösen Windungen, fast wie Schlänglein bewegen«[16], aber er hatte keinerlei Vorstellung davon, dass es sich hierbei womöglich um Krankheitserreger handeln könnte. Auch Aufbau und Struktur dieser Mikroorganismen konnte er nicht aufklären. Und das Ertüfteln von Experimenten lag ihm fern. Van Leeuwenhoek lebte letztlich jene Faszination in vollen Zügen aus, die er einst auf dem Jahrmarkt erfahren hatte. Davon legt sein lebendiger Bericht Zeugnis ab: »Sie zeigten die lebhafteste und schnellste Bewegung und bewegten sich durch das Wasser oder den Speichel, wie ein Raubfisch durch das Wasser schiesst; sie waren wenn auch überall, so doch wenig zahlreich. Die zweite Art drehte sich oft im Kreise herum nach Art eines Kreisels. Diese waren in grösserer Zahl vorhanden. Bald schienen sie länglich rund, bald vollkommen rund zu sein; sie waren so winzig klein und ausserdem bewegten sie sich so schnell vorwärts, dass sie durcheinander geriethen: sie boten ein ähnliches Bild wie eine grosse Zahl durcheinander tanzender Mücken oder Fliegen.«[17]

Van Leeuwenhoek näherte sich der Welt des Allerkleinsten letztlich nicht mit dem Interesse des Naturforschers, sondern mit nahezu kindlicher Naivität. Insofern scheint der Titel, unter dem er die ersten seiner insgesamt 300 Briefe an die Royal Society herausgab, etwas überzogen. Er nannte sein Buch *Arcana naturae detecta*, die »enthüllten Geheimnisse der Natur«.[18]

Anstatt Geheimnisse der Natur aufzudecken, verdeckte sie der erste Blick in die mikroskopischen Dimensionen sogar eher noch, da der biologische Kontext fehlte. Nun tauchte die Frage auf, wie anders denn die Kleinstlebewesen im Zahnbelag oder im Heuaufguss entstehen sollten, wenn nicht durch Urzeugung? Weder im Mund noch im Wasser gab es ja etwas Lebendiges. Die »elenden Biestchen« mussten also spontan aus unbelebter Materie entstehen, wie der Aal aus dem Schlamm und die Bienen aus dem Kuhmist.

Zu ganz anderen Ergebnissen kommt indes der deutsche Jesuitengelehrte Athanasius Kircher (1602–1680). Der Forscher verfasste in seinem Leben insgesamt 44 Bücher über fast alle Wissenschaftsbereiche und lehrte als Mathematikprofessor in Rom. Als dort im Jahr 1656 die Pest ausbricht, pflegt er gemeinsam mit anderen Jesuitenbrüdern die Kranken. Kircher teilt die herrschende Meinung, dass die Seuche durch schlechte Ausdünstungen entsteht. Trotzdem nutzt er die Gelegenheit und analysiert unter Lebensgefahr die Körperflüssigkeiten der Pestopfer mit einem primitiven Mikroskop, das nicht im Mindesten an die Qualität der Instrumente van Leeuwenhoeks heranreicht. Bei seinen Untersuchungen findet er kleine Würmchen, die es weder im Blut noch in den Ausscheidungen von Gesunden gibt. In seinem Bericht schreibt er, »daß die Pest selbsten durch Anzündung und Contagion fortgepflanzet und porpagiret werde«.[19] Im Folgenden bietet Kircher eine Synthese von Miasmatik und der Vorstellung des belebten Ansteckungsstoffes an: Die krank machenden Erreger entstünden aus Verwesung und seien zu klein, um sie mit bloßem Auge zu sehen. Durch die »verderbte und angezündete Luft« würden aus den unlebendigen »Corpusculis unzahlbarlich vil unsichtbare Würmlein«. Hier bezieht sich Kircher wohl auf die Urzeugung, ohne sie explizit zu erwähnen. Die Korpuskel könnten über die Haut und die Atemwege aus fünf bis sechs Fuß Entfernung übertragen werden – was übrigens dem in der Corona-Pandemie von 2020 empfohlenen Sicherheitsabstand von eineinhalb bis zwei Meter ziemlich genau entspricht.

Was genau Kircher in seinem Mikroskop gesehen hat, bleibt unklar. Der erst 1894 identifizierte Pestbazillus jedenfalls war es sicher nicht. Die hellsichtigen Spekulationen des Jesuiten konnten weder die Kontroversen um die Urzeugung erhellen noch die Miasmatiker überzeugen. Dazu trug sicher nicht zuletzt Kirchers eigene unentschlossene Haltung in all diesen Fragen bei. Neben der »verderbten Luft« führte er in seiner dem Papst gewidmeten Schrift die Legende der brunnenvergiftenden Juden und ungünstige Planetenkonstellationen als Auslöser der Seuche an.

Widerlegung der Urzeugung oder: Hirngespinste und Mikroben

Obwohl Antoni van Leeuwenhoek auch die Eier von Blattläusen beschrieben hat, ändert das nichts daran, dass er mit seinem Blick in den Heuaufguss den Vertretern der Urzeugung neue Argumente lieferte. Die scheinbar spontan entstehenden Mikroorganismen halten die Theorie noch das gesamte 18. Jahrhundert über Wasser; in dessen Mitte erlebt sie sogar noch einmal eine Hochphase dank der Experimente von John Tuberville Needham (1713–1781). Der katholische Priester und Naturforscher in Personalunion greift wiederum auf ein schon bei früheren Versuchen bewährtes Forschungsobjekt zurück und kocht ein Stück Fleisch gut durch. Dann schöpft er die Brühe ab und verteilt sie auf mehrere Flaschen, die er zustöpselt und in die Glut stellt, wo sie eine Weile weiter vor sich hin köchelt. Durch die Erhitzung, so Needham, sei alles Leben in der Flüssigkeit erloschen, und von außen könne kein neues eingetragen werden. Er lässt die Brühe schließlich erkalten, um einige Wochen später mit der Untersuchung der Flüssigkeiten zu beginnen. Jede der Proben des Fleischsaftes, die er pipettiert und mikroskopiert, enthält Unmengen von Kleinstlebewesen. Auch Needham verfasst einen Bericht über seine Ergebnisse, die er als Beleg für die *generatio spontanea* hält, und sendet ihn an die Royal Society. Dort wird er als schlagender Beweis der Urzeugung aufgenommen. Während John Tuberville Needham seinerseits Aufnahme in den Kreis der illustren Gesellschaft findet.

Als der italienische Physiker, Philosoph und Priester Lazzaro Spallanzani (1729–1799) im Jahr 1764 Needhams Versuche, wenn auch in etwas abgewandelter Form, wiederholt, kommt er zu einem völlig anderen Ergebnis. Er hantiert mit neunzehn verschiedenen Infusionen (Aufgüssen), die er in Flaschen füllt und versiegelt. Dann stellt er sie in einen großen mit Wasser gefüllten Behälter und kocht sie eine Stunde lang. »Als ich nun zur gehörigen Zeit die Flaschen untersuchte, zeigte sich kein Merkmal einer freiwilligen Bewegung, daraus ich schliessen konnte, dass lebendige Geschöpfe in der Infusion wären, so sehr ich auch mit dem Mikroskop danach suchte. Viele nachfolgende Versuche liefen ebenso ab.«[20] Dabei belässt es Spallanzani jedoch nicht. Durch Ungeschick bekommt eine der Flaschen einen Sprung. Daraufhin erweitert er seinen Versuch: »Wenn man durch sanftes Stossen machte, dass die Flaschen nach dem Kochen einige Ritzen bekamen, wodurch die Luft einigermaassen dringen konnte, so geschah es zuweilen, dass sich noch Thierchen in der Infusion fanden.«

Ohne Luft, so hielten ihm die Befürworter der Urzeugung entgegen, könne es gar nichts, nicht einmal eine Urzeugung geben. Denn Sauerstoff sei essenziell für überhaupt alles und schon gar für alles Lebendige, argumentierte Antoine Laurent de Lavoisier (1743–1794). Der französische Naturwissenschaftler und Chef der Pulververwaltung gilt als Begründer der modernen Chemie, weil er die zentrale Rolle des Sauerstoffs bei der Verbrennung nachwies. Nun aber ließ sich leicht belegen, dass sich nichts an Spallanzanis Ergebnissen änderte, wenn man der Luft Zutritt zum Gefäß gewährte, sie jedoch zuvor desinfizierte. Dieser von dem deutschen Mediziner Theodor von Dusch (1824–1890) durchgeführte Versuch überzeugte die Apologeten der Urzeugung jedoch nicht. Der deutsch-schweizerische Zoologe Carl Vogt (1817–1895) behauptete, die Luft sei mit Ätzkali und Schwefelsäure zu scharf desinfiziert worden. Dabei habe sich ihre stoffliche Natur in lebensfeindlicher Weise verändert. Unter solchen Bedingungen sei ebenso wenig eine Spontanzeugung zu erwarten wie unter völligem Ausschluss von Sauerstoff.

Auch der Geheime Rat Johann Wolfgang von Goethe (1749–1832) fand Gefallen an der Vorstellung einer Entstehung kleinster Lebewesen durch Urzeugung und hielt, wie er seinem Dienstherrn Herzog Karl

August (1757–1828) gegenüber geäußert haben soll, »die Entwicklung der Flöhe aus Spänen von Nadelholz, die mit Urin vierundzwanzig Stunden in einem fest verschlossenen Gefäß aufbewahrt würden, für möglich«.[21] Mit dem französischen Naturforscher Félix Archimède Pouchet (1800–1872) fand der Glaube an die Abiogenese Mitte des 19. Jahrhunderts schließlich noch einmal einen glühenden Verfechter aus der Wissenschaft und einen einfallsreichen Experimentator dazu. Der Professor an der Medizinischen Hochschule zu Rouen beschrieb, wie Mikroorganismen bei Verfallsprozessen gleich denen der Fäulnis spontan entstünden. Auch rollte er die alte Frage nach Henne und Ei noch einmal auf. Es könne ja sein, so Pouchet, dass alles Leben aus einem Ei entstünde, wie Harvey meinte, doch die Eier könnten ebenso gut spontan gezeugt sein.

Die Französische Akademie lobte schließlich einen Preis für jenen Wissenschaftler aus, der den Streit um die Urzeugung endlich mit überzeugenden Experimenten beenden konnte. Das Preisgeld von 2500 Franc holte sich das Wunderkind der französischen Naturwissenschaft Louis Pasteur (1822–1895). Mit 35 war er bereits Kanzler der Pariser École Normale und als Anerkennung für seine bis dahin erbrachten Leistungen in die von Napoleon (1769–1821) gestiftete Ehrenlegion aufgenommen worden. Bereits in seiner Zeit in Lille hatte sich Pasteur auf Bitten eines Brennereibesitzers den Gärungsprozess mit den Augen des Chemikers angeschaut und gesehen, dass der Zuckerrübensaft mithilfe von Hefe zu Alkohol wird. Das heißt: normalerweise. Denn dem unglücklichen Schnapsbrenner waren einige seiner Erzeugnisse verdorben. Pasteur untersuchte daraufhin Proben unter dem Mikroskop. In den geglückten Gärungsprodukten entdeckte er sehr kleine runde Kügelchen, in den misslungenen hingegen Stäbchen. Wo längliche Mikroben herumschwammen, wurde nicht der erwünschte Alkohol, sondern Milchsäure produziert. Waren also die Mikroben dafür direkt verantwortlich oder entstanden sie in den jeweiligen Flüssigkeiten spontan, wie es die meisten Gelehrten seiner Zeit annahmen? Der Sachwalter der gängigen Lehrmeinung in

Gärungs- und Fäulnisfragen, Justus Freiherr von Liebig (1803–1873), meinte gar, Mikroben hätten überhaupt keinen Anteil an diesem Prozess, denn der würde allein durch tote Substanzen geleistet.

Pasteur erbringt nun jedoch einen Tätigkeitsnachweis für die Mikroben. Dazu stellt er eine künstliche Nährlösung aus Zucker, Kalk und gekochter sowie filtrierter Hefe her. Dann gibt er einige der winzigen Stäbchen hinein, die er aus der Milchsäure isoliert hat. Bereits am nächsten Tag wimmelt es in seinem Glaskolben von diesen Tierchen, wie er unter dem Mikroskop feststellt. Daraufhin entnimmt er der gärenden Flüssigkeit kleinste Mengen und tropft sie in weitere Nährlösungen. Dort ergibt sich bereits über Nacht das gleiche Bild. Stäbchen über Stäbchen, auf welche Probe sein mit Linsen bewaffnetes Auge auch fällt. Pasteurs Befund ist unstrittig: Die Milchsäurestäbchen sind sehr lebendig und können sich augenscheinlich vermehren. Damit steht schon einmal fest, dass sie kein spontan gezeugtes Abfallprodukt der Gärung sind, sondern autonome lebendige Einheiten, die für ihre Fortpflanzung selbst zu sorgen wissen.

Dennoch wäre ja prinzipiell die Urzeugung der Mikroben während der Gärung möglich. Um also die Akademie endgültig zu überzeugen, entwickelt Pasteur Glaskolben mit einem ebenso dünnen wie langen und gewundenen Schwanenhals. Die Gefäße befüllt er mit Nährlösung und kocht die Flüssigkeit zur Sicherheit noch einmal so lange, bis sich nachweislich keine Mikroben mehr darin befinden. Dann lässt er sie stehen. Nichts passiert. Weder am nächsten Tag noch danach. Sobald er jedoch einen Glaskolben schüttelt, sodass die Flüssigkeit in den Schwanenhals gelangt und wieder zurückfließt, setzt nach etwa 24 Stunden der Gärungsprozess ein. Dasselbe geschieht, wenn er den Schwanenhals abbricht oder wenn er Watte, durch die er vorher Luft gesaugt hatte, in die Nährlösung gibt. In den unberührten Gefäßen hingegen bleibt die Flüssigkeit klar. Noch nach mehreren Wochen sind dort keine Mikroben und kein Gärvorgang nachweisbar. So kann Pasteur nicht nur die Vorstellung von der Urzeugung verabschieden und damit Lazzaro Spallanzani zu seinem späten Recht verhelfen, sondern zugleich auch die Natur der Gärung aufklären. Sie wird von Mikroorganismen verursacht, die sich allgegenwärtig in der Luft befinden. Sobald sie auf geeigneten Nährboden fallen, beginnt der Gärprozess, bei dem sich die Mikroben vermehren.

Die Schlussfolgerungen daraus liegen auf der Hand: Möchte man die Gärung vermeiden, muss man lediglich der Luft und damit den Keimen den Zutritt verwehren. Sind schon Mikroben tätig, wie etwa im Falle der Herstellung von Wein, Bier, Käse oder Joghurt, muss man sich ihrer annehmen, wenn die Erzeugnisse haltbar werden sollen. Pasteur findet bei seinen Versuchen heraus, dass die kleinen Organismen hitzeempfindlich sind. Je nach Art sterben sie bei sechzig bis hundert Grad Celsius ab. Eine kurze Erwärmung auf die entsprechende Temperatur genügt, um das jeweilige Produkt haltbar zu machen. Dieser Vorgang wird nach seinem Erfinder »Pasteurisierung« genannt.

Louis Pasteur erhält das von der Französischen Akademie ausgelobte Preisgeld. Die Urzeugung hat als Erklärungsmodell für biologische Phänomene ausgedient. In seinen Worten: »La génération spontanée est une chimère« – »Die Urzeugung ist ein Hirngespinst«. Statt Abiogenese gilt nun die Biogenese mit ihrem Leitspruch: *Omne vivum ex vivo* – Alles Lebendige kommt aus Lebendigem.

So plausibel das klingt, müssen an dieser Stelle doch Zweifel angemeldet werden. Wenn tatsächlich nur Lebendiges Leben hervorbringt, kann Leben niemals entstanden sein. Es müsste dann immer schon da gewesen sein. Angesichts der theoretischen wie experimentellen Verlegenheiten, in die Wissenschaft gerät, sobald sie die Entstehung des Lebens zu erklären sucht, wäre das eine durchaus elegante Lösung. Wenn man jedoch den Urknall als Startpunkt von allem nimmt, dann gab es am Anfang nicht nur keine unbelebte, sondern überhaupt keine Materie – bloß Energie. Leben muss also irgendwann nach diesem absoluten Nullpunkt entstanden sein. Wenn das wirklich vor knapp vier Milliarden Jahren geschehen sein sollte, dann gab es zu diesem Zeitpunkt aber nur Unbelebtes. Eine Urzeugung wäre somit zwangsläufig. Als problematisch dabei stellt sich wiederum dar, dass es bislang nicht überzeugend gelang, diesen vermeintlichen ersten Schöpfungsakt nachzustellen. Eine wirklich vertrackte Geschichte.

Nachweis von Infektionswegen oder: der lange Schatten der Miasmatiker

Indem Pasteur die Herkunft der die Gärung verursachenden Mikroorganismen aus der Luft nachwies, konnte er zwar das Konzept der Urzeugung verabschieden, zugleich schienen seine Forschungsresultate jedoch den Verfechtern der sogenannten Miasmatheorie recht zu geben. Verunreinigte Luft war letztlich verantwortlich für den Beginn des Gärungsvorgangs. Ein weiteres Experiment sollte das bestätigen. Pasteur machte sich mit seiner Nährlösung in die Alpen auf. Dort setzte er am Fuße, in der Mittellage und auf dem Gipfel des Mer de Glace die Flüssigkeit für kurze Zeit der Luft aus und verfolgte die Entwicklung von Mikroben in jeweils zwanzig Kolben. Je höher er kam, desto weniger tat sich in der Nährlösung. Bei der ersten Station entstand in acht Gefäßen Leben, bei der mittleren in fünf und ganz oben auf dem Gletscher fanden sich schließlich nur noch in einem einzigen Glas der Nährlösung Mikroben.

Das Ergebnis war eindeutig: Je reiner die Luft, desto weniger Infektionsgeschehen gab es. Im Umkehrschluss hieß das, je übler die Ausdünstungen, desto höher die Wahrscheinlichkeit eines krankhaften Geschehens. Allerdings glaubte Pasteur nicht an Miasmen, sondern machte Sporen für die Entstehung von Mikroorganismen verantwortlich, die auch extreme Bedingungen wie Hitze überstanden und jahrelang in verwesenden Tierkadavern erhalten blieben, ohne sich eines eigenen Stoffwechsels zu befleißigen.

Ein beredtes Beispiel dafür, wie wenig segensreich die Miasmatheorie noch in der Medizin des 19. Jahrhunderts fortlebte, stellt das Wirken des ungarischen Arztes Ignaz Philipp Semmelweis (1818–1865) dar. Als Arzt in der Wiener Gebärklinik will er sich nicht damit abfinden, den Wöchnerinnen mehr oder weniger hilflos beim Sterben zuzuschauen. Seinen Chef berührt das Schicksal der Frauen weniger. Als Miasmatiker steht Johann Klein (1788–1856) auf dem Standpunkt, dass atmosphärische Einflüsse das Kindbettfieber auslösen. Die Krankheit verursachende üble Dünste lägen in der Luft der Zimmer und würden nicht zuletzt von den jungen Müttern selbst abgesondert. Erklärungen dieser Art stellten den jungen Arzt jedoch nicht zufrieden, zumal in der im gleichen Krankenhaus gelegenen Hebammenabteilung nur etwa ein Prozent der Frauen starben. Auf der ärztlich geführten Station hingegen ließen zwölf Prozent ihr Leben. Die öffentliche Meinung kann nicht wundernehmen: »Die Gebärhäuser sind wahre Mordanstalten.«[22]

Zwei Jahre lang versuchte Semmelweis vergeblich dieses Rätsel zu lösen. Erst ein trauriges Ereignis öffnete ihm die Augen. Sein Freund, der österreichische Pathologe Jakob Kolletschka (1803–1847), starb an einer Blutvergiftung, nachdem ihn ein Student während einer Sektion unabsichtlich mit seinem Skalpell verletzt hatte. Seine Symptome ähnelten denen der Wöchnerinnen. Schlagartig erhellte sich Semmelweis der Infektionsweg. Die Ärzte und Studenten kamen oft direkt nach Obduktionen auf die Station der Gebärklinik. Allerdings wuschen sie ihre Hände, die soeben noch mit Leichen hantiert hatten, nur kurz oder gar nicht, bevor sie sich der (noch) Lebenden annahmen: »Bei der Untersuchung der Schwangeren, Kreissenden und Wöchnerinnen wird die mit Cadavertheilen verunreinigte Hand mit den Genitalien dieser Individuen in Berührung gebracht, dadurch wird bei den Wöchnerinnen dieselbe Krankheit hervorgerufen, welche wir bei Kolletschka gesehen haben.«[23]

So erklärt Semmelweis das Kindbettfieber als eine Wundinfektionskrankheit, ausgelöst nicht durch üble Ausdünstungen der Kranken, sondern durch üble Erreger an den Händen der Ärzte. Das nächstliegende Mittel, um die Übertragung zu verhindern, besteht in einer ausgiebigen Desinfektion. Am effektivsten, so stellt der Arzt fest, wirkt

Chlorwasser, mit dem sich nun jeder vor Betreten der Station die Hände gründlich reinigen muss. Der Erfolg gibt ihm recht. Nur zwei Monate nach Einführung dieser Regel sinkt die Sterblichkeit in der Gebärklinik auf unter ein Prozent.

Doch die zu seiner Zeit noch immer einflussreichen Miasmatiker bekriegen Semmelweis. Sein Vertrag im Wiener Krankenhaus wird nicht verlängert, sein ehemaliger Chef Johann Klein verhindert die bereits beschlossene Bildung einer Prüfungskommission bei der Wiener Ärztekammer, die sich der Erkenntnisse von Semmelweis annehmen wollte. Mit Rudolf Virchow (1821–1902) spricht sich auch eine Koryphäe des Fachs gegen ihn aus: »Ich leugne daher, dass Semmelweis' Lehre über die Leicheninfektion als allgemeingültig betrachtet werden darf.«[24]

Der mit allen Mitteln geführte Kampf um die Anerkennung seiner Einsichten endet schließlich 1865 in der Wiener Irrenanstalt, wo Ignaz Philipp Semmelweis nach nur zweiwöchigem Aufenthalt mit gerade einmal 47 Jahren stirbt. Die Umstände seines Todes werden nie aufgeklärt. Seine Gegner hatte er in Briefen wiederholt als Mörder bezeichnet, weil sie sich durch die Ablehnung seiner Erkenntnisse den Tod vieler Wöchnerinnen auf ihr Gewissen luden. Die Nachwelt wird Semmelweis dankbar mit dem Prädikat »Retter der Mütter« adeln.

Dabei lag zu dieser Zeit bereits eine Schrift vor, die den alten Streit um das Miasma hätte beilegen können, und zwar einvernehmlich. In seinem bereits 1840 erschienenen Buch *Von den Miasmen und Kontagien und von den miasmatisch-kontagiösen Krankheiten* rückte der deutsche Anatom Jakob Henle (1809–1885) die unversöhnlichen Begriffe nahe zueinander.[25] Er beschrieb das Miasma als die Summe der äußeren Krankheitsursachen und das Kontagium als den Krankheitserreger im Körper selbst. Beides zusammengenommen sei die infektiöse Materie, und insofern könne man Miasma und Kontagium als »im Wesen dasselbe« ansehen. Das Kontagium definierte Henle als »lebendig« *(animatum)*. Man müsse es sich »als mikroskopische

Tiere, Infusorien, vorstellen, doch liegt es mit Rücksicht auf die große Verbreitung, die rasche Vermehrung und die Lebenszähigkeit näher, an einen vegetabilischen Leib zu denken«.

Henle gibt mit seinem Buch den – allerdings weitgehend ungehörten – Startschuss für eine neue Wissenschaftsdisziplin. Er hätte sie »Bakteriologie« oder »Virologie« nennen können, wenn diese Begriffe damals bereits eingeführt gewesen wären. Auch »Mikrobiologie« wäre ein geeigneter Oberbegriff gewesen. Henle belässt es bei der Festlegung dreier Postulate, die erfüllt sein müssen, um von einem mikroskopischen Krankheitserreger zu sprechen, der zu dem »kranken Körper im Verhältnis eines parasitischen Organismus steht:

1. Die Fähigkeit, sich durch Assimilation fremder Stoffe zu vermehren, die wir nur an lebendigen organischen Wesen kennen;
2. ihre Wirkung durch ein Minimum, wie bei den Gärungserregern, infolge ihrer Vermehrungsfähigkeit;
3. der genau typische Verlauf der miasmatisch-kontagiösen Krankheiten.«

Damit endet die Vorgeschichte. Weder mystisch-spekulative Ideen wie die der Urzeugung oder ungünstiger Planetenkonstellationen noch jene von einem göttlichen Strafgericht stehen der Aufklärung des Infektionsgeschehens nun mehr im Wege. Nachdem auch die Miasmatheorie nachhaltig in ihre Schranken verwiesen wurde, könnte die systematische Suche nach den Krankheitserregern starten. Doch der Mann, der sich als Bazillenjäger einen unvergessenen Namen machen wird, erblickt erst drei Jahre nach Henles grundlegendem Buch das Licht der Welt. Es wird noch ein wenig dauern, bis er zum ersten Mal durch ein Mikroskop in jene neue Wunderwelt blickt, die das Schicksal so vieler Menschen besiegelt(e).

II.
NOCH IMMER KEIN VIRUS IN SICHT

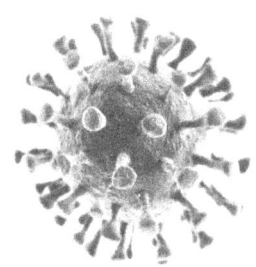

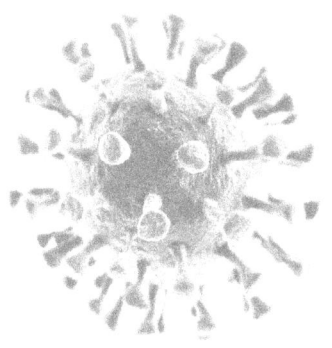

Die Pockenimpfung oder: eine Lady und ein Milchmädchen

Die Erforschung der Viren im engeren Sinne beginnt mit Heinrich Hermann Robert Koch (1843–1910) – oder auch nicht. Sie startet zugleich früher und später. Später, weil Koch gleichsam als eine Art Türöffner fungiert. Er eröffnet – im wahrsten Sinne – Medizin und Wissenschaft eine neue Dimension, wird dabei aber selbst kein einziges Virus je zu Gesicht bekommen. Und früher insofern, als der englische Arzt Edward Jenner (1749–1823) lange zuvor einen ersten erfolgreichen Versuch unternahm, eine Virenerkrankung zu heilen.

Jenner machte bereits im Kindesalter schlechte Erfahrung mit jenem Virus, das beim Menschen schwere Symptome erzeugt. Zuerst plötzliche Fieberschübe mit Schüttelfrost und Erbrechen, dazu starke Kopf- und Gliederschmerzen. Wenige Tage nach Krankheitsbeginn fällt das Fieber wieder, doch dann bilden sich am ganzen Körper Pusteln, die sich nach und nach mit Eiter füllen. Die Temperatur steigt erneut heftig an. Überlebt der Patient, was in der Regel bei einem von drei Erkrankten nicht der Fall ist, verschwinden die Symptome nach etwa zwei Wochen. Allerdings bleiben am ganzen Leib tiefe Narben zurück, die lebenslang von der Verletzung der Haut zeugen. Die Bläschen, aus denen sie entstehen, geben der Krankheit ihren lateinischen Namen: Variola, zu Deutsch Pocken.

Als im Jahr 1757 die Pocken in England ausbrachen, entschied man sich in Berkeley, der Heimatstadt von Edward Jenner, die Kinder zu »variolieren«. Darunter verstand man eine Methode, bei der man die Haut an zwei Stellen einritzt und dort etwas Flüssigkeit aus den Pockenbläschen Erkrankter hineingibt. In China und Indien wurde diese Art der Schutzimpfung schon seit alters praktiziert. Die englische Schriftstellerin und Gattin des britischen Botschafters in der Türkei Lady Mary Wortley Montagu (1689–1762) brachte die Variolation mit in ihr Heimatland und setzte sich für eine breite Anwendung ein. An ihre Kindheitsfreundin schrieb sie noch aus Konstantinopel: »Nachdem sich eine Gruppe von fünfzehn Personen zusammengefunden hat, kommt eines dieser alten Weiblein mit einer Nussschale voll besten Pockeneiters und fragt jeden Einzelnen, welche Vene sie benutzen soll. Mit einer großen Nadel ritzt sie die Vene ein und gibt in die Ader soviel des Giftes, wie an der Nadelspitze zu haften vermag.«[26] Diese Prozedur zog eine Pockeninfektion nach sich, die in der Regel einen sanfteren Verlauf nahm und keine Narben hinterließ. Die Geimpften waren von da an immun gegen die Krankheit. Häufig genug aber kam es zu Komplikationen und Todesfällen, weswegen die Anregung von Lady Montagu in Europa eher zurückhaltend aufgenommen wurde. Auch der junge Edward Jenner rang nach der Variolation tagelang mit dem Tod. Der Siebenjährige – zu dieser Zeit bereits Vollwaise – überlebte schließlich und setzte sich in den Kopf, eine bessere Lösung zu finden, um seine Mitmenschen vor den Pocken zu bewahren.

Als niedergelassener Arzt in Berkeley bietet sich ihm gegen Ende des 18. Jahrhunderts die Chance dazu. Jenner appliziert die Variolation in seinem Heimatdorf und den umliegenden Gütern. Dabei stellt er fest, dass es vielen seiner Patienten danach übel ergeht, während andere nicht die geringsten Symptome zeigen. Der in London bei dem ebenso renommierten wie experimentierfreudigen Medizinprofessor John Hunter (1728–1793) ausgebildete Arzt geht der Sache systematisch nach. Was unterscheidet die beiden Gruppen? Es sind überwiegend Frauen, die keine Symptome ausbilden. Was, so fragt sich Jenner weiter, unterscheidet die Frauen, die gesund bleiben, von jenen, die nach der Variolation krank werden? Es ist die körperliche Arbeit auf einem Gehöft. Vorwiegend Kuhmägden scheint der infektiöse Stoff nichts auszumachen. Nachdem er den Personenkreis derart eingegrenzt hat, kommt Jenner die entscheidende Idee: Möglicherweise infizierten sich die Melkerinnen bei dem engen Kontakt zu den Tieren, den ihre Tätigkeit mit sich bringt, mit Kuhpocken. Die sind für Menschen ungefährlich und verursachen lediglich Rötungen an Händen und Unterarmen. Sie werden vom Volksmund »Melkerknoten« genannt und heilen von selbst wieder ab. Was, wenn er anstelle des infektiösen Materials aus dem Eiter der Pockenkranken etwas Flüssigkeit aus den Pusteln der Melkerinnen nähme? Würden die Geimpften dann womöglich nur leichte Symptome entwickeln und wären sie anschließend, wie die Kuhmägde, gegen die Pocken immun?

Es kam also auf einen Versuch an. Jenner brauchte dafür zwei Menschen: eine aktuell an Kuhpocken erkrankte Frau und ein Kind. Erstere wird rasch gefunden. In einer Zeit lange vor Ethikkommissionen und staatlichen Bekundungen zum unbedingten Schutz jeden menschlichen Lebens ist auch ein Proband schnell zur Hand. Ein Bauer aus der Gegend stellt seinen Sohn für das Experiment zur Verfügung. Jenner geht ein hohes Risiko ein, da er keine Informationen darüber besitzt, wie Kuhpocken bei Kindern wirken. Außerdem weiß er nicht, ob er wirklich nur Kuhpocken und nicht vielleicht auch andere Krankheiten mitüberträgt, die dem Kind eventuell gefährlich werden könnten. Allerdings kann er die Wirkung der Impfung nicht im Selbstversuch testen, weil er seit Kindheitstagen ohnehin immun gegen die Pocken ist.

Mit ethischen Bedenken scheint sich Jenner nicht herumzuschlagen. Jedenfalls notiert er nüchtern: »Ich wählte einen gesunden Jungen von etwa acht Jahren aus, um ihn mit Kuhpocken zu infizieren.«[27] Jenner besorgt sich Kuhpockenlymphe von der gerade erkrankten Milchmagd Sarah Nelmes, und so kann die Impfung am 14. Mai 1796 stattfinden. Eine Woche später klagt der Junge über Kopfschmerzen, Fieber und Appetitlosigkeit. Doch nach zwei Tagen ist er – glücklicherweise – wieder wohlauf. Am 1. Juli desselben Jahres folgt der zweite und noch problematischere Teil des Menschenversuches. Jenner variiert den Buben, indem er ihm Material aus einer Pustel eines

Pockenkranken in beide Arme impft. Das Resultat: »Keine Erkrankung erfolgte.«[28] Auch als Jenner dieses riskante Prozedere mehrere Monate später wiederholt, bleibt der Junge gesund.

Jenner benannte die von ihm praktizierte Methode nach dem Spender der Erreger. Das lateinische Wort für »Kuh« ist *vacca*, und so entschied er sich für den Begriff *vaccination* (deutsch: Vakzination), der bis heute für jede Art der Schutzimpfung verwendet wird. Seine Ergebnisse fasste er schriftlich zusammen und sandte sie an die Royal Society. Dort wurden sie allerdings abgelehnt. Möglicherweise waren die gelehrten Herren gerade zu sehr mit dem angeblichen Beweis der Urzeugung durch den katholischen Priester John Tuberville Needham beschäftigt. Vielleicht teilten sie – wie übrigens auch der Königsberger Philosoph Immanuel Kant (1724–1804) – die Meinung des Klerus, dass man den dank Gottes Wahlschluss privilegierten Menschen durch eine Kuhpocken-Impfung mit Tieren auf eine Stufe stelle. Doch die Schutzimpfung, die Jenner ohne Kenntnis des Krankheitserregers entwickelt hatte, setzte sich gegen alle Widerstände durch und stand am Beginn eines Prozesses, der schließlich zur Ausrottung der Seuche führte. Am 8. Mai 1980 erklärte die Weltgesundheitsorganisation (WHO) die Welt für pockenfrei. Das stimmt nicht ganz, denn zumindest die USA und Russland halten die Viren in Hochsicherheitslaboren noch am Leben, obwohl die WHO schon mehrmals die Vernichtung dieser Restbestände angemahnt hat.

Bakterien als Infektionskeime oder: die Sporen im Auge der Kuh

Während Jakob Henle noch als Mikrobiologe ohne Mikroben in die Wissenschaftsgeschichte einging, wendete sich das Blatt mit einem seiner Schüler entscheidend. Lesen und Schreiben soll sich Robert Koch nach einer gern erzählten Episode im Alter von gerade einmal vier Jahren selbst beigebracht haben. Etwas später begeisterte ihn sein Großvater für das Mikroskopieren, und sein Onkel unterrichtete ihn in der brandneuen Technik der Fotografie. Damit war Robert Koch für seinen Lebensweg bestens gerüstet. Im Medizinstudium hing er vor allem dem Anatomieprofessor Jakob Henle an den Lippen. Besonders wenn der über die noch immer unbekannte Natur der Krankheitserreger dozierte und am Schluss seiner Vorlesung prophezeite: »Hier, meine Herren, gibt es für Sie noch Weltbewegendes zu ergründen, wofür Ihnen die Menschheit noch einmal Dank zollen wird!«[29] Diesen Ruf verstand Robert Koch, und als er schließlich die Stelle des Kreisphysikus im Städtchen Wollstein in der Provinz Posen bekam, richtete er sich sogleich ein privates Labor ein. Er beanspruchte einen großen Bereich der Vierzimmerwohnung, in der er mit Frau und Tochter lebte, um Mikroskope, Seziertisch, Fotoausrüstung, Dunkelkammer und Käfige für die Versuchstiere unterzubringen.

Zuerst nahm sich Koch des Milzbranderregers an, der auf den Höfen seines Einzugsgebietes grassierte. Die Krankheit befiel vor allem Paarhufer, besonders Rinder und Schafe. Der Name ist gewissermaßen Infektionsprogramm. Die Milz der Betroffenen schwillt an und verfärbt sich dunkelbraun. Innerhalb weniger Tage sterben die Tiere. Die Krankheit wird von erkrankten Tieren – oder deren Überresten –

auch auf den Menschen übertragen, wo sie oft schmerzhafte Eiterbeulen erzeugt. Allerdings kann die Krankheit ebenso die Lunge oder den Darm befallen und dann rasch zum Tod führen.

Koch musste mit seinen Untersuchungen nicht bei null anfangen. Der deutsche Arzt Franz Anton Aloys Pollender (1799–1879) hatte den Milzbranderreger bereits identifiziert. Anfang der 1840er-Jahre kam ein Stallbursche hoch fiebernd in seine Praxis, nachdem er das blutige Fell einer an Milzbrand verendeten Kuh auf der Schulter getragen hatte. Pollender konnte nichts mehr für den Patienten tun, der Mann verstarb wenig später an Milzbrand. Von da an wollte der Arzt der Ursache dieser Krankheit auf den Grund gehen. Während eines Seuchenausbruchs in der Wipperfürther Gegend besorgte sich Pollender Proben erkrankter Rinder und untersuchte sie »mit dem stark bewaffneten Auge«. Dabei fielen ihm »eine unendliche Menge stabförmiger, äusserst feiner, anscheinend solider, nicht ganz durchsichtiger, ihrer ganzen Länge nach gleich dicker, nicht geschlängelter, nicht wellenförmiger, nicht eingeschnürter, sondern ganz grader, platter in ihrem Verlauf nicht verästelter Körperchen auf. Diese äußerst zarten Körperchen fanden sich dort am meisten, wo die Verderbnis des Blutes durch teilweise Auflösung von Blutkörperchen am deutlichsten ausgebrochen war.«[30] Pollender untersuchte auch, auf welche Chemikalien die Milzbranderreger reagierten. Demnach konnten ihnen weder Essigsäure noch Chlorwasser oder Schwefelsäure etwas anhaben. Lediglich mit Salpetersäure ließen sich die winzigen Körperchen – Pollender vermaß sie mit fünf bis elf Mikrometer Länge und 0,73 Mikrometer Dicke ziemlich korrekt – rasch auflösen. Ein Therapieansatz ergab sich aus seinen chemischen Untersuchungen allerdings nicht. Auch hallt noch ein schwaches Echo der Debatte um die Urzeugung in Pollenders Worten nach, wenn er von seiner Unsicherheit darüber schreibt, ob die stäbchenförmigen Mikroben der Ansteckungsstoff selbst »oder blos dessen Träger [sind] oder ausser aller Beziehung zu demselben« stehen. So liefert Pollender nicht weniger, aber auch nicht mehr als eine detaillierte Beschreibung der Körperchen im Milzbrandblut sowie eine Steilvorlage für Robert Koch, wenn er schreibt: »Über Herkunft und Entstehung dieser merkwürdigen und räthselhaften Körperchen weiß ich nichts zu berichten.«

Koch untersucht die Stäbchen im heimischen Labor nun systematisch. Zuerst vergewissert er sich in zahllosen Mikroskopiersitzungen, die sich zum Unmut seiner Frau in der Regel bis tief in die Nacht hinziehen, ob die winzigen Körperchen wirklich in jeder Probe infizierter Tiere herumschwimmen. Dann untersucht er in der Gegenrichtung, ob das Blut von nicht infizierten Schafen immer frei von Stäbchen ist. Nachdem er sich dessen sicher sein kann, geht er einen Schritt weiter und impft Mäuse, Kaninchen und Meerschweinchen mit infiziertem Blut. Die Tiere erkranken und sterben. Bei der Obduktion sieht Koch jedes Mal die typische Dunkelfärbung der Milz.

Wenn Koch nun noch den Nachweis der Vermehrungsfähigkeit der Mikroben bringt, hat er für alle drei Postulate seines Lehrers Henle einen Nachweis und kann mit gutem Recht die Entdeckung des ersten mikrobiellen Krankheitserregers für sich reklamieren. Dazu müssen die Milzbrandstäbchen isoliert werden. Er benötigt also eine geeignete Nährlösung. Die Suche danach erweist sich als sehr schwierig und zeitaufwendig. Seine Frau Emmy wird wieder so manchen einsamen Abend verbracht haben, nachdem die gemeinsame Tochter Gertrud schlief. Die Besessenheit des Forschers nimmt weiter zu, als er mit dem »humor aqueus«[31], dem Kammerwasser von Rinderaugen, endlich die geeignete Substanz für sein Experiment findet. Hierin kann er nun die Lebenszyklen des Erregers Schritt für Schritt nachvollziehen. Gebannt schaut er zu, wie die Stäbchen erst anschwellen, sich dann verlängern und schließlich »schon nach kurzer Zeit glänzende, eiförmige Körperchen entstehen, die nach dem bald erfolgenden Zerfall des Fadens von der Vegetation der Milzbrandbazillen allein zurückbleiben«.[32] Mit den eiförmigen Gebilden hat Koch die Sporen entdeckt, aus denen sich wiederum weitere Milzbrandstäbchen entwickeln. »Mit der Umwandlung der Sporen in neue Bazillen ist der Entwicklungskreis dieser merkwürdigen pflanzlichen Organismen geschlossen.«

Koch kann damit erstmals eine durch Mikroben verursachte Krankheit lückenlos nachverfolgen. Durch die weitere Untersuchung des Sporenstadiums leistet er auch den Bauern eine erste Hilfestellung im Umgang mit der Seuche. Denn Koch kann nachweisen, dass die Krankheitskeime äußerst resistent sind. Allein die Sporen im getrockneten Blut eines an Milzbrand verendeten Schafes bleiben problemlos vier Jahre aktiv und können in dieser Zeit neue Erkrankungen auslösen. Die Wiesen, auf denen infizierte Tiere verenden, sind also auf lange Zeit verseucht. Selbst das Vergraben der Kadaver ist problematisch, da die Sporen nach und nach wieder an die Oberfläche oder sogar ins Grundwasser gelangen können.

Koch wendet sich mit seinen Arbeiten an den Breslauer Botaniker Ferdinand Julius Cohn. Der scheint der geeignete Mann für die kritische Beurteilung zu sein. Schließlich hat er sich ausführlich mit der Einordnung der Bakterien beschäftigt und sie dem Pflanzenreich zugeschlagen. Das ist für Koch unstritten, auch wenn er sich für den Milzbranderreger lieber der Bezeichnung *Bacillus* »statt des viel umfassenderen Ausdrucks Bakterien bedienen werde«.[33] Cohn jedenfalls ist begeistert von Kochs Ergebnissen. Unvorstellbar, wie solch brillante Forschung jenseits der Universität und ohne kollegiale Unterstützung erfolgen konnte. Das sollte sich bald ändern. Kochs Erforschung des Lebenszyklus von Milzbranderregern macht ihn mit einem Schlag in der Wissenschaftlergemeinde bekannt. Rasch holt man ihn nach Berlin. Dort bekommt er schließlich das neu geschaffene Hygieneinstitut. 1891 wird eigens für ihn das Institut für Infektionskrankheiten gegründet, das heute seinen Namen trägt.

Die Erforschung der Bakterien wird durch die beispielgebenden Arbeiten von Koch, der unter anderem die Technik der Reinkulturzüchtung erfand, zu einer einzigen Erfolgsgeschichte. Bis zur Jahrhundertwende beschreiben die Mikrobiologen fast im Jahrestakt neue Bakterien, die schwere Krankheiten auslösen: Gonorrhö (1879), Typhus (1880), Malaria (1880), Tuberkulose (1882), Cholera (1883), Diphtherie (1884), Tetanus (1884), Lungenentzündung (1886), Brucellose (1887), Hirnhautentzündung (1887), Salmonelleninfektion (1888), Pest (1894), Lebensmittelvergiftung (1897), Ruhr (1898).

Aber, aber! Trotz dieser beeindruckenden Liste entziehen sich auch einige Erreger hartnäckig den Mikroskopen der Forscher. Für Masern, Scharlach und Pocken können keine Bakterien gefunden werden. Vor der versammelten Elite der deutschen Medizin dämpft Robert Koch auf dem X. Internationalen Medizinischen Kongress, der 1890 in Berlin stattfand, die allgemeine Euphorie: »Auch über die Krankheitserreger der Influenza, des Keuchhustens, des Trachoms, des Gelbfiebers, der Rinderpest, der Lungenseuche und mancher anderen unzweifelhaften Infektionskrankheit wissen wir noch nichts.«[34]

Hellsichtig animiert der zukünftige Nobelpreisträger von 1906 seine Kollegen dazu, ihren Blick für einen neuen Bereich zu schärfen: »Ich möchte mich der Meinung zuneigen, dass es sich bei den genannten Krankheiten gar nicht um Bakterien, sondern um organisierte Krankheitserreger handelt, welche ganz anderen Gruppen von Mikroorganismen angehören.«

Das erste Virus oder: der unsichtbare Feind

Als einer der ersten Wissenschaftler benutzte der französische Veterinärmediziner Jean-Baptiste Auguste Chauveau (1827–1917) immer wieder die Bezeichnung »Virus« und meinte damit wohl recht genau jene »organisierten Krankheitserreger«, auf die Koch in seiner Rede auf dem Medizinerkongress abgehoben hatte. Chauveau bediente sich des Wortes in seiner lateinischen Bedeutung im Sinne von »Gift«, »Gestank«, »übler Schleim von Tieren und Pflanzen«. In diesem Tenor hatte der römische Schriftsteller und Universalgelehrte Aulus Cornelius Celsus (25 v. Chr.–50 n. Chr.) erstmals von einem Virus geschrieben. Dass Chauveau dieses Wort wählte, entbehrt nun nicht einer gewissen Ironie, denn er unterzog an der Universität zu Lyon den Impfstoff gegen Pocken einer raffinierten Prozedur. Er ließ die Lymphe in reines Wasser diffundieren. Bei der mikroskopischen Untersuchung der Flüssigkeit konnte er keine Partikel nachweisen. Da war also nicht einmal in der hundertfachen Vergrößerung eine Schleimabsonderung oder etwas, das stinken konnte, zu sehen.

Auch der deutsche Arzt Gotthard August Ferdinand Keber (1816–1871) experimentierte mit der Lymphe, die er als entschiedener Impfbefürworter nach eigenen Angaben mehr als 20 000 Mal an Patienten verabreichte. Er filtrierte die Flüssigkeit und verimpfte die gereinigte Lösung. Die Wirkung war identisch. Bei der mikroskopischen Untersuchung des Filtrats fielen ihm lediglich einige »Kerne und Moleküle« auf. Ob das jedoch die Krankheitserreger sein konnten, schien Keber fraglich: »Meines Dafürhaltens geht die definitive Entscheidung hierüber auf bloß optischem Wege fast über den Horizont der heutigen Mikroskopie.«[35]

Holländische Tabakbauern sollten der Wissenschaft zu neuen Einsichten verhelfen. Eigentlich nicht die Bauern selbst, sondern deren Pflanzen. Die zeigten nämlich mosaikartig angeordnete Flecken auf ihren Blättern. Die sogenannte Mosaikkrankheit des Tabaks greift auf den Feldern rasch um sich und zerstört ganze Ernten. Für die Tabakproduktion sind die befallenen Blätter, die schließlich sogar braun, trocken und brüchig wurden, nicht mehr geeignet. Die Bauern der Provinzen Gelderland und Utrecht wenden sich in existenzieller Not an die Landwirtschaftliche Hochschule in Wageningen.

Der deutsche Chemiker Adolf Eduard Mayer (1843–1942) nimmt sich als Direktor dieser Einrichtung persönlich der Sache an. Zuerst geht er alle Stoffe durch, die nach der Lehrmeinung ein ertragreicher Boden enthalten sollte. Doch er kann weder einen Mangel an Phosphor und Stickstoff noch an Kalium ausmachen. Dann untersucht er die Pflanzen selbst. Verursachen vielleicht Pilze oder Parasiten die krankhaften Veränderungen der Blätter? Auch hierfür findet Mayer keine Indizien. Durch die Variation der Wachstumsbedingungen hinsichtlich Temperatur und Luftfeuchtigkeit lässt sich ebenfalls kein Effekt erzielen. Langsam macht sich Ratlosigkeit breit. Mayer presst Saft aus den kranken Blättern. Doch unter dem Mikroskop zeigen sich keinerlei Auffälligkeiten im Vergleich zum Extrakt aus gesunden Pflanzen. Als er gesunde Blätter mit der aus erkrankten Pflanzen gewonnenen Flüssigkeit impft, zeigen sich keine Veränderungen. Zuerst! Doch dann, nach knapp zwei Wochen, taucht auch hier das Mosaikmuster auf. Wie ist das möglich, wenn die infektiöse Lösung offensichtlich keine Erreger enthält? Mayer filtert die Flüssigkeit und staunt nicht schlecht, als selbst das Filtrat eine Infektion auszulösen vermag, und das sogar dann noch, wenn er es auf sechzig Grad erhitzt. Erst bei achtzig Grad wird die Krankheit nicht mehr übertragen.

Damit schließt Mayer seine Untersuchungen ab. 1886 fasst er seine Erkenntnisse in einer Veröffentlichung zusammen. Für ihn ist klar: Die Tabakmosaikkrankheit, wie er sie nennt, wird durch Infektion übertragen. Verantwortlich dafür sei ein Bakterium, das noch zu identifizieren sei, denn »nähere Kenntniss von Form und Lebensweise der schuldigen Bacterie konnte freilich auf diese Weise nicht erlangt werden«.[36] Den Rat suchenden Tabakbauern empfiehlt er, erkrankte Pflanzen sofort von den Feldern zu entfernen und das Erdreich zu erneuern. Mayer wird sich in seinen insgesamt 220 Publikationen mit diesem Thema nicht weiter beschäftigen.

Der russische Biologe Dmitri Iossifowitsch Iwanowski (1864–1920) übernimmt. Er reist in die Ukraine, wo die Tabakpflanzer ebenfalls mit der Krankheit ringen, und kommt zu ähnlichen Resultaten wie Mayer. Allerdings gelingt es ihm, eine Bakterie als infizierendes Agens auszuschließen. Dazu arbeitet er mit einem nach seinem Erfinder benannten Chamberland-Filter. Als Assistent von Louis Pasteur war Charles Édouard Chamberland (1851–1908) unter anderem mit Fragen der Hygiene betraut. In dieser Funktion untersuchte er verschiedene seinerzeit gebräuchliche Wasserfilter aus Keramik. Dabei stellte er fest, dass sie zwar viele Schwebstoffe zurückhielten, Bakterien allerdings munter passieren ließen. Da die infektiösen Eigenschaften von Mikroben unter anderem durch die Arbeiten seines Chefs bekannt geworden waren, machte sich Chamberland daran, die Porengröße der Filter zu verringern. Als Material verwendete er nichtglasiertes Porzellan und konnte so schließlich ein bakteriendichtes Filter herstellen.

Iwanowski lässt nun einen Auszug aus infizierten Tabakblättern durch ein Chamberland-Filter laufen. Mit dem solcherart gereinigten Saft kann er trotzdem gesunde Pflanzen mit der Tabakmosaikkrankheit infizieren. Bakterien scheiden somit als Überträger aus. Noch ein schlagendes Argument führt Iwanowski gegen die Bakterien-Hypothese ins Feld: Es will ihm nicht gelingen, aus dem Filtrat eine Mikrobe anzuzüchten. Vielleicht handelt es sich also doch nicht um eine Infektion, sondern um eine Vergiftung?

Der Ball wird von St. Petersburg, wo Iwanowski lehrt und forscht, zurück in die Niederlande gespielt. Und zwar zu Martinus Willem Beijerinck (1851–1931), dem Nachfolger von Adolf Mayer. Dieser hatte ihn auf das Thema aufmerksam gemacht und mit der Aufgabe betraut, aus den Erregern der Mosaikkrankheit eine Reinkulturzüchtung nach Koch'schem Vorbild anzulegen. Beijerinck war daran wiederholt gescheitert. Erst als er selbst zum Professor in Wageningen berufen wird, widmet er sich dem Problem erneut. Auch er arbeitet mit einem Chamberland-Filter und konnte die Befunde seines russischen Kollegen – ohne sie und ihn zu kennen – im Wesentlichen bestätigen. Aus den Befunden entwickelt er eine Arbeitshypothese: Könnte es nicht sein, dass die filtrierte Lösung noch infektiös ist, weil zwar die Bakterien, nicht aber deren Sporen zurückgehalten wurden? Um das zu überprüfen, wiederholt er ein Experiment seines Vorgängers und erhitzt den Extrakt. Dabei bestätigen sich die Ergebnisse von Adolf Mayer. Bei sechzig Grad ist die Flüssigkeit noch infektiös, erwärmt man sie dagegen auf achtzig Grad und darüber, kann sie kein Krankheitsgeschehen mehr auslösen. Da Sporen allerdings erst bei hundert Grad ihre Wirksamkeit verlieren, platzt Beijerincks Hypothese. Es müssen also andere Arten von Erregern am Werk sein.

Dann führt er jene Versuche weiter, auf die ihn Mayer einst angesetzt hatte. Dazu nimmt er sich einen Nährboden, auf dem normalerweise Bakterien wachsen. Über die Möglichkeit der Kultivierung gibt er sich nach den früheren Fehlversuchen keinerlei Illusionen mehr hin. Seine Idee geht in eine andere Richtung: Wenn das »Virus«[37], wie er es in seiner entsprechenden Publikation ohne weitere Einführung des Begriffs nennt, in den Nährboden eindringt, muss es wasserlöslich und somit im Grunde flüssiger Natur sein. Besitzt es hingegen feste Natur, so würde es – wie klein es auch immer sein mochte – auf dem Nährboden liegen bleiben. Anderthalb Wochen gibt Beijerinck dem Virus Zeit, dann trägt er einen halben Millimeter des Nährbodens ab und gewinnt Proben aus den darunterliegenden Schichten. Als er mit diesem Material wiederum die Krankheit auslösen kann, steht für ihn fest: »Nach zehn Tagen mag der durch das Virus zurückgelegte Weg wenigstens zwei Millimeter, vielleicht noch beträchtlich mehr betragen haben. [Es] scheint dadurch ... erwiesen, dass das Virus als wirklich flüssig oder gelöst und nicht als corpusculär betrachtet werden muss.«

Also doch ein Gift, wie Iwanowski vermutete? Diese Idee lehnt Beijerinck – und später auch Iwanowski selbst – ab. Das Virus muss lebendig sein, hat er doch an den Tabakpflanzen beobachtet, wie besonders die noch im Wachstum befindlichen Blätter von der Krankheit befallen werden, während sich die ausgewachsenen wenig anfällig zeigen. Während ein Gift ebenso in die bereits bestehenden Zellen eindringen würde, brauchen die Viren offensichtlich die Zellteilung, um sich zu entfalten. Wenn sich ihre Entwicklung aber so stark mit dem lebendigen Prozess der Vermehrung verbandelt zeigt, kann es nur eine Schlussfolgerung geben: Beijerinck definiert das Virus der Tabakmosaikkrankheit – er nennt sie etwas profaner als Mayer »Fleckenkrankheit« – als »contagium vivum fluidum«, einen lebenden, flüssigen Ansteckungsstoff.[38]

Aber wenn das Virus lebendig ist, warum vermehrt es sich dann nicht auf dem Nährboden, so wie die Bakterien auch? Warum braucht es unbedingt die Tabakpflanze dazu? Und wenn es gar kein Korpuskel, sondern ein wasserlösliches Molekül ist, dann kann es auch keine Zelle sein. Ohne Zelle aber gibt es kein Leben. Dieses Dogma steht geradezu in Stein gemeißelt. Der deutsche Arzt Rudolf Virchow hat es der Biologie und Medizin mit seinem Werk *Die Cellularpathologie in ihrer Begründung auf physiologische und pathologische Gewebelehre* bereits 1855 ins Stammbuch geschrieben. Während William Harvey meinte, alles Lebendige entstehe aus dem Ei, und für Pasteur nach seiner Widerlegung der Urzeugung galt: *Omne vivum ex vivo*, dekretierte der international renommierte und als Mitglied von gleich zwölf wissenschaftlichen Akademien weltweit einflussreiche Virchow: »*Omnis cellula e cellula.*«[39] Jede Zelle entsteht aus einer Zelle! Die Fragen zur Existenzweise des Virus nehmen also eher zu als ab.

Den Postulaten von Henle kann bei der Erforschung der Mosaikkrankheit nicht Genüge getan werden. Die wurden von seinem Schüler Koch und dessen Schüler Friedrich Löffler (1852–1915) unterdessen noch etwas modifiziert. Demnach müssen Krankheitserreger drei Kriterien erfüllen, um sich diesen Namen zu verdienen.

Erstens: »Es müssen constant in den local erkrankten Partien Organismen in typischer Anordnung nachgewiesen werden.«[40] Diese Bedingung kann durch die von Mayer, Iwanowski und Beijerinck getätigten Untersuchungen zur Tabakmosaikkrankheit als erfüllt gelten.

Anders sieht es mit dem zweiten Postulat aus: »Die Organismen, welchen nach ihrem Verhalten zu den erkrankten Teilen eine Bedeutung für das Zustandekommen dieser Veränderungen beizulegen wäre, müssen isoliert und rein gezüchtet werden.« Die Züchtung wollte nicht gelingen. Die Isolation hingegen glückte durch den Einsatz des Chamberland-Filters wahrscheinlich. Allerdings ließ sich der Erfolg nicht überprüfen, gerade weil sich die Viren in den geläufigen Nährlösungen nicht vermehrten und mit dem Mikroskop nicht zu identifizieren waren.

Die dritte Bedingung kann wiederum annähernd erfüllt werden: »Mit den Reinkulturen muss die Krankheit wieder erzeugt werden können.« Auch wenn die Frage nach der Reinkultur nicht befriedigend beantwortet werden kann, so löst doch die Impfung mit dem Filtrat des Saftes erkrankter Blätter zuverlässig die Infektion – und nur diese – wieder aus.

Die Anwendung der als Koch'sche Postulate in die Literatur eingegangenen Kriterien geben Aufschluss darüber, wie weit die Mikrobiologen mit der Erforschung des Virus bei der Tabakmosaikkrankheit gekommen sind. Die Teilerfolge legen nahe, dass man bereits viel Richtiges zusammengetragen hat. Die Teilmisserfolge hingegen gemahnen an die Möglichkeit, dass man bei der Suche nach dem Virus an einer entscheidenden Stelle von falschen Voraussetzungen ausgehen könnte.

Den Schülern von Robert Koch jedenfalls blieb es vorbehalten, das erste Virus bei Säugetieren zu finden. Friedrich Löffler und sein Assistent Paul Frosch (1860–1928) erforschten im Auftrag der Partei der Landwirte die Maul- und Klauenseuche. Die machte den Bauern, aber noch mehr den Rindern zu schaffen. Die Krankheit beginnt mit hohem Fieber und einer dramatischen Verschlechterung des Allgemeinzustands. Die Schleimhaut im Maul entzündet sich, die Kühe hören auf zu fressen und geben keine Milch mehr. Dann bilden sich im Maul, an den Klauen und am Euter schmerzhafte Blasen, die nach und nach aufplatzen. Bei schweren Verläufen sterben die Tiere bereits 24 Stunden nach dem Auftreten erster Symptome.

Löffler und Frosch untersuchen die Blasenflüssigkeit erkrankter Tiere zuerst auf Bakterien. In ihren Mikroskopen finden sie jedoch keine verdächtigen Strukturen, und da schwant ihnen bereits, dass sie es auch hier mit einem dieser Erreger von unbekannter, weil offensichtlich unsichtbarer Form zu tun bekommen werden, die man neuerdings Viren nennt. Als es den vom Bazillenjäger Nummer eins ausgebildeten Bakteriologen partout nicht gelingen will, aus dem infektiösen Material Kulturen anzuzüchten, verdichten sich die Anzeichen. Als nächster logischer Schritt folgt nun die Filtration. Löffler und Frosch arbeiten mit Filtern des deutschen Ingenieurs Wilhelm Berkefeld (1836–1897). Der belieferte den Erfinder Alfred Nobel (1833–1896) mit den Schalen fossiler Kieselalgen. Dabei war Berkefeld die stark reinigende Wirkung des sogenanten Kieselgurs aufgefallen. Was lag für den Tüftler näher, als aus diesem Material Filter zu bauen? Durch ihre winzigen Poren von exakt definierbarer Größe hielten die Berkefeld-Filter kleinste Körper zurück. Ihr Einsatz brachte die Hamburger Cholera-Epidemie von 1892 zum Stillstand, weil das auslösende – von Robert Koch entdeckte – Bakterium aus dem Trinkwasser der Stadt herausgefiltert werden konnte. Löffler und Frosch jedenfalls reduzieren bei ihren Experimenten mit der Lymphe der Maul- und Klauenseuche die Porengröße, so weit es geht, doch das Filtrat bleibt infektiös. Bakterien scheiden damit endgültig als Erreger aus.

Und Gift? Auch mit diesem Argument setzen sich Löffler und Frosch intensiv auseinander. Dazu verdünnen sie die Flüssigkeit der Bläschen immer weiter, um herauszufinden, bis zu welchem Grad die Lymphe noch infektiös ist. Sie führen mit diesem Versuch das aus der

Chemie bekannte Titrationsverfahren in die Mikrobiologie ein. Ihr wissenschaftlicher Ehrgeiz lässt sie rasch in den Teilbereich von Millilitern vorstoßen. Noch ein Hundertstel stellt sich als zuverlässig infektiös heraus. Erst bei der Hälfte dieses Wertes scheinen sie in den Grenzbereich vorzustoßen. Fünf Tausendstel eines Milliliters, also etwa der hundertste Teil eines einzigen Tropfens, löst bei einem etwa 200 Kilogramm schweren Kalb bereits die Maul- und Klauenseuche aus. Erst die Injektion eines Tausendstel Milliliters führt nicht mehr zu einer Infektion. Löffler und Frosch legen sich auf Grundlage der Ergebnisse fest: Man kann es hier nicht mit einem Gift zu tun haben. Dazu sind die Mengen einfach viel zu gering. Wenn sich 0,005 Milliliter im Körper des Tieres verteilen, würde man »zu einem Giftwert der ursprünglichen Lymphe aus 1:2½ Trillionen gelangen. Eine derartige Giftwirkung wäre einfach unglaublich.«[41] Bei der Entwicklung einer wirksamen Vakzination – die Bezeichnung hat hier guten Sinn, da es sich wiederum um Kühe handelt – können Löffler und Frosch hingegen nur geringe Erfolge vorweisen. Weder das Impfen mit verdünnter Lymphe noch mit Flüssigkeit von Kühen, die eine Infektion überstanden hatten, bringen eine längerfristige Immunisierung. Es ist eben schwer gegen einen Feind vorzugehen, den man nicht sieht. Perfiderweise vermehrt sich das Virus nur im befallenen Organismus, also dort, wo *es* will. Im Labor aber, wo die Forscher den Erreger züchten wollen, verweigert er sich all ihren Verfahren.

Gelbfieber- und Tollwutvirus oder: Menschenversuche an sich selbst und an anderen

Also das muss man sich erst mal trauen! Sich vorsätzlich der Atemluft eines schwer unter Gelbfieber leidenden Patienten aussetzen. Sich dann sogar zu ihm ins Bett legen, und zwar für mehrere Nächte! Den Schlafanzug eines Verstorbenen übernehmen. Oder wie wäre es damit: sich Schnittwunden am Unterarm zufügen und das Blut eines Gelbfieberkranken hineinschmieren, es sich dann sogar in die Vene spritzen und seinen Speichel zu sich nehmen? Weitere, noch unappetitlichere Experimente mit dem Erbrochenen von Gelbfieberpatienten werden an dieser Stelle diskret übergangen, denn die erwähnten Zeugnisse heroischer Selbstversuche sollten beredt genug sein. Sie standen nicht im Zeichen okkulter Praktiken, sondern dem der medizinischen Forschung. Es ging dabei um die Aufklärung des Infektionsgeschehens beim Gelbfieber.

Diese Krankheit geht mit Symptomen wie Übelkeit, Fieber, Erbrechen und Schmerzen einher. Bei tödlich verlaufenden Fällen wird die Leber stark geschädigt. Die dann einsetzende Gelbfärbung der Haut des Patienten gab der Krankheit ihren Namen. Durch den Sklavenhandel von Afrika in die ganze Welt exportiert, entwickelte sich Gelbfieber im 19. Jahrhundert vor allem in Süd- und Mittelamerika zu einer ernsten Bedrohung. In den kriegerischen Auseinandersetzungen um die Insel Kuba im Jahr 1898 ließen 400 US-amerikanische Soldaten ihr Leben im Kampf, 5000 starben an Gelbfieber. Der Bau des Panamakanals musste bereits zehn Jahre zuvor wegen der grassierenden Seuche eingestellt werden. Es gab also handfeste militärische und ökonomische Interessen für die Erforschung der Krankheit. Eine Gelbfieberkommission musste her. Mit großzügigem Budget ausgestattet, gründete sie sich unter der Leitung des amerikanischen Militärarztes Walter Reed (1851–1902), Professor für Mikrobiologie an der Army Medical School in Washington, D.C.

Am 25. Juni 1900 treffen die Mitglieder der Kommission auf Kuba ein. Die Militärärzte machen sich gleichsam generalstabsmäßig an die Arbeit. Zuerst überprüfen sie bereits existierende Theorien über die Ursache der Krankheit. Der italienische Arzt Giuseppe Sanarelli (1865–1940) hatte ein Jahr zuvor für sich reklamiert, den Erreger des Gelbfiebers bei seinen Exkursionen nach Brasilien und Uruguay gefunden zu haben. Es sei ein Bakterium, das er *Bacillus icteriodes* nannte. Sanarelli hatte fünf Personen damit geimpft, es allerdings nicht für nötig befunden, sie vorher einzuweihen. Drei seiner Probanden starben bei diesem Menschenversuch. Daraufhin brach ein Sturm der Entrüstung unter seinen Kollegen los, der nicht gerade abflaute, als sich herausstellte, dass die Infizierten nur zum Teil die typischen Gelbfiebersymptome ausbildeten. Auch der US-amerikanische Militärarzt George Sternberg (1838–1915) konnte etwa zur selben Zeit einen Erreger bei Gelbfieberkranken identifizieren, den er als »Bakterium X« bezeichnete.

Brigadegeneral Sternberg hatte auch die Gelbfieberkommission zusammengestellt und nach Kuba abkommandiert. Die Kommission nahm sich als Erstes dieser beiden Bakterien an. Dabei wurde rasch klar, dass es sich nicht um zwei, sondern um ein und dasselbe handelte. Die Ärzte unter Leitung von Walter Reed fanden den Erreger bei Gelbfieberpatienten – allerdings nur bei etwa einem Drittel. Doch sie konnten das *Bakterium icteriodes* auch bei anderen Patienten nachweisen, die nicht an Gelbfieber litten. Damit schied es eindeutig als Krankheitsursache aus.

Die Idee, Gelbfieber könne von Mensch zu Mensch übertragen werden, galt aufgrund der eingangs erwähnten Selbstversuche verschiedener Ärzte wie Stubbins Firfth (1784–1820) mittlerweile als abwegig. Eine andere Theorie schien der Kommission bedenkenswerter. Der kubanische Arzt Carlos Juan Finlay (1833–1915) vertrat bereits seit 1865 die These, Gelbfieber werde durch Mücken übertragen. In seinen Experimenten mit teils hundert und mehr Freiwilligen hatte er allerdings keinen schlüssigen Beweis erbringen können. Als Finlay von der Expedition der Amerikaner hört, spendiert er seinen Kollegen Eier der heimischen Stechmücke *Stegomyia aegypti*. Der Arzt Jesse William Lazear (1866–1900) zieht die Insekten auf. Um die Kontrolle über die Mücken zu behalten, steckt er sie in Reagenzgläser und verschließt deren Öffnung mit Watte. Er lässt sich und andere Freiwillige stechen, aber niemand infiziert sich mit Gelbfieber. Im nächsten Schritt setzt Lazear die Mücken mehreren Gelbfieberpatienten auf den Arm. Nun wird es ernst. Wer ist jetzt bereit, den hungrigen Weibchen seine nackte Haut darzubieten? Es finden sich acht Freiwillige, die mit jeweils 200 Dollar für ihren Mut belohnt werden. Außerdem unternimmt Lazear einen Selbstversuch. Bange Tage folgen, doch keiner der Versuchsteilnehmer entwickelt Symptome. Sind sie doch auf dem Holzweg? Ein nächster Versuch soll die Klärung bringen. Der in England geborene James Caroll (1854–1907), ein weiterer Arzt aus der Kommission, lässt sich von einem Moskito stechen, der knapp zwei Wochen zuvor vom Blut eines Erkrankten gesaugt hatte. Bereits nach zwei Tagen bekommt Caroll heftiges Fieber und Schmerzen. Als sich seine Haut gelb verfärbt, ist das Infektionsgeschehen eindeutig.

Caroll übersteht die schwere Erkrankung, und die Kommission ist einen großen Schritt weiter. Offensichtlich muss der Erreger eine Zeit lang in der Mücke leben, bevor er für den Menschen gefährlich wird. Lazear macht den nächsten Selbstversuch. Ebenfalls mit einem Moskito, der bereits zwei Wochen zuvor einen Gelbfieberkranken gestochen hatte. Der Arzt infiziert sich mit Gelbfieber. Allerdings ist der Verlauf seiner Krankheit dramatischer als bei Caroll. Nach zwei qualvollen Wochen fällt er ins Delirium und stirbt im Alter von gerade einmal 34 Jahren. *Stegomyia aegypti* steht nun eindeutig als Überträger der Krankheit fest. Mit weiteren Versuchen können die zeitlichen Bedingungen eingegrenzt werden. Wenn der Moskito einen Gelbfieberpatienten in den ersten drei Krankheitstagen sticht, ist er nach weiteren zwölf bis maximal zwanzig Tagen in der Lage, einen anderen Menschen mit Gelbfieber anzustecken. Die Bekämpfung des Gelbfiebers fällt damit in die Verantwortung einer anderen Fachrichtung. Nicht Ärzte, sondern Insektenforscher sind nun gefragt, wie die Gelbfiebermücke am effizientesten vernichtet werden kann.

Den Ruhm für die erfolgreiche Mission der Gelbfieberkommission erntet Walter Reed. Er wird von der Harvard University ausgezeichnet, für den Nobelpreis vorgeschlagen und bekommt mit der Goldenen Ehrenmedaille des Kongresses eine der höchsten Auszeichnungen der Vereinigten Staaten. Der Militärgouverneur von Kuba, General Leonard Wood (1860–1927), stimmt in den Lobeschor ein: »Ich kenne keinen Menschen von heute, der so viel für die Menschheit getan hat wie Major Reed.«[42]

Der todesmutige Einsatz seines Mitstreiters Jesse William Lazear gerät jedoch aus dem Blick. Dabei gebührt ihm ein großer Anteil am Erfolg. Ohne seinen Selbstversuch hätte sich die Aufklärung des Infektionsweges wahrscheinlich noch länger hingezogen. Walter Reed kann sich all der Ehrungen jedoch nicht mehr lange erfreuen. Er stirbt nur zwei Jahre nach Lazear. Wie dieser verbringt er seine letzten Erdentage im Delirium. Nach einer missglückten Blinddarmoperation erlangt Walter Reed das Bewusstsein nicht wieder.

Während eine Schutzimpfung gegen Gelbfieber noch bis Ende der Dreißigerjahre des 20. Jahrhunderts auf sich warten ließ, lag der Fall bei der Tollwut anders. Hier gab es, ähnlich wie bei den Pocken, bereits eine Impfung, aber das Virus war noch nicht identifiziert. Wobei von Identifikation zu sprechen natürlich auf eine Übertreibung hinausläuft. Denn noch immer hatte niemand ein Virus gesehen.

Bereits zum Ende des 19. Jahrhunderts hatte sich Pasteur mit der Krankheit beschäftigt. Die französische Koryphäe der Mikrobiologie, die mit ihren Experimenten zur Gärung der Urzeugungsidee den Todesstoß versetzt hatte und von der französischen Regierung ein eigenes »Institut Pasteur« bekam, begann 1882 mit Übertragungsversuchen.

Dabei injizierte er Flüssigkeit aus dem Rückenmark eines tollwütigen Hundes unter die Hirnhaut eines Kaninchens, das daraufhin ebenfalls erkrankte. Als das Kaninchen die entsprechenden Symptome zeigte, konnte Pasteur die Tollwut auch von Kaninchen zu Kaninchen überimpfen. Dann sezierte Pasteur die Kaninchen, entnahm das Rückenmark und trocknete es. Bei weiteren Versuchen stellte er fest, dass die Infektiosität dieses Materials von Tag zu Tag abnahm. Das brachte ihn auf die entscheidende Idee: Könnte er nicht nach dem Vorbild der Impfung mit Kuhpocken eine Immunisierung erreichen, wenn er zunächst mit wenig ansteckendem Serum arbeitete? Pasteur tüftelte schließlich einen Immunisierungsplan aus, den er sogleich an Hunden ausprobierte. Er löste Stückchen des getrockneten Rückenmarks in einer sterilen Flüssigkeit. Bei seinen Impfungen steigerte er nun von Tag zu Tag die infektiöse Dosis, indem er immer frischeres Gewebe verwendete, »bis man endlich zum letzten, ungemein virulenten Rückenmarke gelangt, das sich erst seit einem oder zwei Tagen in der Trockne befand«.[43] Der Erfolg war überzeugend. Alle fünfzig Hunde, die auf diese Weise geimpft wurden, bestanden danach den Immunitätstest. Pasteur konnte ihnen das reine »Wuthgift« sogar unter die Hirnhaut spritzen, ohne dass sie erkrankten.

Nach diesen Tierexperimenten war die Versuchung groß, auch Menschen zu behandeln. Denn die Tollwut stellte eine sehr ernste Bedrohung dar, weil sie unausweichlich zum Tode führte. Ihren Namen verdiente sie sich durch die auftretenden Symptome. Bereits Aristoteles hatte sie beobachtet: »Die Hunde leiden an der Wut. Diese versetzt sie in einen Zustand der Raserei, und alle Tiere, welche sie dann beißen, werden gleichfalls von der Wut befallen.«[44] In der Endphase der Krankheit beim Menschen erzeugt eine Hirnentzündung massive Angstzustände und Verwirrtheit, verbunden mit einer übersteigerten Reizbarkeit, die leicht zu besagten Wutanfällen führen kann. Die Betroffenen schreien, schlagen und beißen. Weil die Lähmung mehrerer Hirnnerven meist zum Verlust des Schluckreflexes führt, tragen die Erkrankten Schaum vor dem Mund. Innerhalb von zwei bis zehn Tagen nach Einsetzen der Symptome tritt in der Regel der Tod ein.

Wem möchte man so ein Schicksal nicht ersparen! Oft sind Kinder von der Tollwut betroffen, die besonders von Hunden, Wölfen und Katzen übertragen werden kann. Auch dem gerade neunjährigen Josef Meister stand ein solch grausiges Ende bevor, denn er hatte »14 Hundebisse an den Extremitäten erlitten und war mit Blut und Schaum bedeckt unter dem Thiere hervorgezogen worden«.[45] Man brachte das Kind zu Pasteur, der sogleich eine Spritze mit gelöstem Rückenmark eines 24 Tage zuvor an Tollwut verendeten Kaninchens vorbereitete. Da er selbst keine medizinische Approbation besaß, musste ein Arzt den Jungen behandeln. Pasteur überwachte die Impfung, was zu einem in Zeichnungen der Zeit oft dargestellten Motiv wurde. Mit sehr ernster Miene, die deutlich seine Anspannung verrät, verfolgt er, wie der auffällig gut gekleidete Josef Meister sein Hemd hochzieht, um die Injektion in seinen Bauch zu empfangen. Die Prozedur wird mit zunehmend infektiöser Dosis an den folgenden acht Tagen wiederholt. Der Junge bleibt unter Beobachtung. Als nach über drei Monaten »seine Gesundheit nicht das Mindeste zu wünschen übrig« lässt, gilt er als geheilt. Dabei ist gar nicht gesagt, dass der Hund, der ihn gebissen hat, tatsächlich tollwütig war. Pasteur macht keine halben Sachen und baut diesem möglichen Einspruch gegen seine Methode mit einem Menschenversuch vor. Zur Kontrolle seiner Immunität lässt er Josef Meister eine hochinfektiöse Dosis spritzen, und zwar »eine Wuth, die viel virulenter ist als die des gewöhnlichen wüthenden Hundes«. Das Kind übersteht auch diese neuerliche Strapaze, und Pasteurs Ansehen steigt ins Unermessliche.

Paul Ambroise Remlinger (1871–1964) kommt dem »Wuth-Virus« schließlich auf die Schliche. Am Tollwut-Institut Konstantinopel und schließlich am Pasteur-Institut in Tanger machte der französische Arzt und Biologe den Krankheitserreger ausfindig. Nachdem der Nachweis von Bakterien misslingt, vermutet Remlinger ein Virus als Ursache der Tollwut. Durch Zentrifugierung und Filtration kann er seine Hypothese bestätigen. Dann findet allerdings der italienische Bakteriologe Adelchi Negri (1876–1912) kleine Körperchen im Inneren der Zellen des erkrankten Gewebes. Er kann diese Einschlüsse sogar anfärben und glaubt, in ihnen die Erreger der Tollwut gefunden zu haben. Remlinger widerspricht. Zwar könne er die Existenz der Negri'schen Körperchen bestätigen, doch seien sie nicht ursächlich für die Tollwut, da sie nur innerhalb der Zellen, aber nicht im Filtrat aufträten. Negri gab Remlinger schließlich recht. Die Genugtuung, dass er zwar falschlag, trotzdem in der Erforschung des Virus aber bereits einen Schritt weitergekommen war, sollte ihm nicht mehr vergönnt sein. Er starb mit gerade 35 Jahren an Tuberkulose, lange bevor die Negri-Körper als Herde der Tollwutvirenproduktion innerhalb befallener Zellen identifiziert werden konnten.

Pasteur verfolgt angespannt, wie Josef Meister die Tollwutimpfung erhält.

Bakterienfressende Viren oder: Bananenwhisky und Sisalschnaps

Durch die immer feineren Filtrationsverfahren und die unterdessen etablierte Vorgehensweise bei der Erforschung der Viren kann im neuen Jahrhundert eine ganze Reihe der submikroskopischen Krankheitserreger nachgewiesen werden. Ähnlich den Erfolgen bei den Bakterien geht es nun Schlag auf Schlag: 1903 wird neben dem Tollwutvirus das Virus der Schweinepest isoliert. 1905 gelingt Adelchi Negri der Nachweis des Pockenvirus. Der Italiener überzeugt sich mit dieser Entdeckung gewissermaßen selbst auch von der Richtigkeit von Remlingers Untersuchungen beim Wut-Virus. 1907 kann der ebenfalls von Moskitos übertragene Erreger des Denguefiebers nach den Regeln der herrschenden mikrobiologischen Kunst dingfest gemacht werden. Das Virus der Kinderlähmung folgt 1909. Zwei Jahre später der Erreger der Kaninchenpest. 1911 dann das Masernvirus, im Jahr darauf das Herpes- und 1916 das Mumpsvirus.

Auf der anderen Seite des Atlantiks machte das Rockefeller Institute for Medical Research immer wieder von sich reden, das der Geldgeber aus dem Boden hatte stampfen lassen, nachdem sein Enkel 1901 an Scharlach gestorben war. 1909 kommt ein Geflügelzüchter mit einem kranken Plymouth-Rock-Huhn ins Institut. Am Brustmuskel des Tieres hat sich eine große Schwellung verhärtet. Der Pathologe Francis Peyton Rous (1879–1970) nimmt sich der Sache an und diagnostiziert ein »Sarkom«[46] im Bindegewebe. Er schneidet die tumorartige Geschwulst auf und entnimmt ihr eine Gewebeprobe. Nachdem er das Material mit Wasser verdünnt hat, filtert er es zuerst durch Papier. Dann zentrifugiert er es und zieht Flüssigkeit aus der obersten Schicht auf eine Spritze. Damit impft er wiederum ein Huhn der Plymouth-Rock-Rasse in die eine Brust, in die andere spritzt er »ein klein wenig Tumorgewebe«. Auf beiden Seiten wächst daraufhin ein Tumor. Rous geht nun einen Schritt weiter und benutzt ein bakteriendichtes Berkefeld-Filter. Das erhaltene Filtrat löst nach Impfung ebenfalls ein Tumorwachstum aus. Rous ändert die Bedingungen hinsichtlich Temperatur und Porengröße des Filters, und kommt zu dem Schluss, dass »der Tumor durch ein tumorzellenfreies Filtrat übertragen werden kann«. Bei den Schlussfolgerungen aus seinen Forschungsresultaten bleibt Rous vorsichtig und legt sich letztlich nicht fest, ob wirklich ein ultramikroskopischer Organismus die Krebserkrankung auslöst. Ein von den Zellen produzierter chemischer Stoff sei als Ursache ebenfalls denkbar: »Im Moment können wir keine der beiden Hypothesen beweisen.«[47] Bemerkenswert ist auch, dass Rous den Begriff »Virus« in seiner Arbeit konsequent vermeidet. Trotzdem wird der Krankheitserreger des Tumors ihm zu Ehren später Rous-Sarkom-Virus genannt. Mehr als 55 Jahre nach dem Besuch des Geflügelzüchters im New Yorker Rockefeller-Institut erhält Peyton Rous den Nobelpreis für seine Entdeckung, die der Medizin mit der Tumorvirologie ein völlig neues Arbeitsgebiet erschlossen hat.

1914 entdeckt, wiederum in der Alten Welt, der deutsche Pathologe Walter Kruse (1864–1943) das Schnupfenvirus. Der Schüler des legendären Rudolf Virchow ist eigentlich auf der Suche nach Bakterien im Nasensekret Erkälteter. Nachdem er keine Erreger findet, filtriert er die Flüssigkeit. Mit dem Filtrat kann er wiederum andere Probanden anstecken. Da ist die Sache klar: Auch hier treibt ein Virus das Krankheitsgeschehen an. Seine Forschungstätigkeit auf dem Gebiet der Parasitenkunde bringt Kruse schließlich zur Hygiene. Unrühmlicherweise verknüpft er in den Dreißigerjahren dieses Fach mit der sogenannten Rassenhygiene und zeichnet so mitverantwortlich für die pseudowissenschaftliche Untermauerung der Nazi-Ideologie. Dem gesamten Forschungsgebiet der Hygiene leistet er damit einen Bärendienst, da es lange Zeit braucht, um sich von dem schlechten Ruf zu befreien.

Gerade einmal etwas mehr als zwanzig Jahre sind vergangen, seit Robert Koch auf dem X. Internationalen Medizinerkongress seinen Kollegen ins Gewissen geredet hatte, nicht nur nach Bakterien, sondern auch nach jenen Krankheitserregern Ausschau zu halten, »welche ganz anderen Gruppen von Mikroorganismen angehören«.[48] Und schon sind diese Mikroorganismen in Pflanzen, in Tieren und bei Menschen nachgewiesen. Also in allen Lebensformen – so dachte man zumindest. Doch dann betrat der englische Bakteriologe Frederick Twort (1877–1950) die in seinem Fall undankbare Bühne wissenschaftlicher Entdeckungen.

Twort fiel beim Züchten von Bakterien etwas Merkwürdiges auf. In einer Kultur von Mikrokokken bildeten sich plötzlich klare, durchsichtige Stellen, in kurzer Zeit verschwand die gesamte Bakterienkolonie. Die Flüssigkeit, die übrig blieb, schickte Twort durch einen Chamberland-Filter. Zu seinem großen Erstaunen konnte das Filtrat wiederum eine ganze Bakterienkultur zersetzen. Was war das? Womit hatte er es hier zu tun bekommen? Twort sah drei Möglichkeiten: entweder ein Gift, ein schädliches Stoffwechselprodukt, das von den Bakterien selbst gebildet wurde, oder ein Virus.

Leider war es Twort nicht vergönnt, seine Hypothesen einer ausgiebigen Prüfung zu unterziehen, da seinem Londoner Institut für Bakteriologie zu Beginn des Ersten Weltkriegs die Gelder gestrichen wurden. In den folgenden Jahren musste er beim Royal Army Medical Corps dienen und konnte seine Arbeiten zum Phänomen der Bakterienvernichtung nicht fortsetzen. Nach dem Krieg gestaltete sich die Situation für ihn auch nicht wesentlich günstiger. Zwar wurde er zum Professor am Londoner Institut berufen, bekam aber nur sehr geringe Mittel. Nicht einmal einen Assistenten konnte Twort einstellen. Die unglückliche Forscherkarriere endete 1944 endgültig, als deutsche Bomben auf das Institut fielen und die Universität die Forschungsstätte schloss. Twort wurde, wie sein Sohn Anthony in der Biografie seines Vaters schreibt, »freigesetzt«.[49]

Etwa zur selben Zeit wie Twort nimmt sich der zweite Quereinsteiger in der Geschichte der Mikrobiologie des Themas an. Wie der erste, Antoni van Leeuwenhoek, war auch Félix Hubert d'Hérelle (1873–1949) äußerst umtriebig. In Montreal geboren, wuchs er in Paris und, wie sein Verwandter im Geist, in Holland auf. Anders als van Leeuwenhoek trug er reichlich Fernweh in sich. So soll d'Hérelle in seiner Jugend Westeuropa durchquert haben – und zwar mit dem Fahrrad. Schließlich begeisterte er sich in einem Privatlabor für die kleinsten Lebewesen. Im neuerlichen Unterschied zu van Leeuwenhoek waren die Experimente für d'Hérelle jedoch mehr als purer Zeitvertreib. Als Unternehmer verband er oft Anwendungsinteressen mit seinen Forschungen. So versuchte sich der zeitweilige Schokoladenfabrikbesitzer etwa an Gärungs- und Destillationsverfahren für die Herstellung von Whisky aus Bananen und Schnaps aus Sisal.

In Mexiko, Argentinien und Nordafrika half d'Hérelle bei der Bekämpfung von Heuschreckenplagen, indem er ein Bakterium vom Coccobacillus-Typ auf die Pflanzen sprühen ließ. Dieses Bakterium löste nach seinen Beobachtungen bei den Heuschrecken Durchfall aus, an dem sie schließlich zugrunde gingen. Bei der Kultivierung des Coccobacillus fielen d'Hérelle 1915 ebenfalls jene hellen Flecken auf, die auch Twort zu denken gaben. Am renommierten Institut Pasteur beforscht er weiterhin die Durchfallerkrankung, wechselt allerdings von der Heuschrecke zum Menschen und arbeitet mit Stuhlproben eines Kranken. Jeden Tag werden zehn Tropfen des Stuhls entnommen, in einen Brutschrank gesteckt und über Nacht durch ein Chamberland-Filter geschickt. Wiederum zehn Tropfen dieses Filtrats gibt d'Hérelle in eine Shiga-Bakterien-Kultur und stellt auch diese in den 37 Grad warmen Inkubator. Als sich beim Patienten Anzeichen für dessen Genesung einstellen, wird das Prozedere ein letztes Mal wiederholt: »After about 10 hours it was clear.«[50] Die Durchsichtigkeit der Lösung zeigt an, dass keine Bakterien mehr in der Probe vorhanden sind. Keine Bakterien, so schließt d'Hérelle, ergo keine Krankheit! Das heißt, ihm war es gelungen, das Wesentliche des Krankheitsgeschehens im Reagenzglas nachzuvollziehen. So wie das Filtrat der Stuhlprobe die Bakterien im Labor auflöste, so war es auch im Körper des Erkrankten geschehen.

Nun trieb d'Hérelle seine Experimente weiter und legte eine neue Kultur von Shiga-Bakterien an. Nachdem er einen einzigen Tropfen des Filtrats hinzugegeben hatte, konnte er Erstaunliches beobachten: »15 Stunden danach war die Lösung klar. Alle Bakterien waren aufgelöst.« Wenn er nun einen Tropfen aus diesem Serum nahm und in eine weitere Bakterienkultur einbrachte, verkürzte sich die Zeit bis zur Auflösung sogar noch. D'Hérelle wiederholte diesen Versuch mehrmals und sah, wie sich die Shiga-Bakterien von Mal zu Mal schneller auflösten. Aufgrund dieser Beobachtung konnte er mit gutem Recht davon ausgehen, dass es sich bei der bakterienauflösenden Substanz nicht um ein Gift handelte. Denn bei einem Gift hätte sich die Wirkung nicht beschleunigen, sondern verlangsamen müssen, da es ja bei jedem weiteren Versuch immer mehr verdünnt worden wäre. Nicht so bei einem mikrobiologischen Erreger. Nur der wäre in der Lage, sich mit jeder von ihm verschlungenen Bakterie sogar noch zu vermehren und so immer zielgerichteter und effizienter zu werden. Anders als Frederick Twort legte sich d'Hérelle aufgrund seiner Ergebnisse fest: »Die Ursache ist ein Virus, das pathogen auf Bakterien wirkt.«

D'Hérelle hatte also ein Virus entdeckt, das sich von Bakterien ernährt. *Phagein* steht im Griechischen für »fressen«. So war ein Name rasch gefunden: Bakteriophage, zu Deutsch Bakterienfresser. Diesen völlig neuen Virentyp stellt der Quereinsteiger im September 1917 in der französischen Akademie der Wissenschaften vor und eröffnet damit ein weiteres Forschungsfeld. Und sich selbst natürlich auch. Denn die Bakteriophagen erwecken die Hoffnung, endlich ein therapeutisches Mittel gegen Bakterien in die Hand zu bekommen.

Im Selbstversuch testet d'Hérelle mögliche Nebenwirkungen. Dazu isoliert er Bakteriophagen aus dem Stuhl von Ruhrkranken und schluckt bis zu dreißig Milliliter der Lösung. Nachdem er keinerlei Symptome entwickelt, verabreicht er sie »auch drei Mitgliedern seiner Familie, die ebenfalls keine Symptome zeigten«.[51] Schließlich spritzt sich d'Hérelle die Bakteriophagen sogar unter die Haut, ohne dass irgendwelche Krankheitszeichen auftreten. Offensichtlich richtet das Virus keinen Schaden im Organismus an, weil es ausschließlich auf Shiga-Bakterien spezialisiert ist. Die Anwendung bei Kindern, die wegen Durchfallerkrankungen im Krankenhaus in Paris liegen, gibt schließlich zu weiterer Hoffnung Anlass.

Der unstete d'Hérelle nimmt die Idee der Heilung durch Bakteriophagen mit nach Yale, wo er 1928 eine Professur erhält. Allerdings werden seine Ergebnisse auch wiederholt in Zweifel gezogen, weil er sich nicht an die wissenschaftlichen Gepflogenheiten hält. So forscht er immer wieder an Patienten, ohne Kontrollgruppen einzuführen, an denen man hätte sehen können, wie die Krankheit unter denselben Bedingungen ohne Behandlung respektive unter Placebo verlaufen wäre.

In Rio de Janeiro erwärmt sich der Arzt und Bakteriologe da Costa Cruz (1894–1940) für d'Hérelles Forschungen. Am Institut, das nach seinem Namensvetter und Nestor der brasilianischen Infektionsbiologie, Oswaldo Cruz (1872–1917), benannt wurde, führt er Versuche mit einer Bakteriophagenlösung von d'Hérelle durch. Insgesamt wendet er das Mittel an 24 Patienten an, die wegen Ruhr in Behandlung sind. Bereits nach einer einmaligen Einnahme von Bakteriophagen »verlor ihr Stuhl innerhalb von 24 Stunden den blutigen Charakter«.[52] Nur bei zwei Patienten zeigt sich lediglich eine vorübergehende Besserung, doch nach der zweiten Dosis gesunden sie ebenfalls.

Auch in Georgien, seinerzeit von der Sowjetunion einverleibt, wurden Bakteriophagen Anfang der Zwanzigerjahre des 20. Jahrhunderts erforscht. Georgi Eliava (1892–1937) widmet sich in dem von ihm geleiteten Institut für Mikrobiologie in Tiflis diesen Organismen und setzt Bakteriophagen ebenfalls therapeutisch ein. D'Hérelle kommt für Forschungsaufenthalte nach Georgien. Rasch entsteht der Plan, gemeinsam ein auf Phagenforschung spezialisiertes Institut zu eröffnen. Das Genehmigungsverfahren ist schon weit gediehen, doch dann fällt Eliava beim späteren Geheimdienstchef Lawrenti Beria (1899–1953) in Ungnade. Der Legende nach ging es dabei nicht um politische, sondern um amouröse Dinge. Jedenfalls wird Eliava gemeinsam mit seiner Frau während der Stalin'schen Terrorwelle verhaftet und erschossen. Mit ihm stirbt auch die Idee des Phagen-Instituts.

Der Anstoß, den d'Hérelle weltweit mit seinen Arbeiten gab, verpuffte schließlich nach der Entdeckung der antibakteriellen Wirkung des Penicillins gänzlich. Durch die aufkommenden Antibiotikaresistenzen werden Bakteriophagen heute jedoch für die medizinische Forschung wieder interessant.

Trotz aller Erfolge der Mikrobiologen hatte zu Beginn der Zwanzigerjahre noch immer kein Mensch auf der Welt ein Virus gesehen. Man fischte beziehungsweise filtrierte weiterhin im Trüben. Zwar konnte man schätzen, wie klein diese Erreger sein mussten, die in Windeseile sogar ganze Bakterienkulturen verputzten, aber von ihrer Gestalt hatte man noch nicht einmal eine Vorstellung. Dafür musste erst ein ganz neuartiges Gerät erfunden werden. Ein wahres Wunderding, das den Blick in Dimensionen eröffnete, die zu einem völlig neuen Verständnis der Zusammenhänge in der Natur führte.

III.
DER DURCHBRUCH

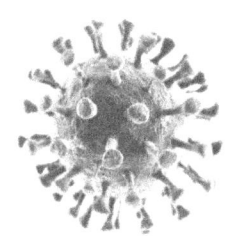
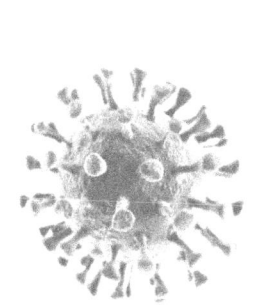
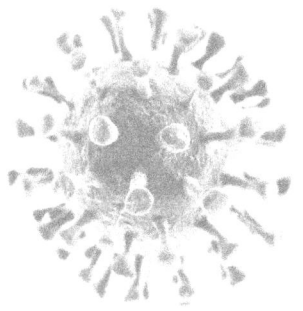

Die Spanische Grippe oder: morgens krank, abends tot

Das Supermikroskop ließ noch ein wenig auf sich warten. Erst einmal stand die Welt nachhaltig unter Schock. In den Jahren 1918 bis 1920 raste eine Pandemie von nie da gewesenem Ausmaß über den Planeten. Die Todesopfer konnten bisweilen gar nicht mehr gezählt werden. Schätzungen zufolge infizierten sich 500 bis 700 Millionen Menschen mit der Grippe, was bei einer Gesamtbevölkerungszahl von etwa 1,8 Milliarden etwa einem Drittel entsprach. Die WHO gibt die Zahl der Toten mit zwanzig bis fünfzig Millionen[53] an, unter Einrechnung aller Nebeneffekte kommen manche Schätzungen sogar auf bis zu hundert Millionen.[54] Und das zu einer Zeit, in der die blutigen Materialschlachten des Ersten Weltkrieges gerade siebzehn Millionen Menschen das Leben gekostet hatten.

Die Grippepandemie brach im Frühjahr 1918 in Kansas aus. Die Bezeichnung »Spanische Grippe« erhielt sie erst später, nämlich als der spanische König erkrankte und die Nachrichtenagentur Reuters diese Botschaft um die Welt schickte. Allen großen Zeitungen war dieser Umstand eine Meldung wert, sodass allgemein der Eindruck entstand, die Grippe komme aus Spanien. Doch sie hatte jenseits des Atlantiks ihren Anfang genommen und breitete sich zuerst in amerikanischen Militärcamps, später dann auch in der Zivilbevölkerung aus. Mit dem Kriegseintritt der USA wurde sie nach Europa gebracht. Bereits im Juni traten in Asien Fälle auf, in Australien und Neuseeland kam die Erkrankung im August an. Während die erste Welle vom Krankheitsgeschehen her durchaus noch mit der gewöhnlichen Grippe zu vergleichen war, baute sich zu dieser Zeit bereits die weitaus dramatischere zweite Welle auf, und zwar gleichzeitig »an drei Stellen rund um den Atlantik – Freetown in Sierra Leone, Boston in den USA und Brest in Frankreich«.[55] Von diesen Orten aus wanderte die Grippe über die jeweiligen Kontinente und kam über Russland erneut in Asien an.

Die Krankheit begann plötzlich mit Gliederschmerzen und Mattigkeit. Rasch kamen Husten und Halsschmerzen hinzu, dann folgte hohes Fieber, zugleich sank die Herzfrequenz ab. Die resultierende Unterversorgung der Haut führte zu einer dunkelvioletten Verfärbung, die Betroffene und Ärzte vielerorts zuerst an die Pest denken ließ. Bei schweren Verläufen entwickelte sich eine Lungenentzündung, die nach gut einer Woche zum Tod führen konnte. Auf der übel heimgesuchten indonesischen Insel Java soll der Krankheitsverlauf zusammenfassend so auf den Punkt gebracht worden sein: »Morgens krank, abends tot.« Beziehungsweise: »Abends krank, morgens tot.« In Spanien, dem die Grippepandemie also zu Unrecht ihren Beinamen verdankt, musste man in vielen Gemeinden rasch die Entscheidung treffen, »die Totenglocken nicht mehr läuten zu lassen, weil das unaufhörliche Geläut die Bevölkerung in Angst und Schrecken versetzte«.[56] Man wusste ohnehin nicht mehr, wohin mit den vielen Toten. Holz für Särge gab es schon bald nicht mehr, »und so wurden die aufgeblähten, schwarz verfärbten Leichen nur mit einem Tuch verhüllt zu ihrer letzten Ruhestätte getragen«. Auch im Deutschen Reich explodierten die Fallzahlen. Der Regierungspräsident von Breslau berichtet von den Ereignissen in seinem Verwaltungsdistrikt: »Kaum eine Familie blieb von der Krankheit verschont; in sehr vielen wurden alle Mitglieder von der Seuche ergriffen. In den Städten leerten sich die Fabriken, die Büros der Behörden, die Geschäfte und die Schulen, und das Vieh musste hungern, weil alles krank und arbeitsunfähig darniederlag.«[57] In Berlin brach das Gesundheitssystem unter dem Ansturm der Kranken zusammen. Ab Anfang Oktober 1918 konnte nur noch auf Behandlung im Krankenhaus hoffen, wer »wenigstens 41 Grad Fieber« vorweisen konnte.[58]

Indien wurde am schwersten heimgesucht. Die britische Besatzungsmacht hatte sich nicht für die Errichtung eines öffentlichen Gesundheitswesens eingesetzt und fühlte sich während des Seuchenausbruchs nicht sonderlich verantwortlich für die einheimische Bevölkerung. Schätzungen zufolge fielen in Indien siebzehn bis achtzehn Millionen Menschen der Spanischen Grippe zum Opfer. Jegliche Infrastruktur brach zusammen, und »man konnte die Toten gar nicht so schnell entfernen, wie neue Sterbende eintrafen. Überall lagen Leichen auf den Straßen.«[59] Durch den Schiffsverkehr gelangte die Grippe auch nach Afrika, wo sich in Ländern wie Ghana, Kenia und Südrhodesien (das heutige Simbabwe) bis zu achtzig Prozent der Einwohner infizierten. Die Opferzahlen sind wenig zuverlässig, da die Kolonialmächte bei ihren Zählungen keine Kinder berücksichtigten, weil diese »nicht als Personen galten und die Ziffer der Toten unter ihnen so hoch war«.[60]

Die Grippewelle von 1918 bis 1920 war nicht die erste, die sich zur Pandemie auswuchs. Beleg dafür mag allein schon die Wortgeschichte sein, die bis ins 15. Jahrhundert zurückreicht. Damals sprach man in der Regel von »Influenza«. Dieser aus dem Italienischen stammende Begriff bedeutet – die Internetgeneration verfügt hier möglicherweise über einen Wissensvorsprung – »Einfluss«. Nur Einfluss von wem und worauf? Dem spekulativen Geist der Zeit zwischen Mittelalter und Renaissance entsprach es, den Einfluss der Gestirne auf die Geschicke der Menschen zur Erklärung von Schicksalsschlägen und Krankheitsgeschehen geltend zu machen. Die Grippe war also eine Laune der Planetenkonstellationen. In diesem Wortsinn wurde sie ursprünglich auch im Französischen gehandelt. Eine Laune, eine Grille war da am Werk, die einen plötzlich auf den Kopf schlug und aus dem Spiel nahm.

Ende des 18. Jahrhunderts verschob sich der Bedeutungshorizont, vielleicht unter dem Eindruck der vielen beobachtbaren Fälle, hin zu »greifen, packen«. Die Symptome überfielen einen, wenn man von der »Grippe« gepackt wurde. Hier gibt es auch einen germanischen Wortstamm. So ist das gotische *greipan* Vorläufer des deutschen

Wortes »greifen«.[61] Für eine Festschrift zu Ehren des Germanisten Elmar Seebold (*1934) wurde eine erstaunliche Liste von Namen zusammengetragen, die für die Grippe in Umlauf waren. Von Lungensucht, Hirnwehe und Hauptkrankheit über neue Brustkrankheit, Spanischer Ziep oder Pips, Blitzkatarrh, Nürnberger Pipf bis hin zu Schafshusten, Hundskrankheit und – wegen der heftigen Kopfschmerzen – Kürbiskrankheit.

Epidemisch grassierte die Grippe verstärkt im Zuge der Urbanisierung. Pandemische Ausbreitungen sind sicher seit dem Jahr 1788 überliefert. Damals begann die Grippewelle wahrscheinlich in Asien und brauchte anderthalb Jahre, bis sie in der Neuen Welt ankam. 1830 brach die Grippe erneut weltweit aus und wurde unglücklicherweise zusätzlich von der Cholera durch die Länder begleitet. Nach einem tödlichen Zwischenspiel 1847/48 verzog sich die Grippe erst einmal. Als habe sie Kraft gesammelt, schlug sie dann jedoch 1889 erneut mit aller Macht zu. Russland wurde als Ursprungsland ausgemacht und gab dieser Pandemie den Namen. Bis 1895 fegte sie in mehreren Wellen über den Planeten und brachte bis zu einer Million Menschen den Tod. Die nächste Influenza-Pandemie von 1918 sollte auch in dieser Hinsicht völlig neue Maßstäbe setzen.

Die Suche nach dem Krankheitserreger lief auf Hochtouren. Bei Obduktionen von Grippeopfern wurden immer wieder jene Bakterien gefunden, die der deutsche Mediziner Richard Pfeiffer (1858–1945) bereits 1892 beschrieben hatte. Immer wieder, aber nicht in jedem Fall. Insofern galt die Verursachung in der Wissenschaftlergemeinde jener Tage und Jahre als umstritten, wenngleich jenes Bakterium als »Pfeiffer'sches Influenzabazillus« (heutiger Name: *Haemophilus influenzae*) in die Geschichte der Infektionskrankheiten eingegangen ist.

Doch nicht nur der Erreger der Grippe war unbekannt, sondern auch der Übertragungsweg. Bei der Suche danach gab es in den USA einen denkwürdigen Versuch. Unter der Leitung des Laborleiters im Chelsea-Marinekrankenhaus, Milton Joseph Rosenau (1869–1946), und des Marineleutnants J. J. Keegan sollte erforscht werden, wie man sich mit der Grippe ansteckt. Dazu brauchte man Versuchspersonen. Aber wer ließ sich schon freiwillig mit einer todbringenden Krankheit anstecken? Rosenau und Keegan gingen nicht den Weg der Gelbfieberkommission und stellten sich selbst zur Verfügung, sondern suchten unter den Soldaten nach geeigneten Probanden. In einem Trainingslager der Marine auf Deer Island in der Nähe von Boston wurden sie fündig. Die Ausbildung der US-Marines setzt Maßstäbe in puncto Härte und Disziplin. So nimmt es nicht wunder, dass die Arrestzellen des Camps gut gefüllt waren. Die Forscher unterbreiteten den Gefangenen nun folgendes Angebot: Wer bei dem Experiment mitmacht, dem wird die Strafe erlassen. 62 Männer erklärten sich schließlich bereit. Ihr Alter belief sich auf fünfzehn bis vierunddreißig Jahre. Damit lagen sie ziemlich genau im Bereich der Hochrisikogruppe, in der die meisten Todesopfer gezählt wurden. Ein riskantes Unterfangen also.

Die Marineärzte ließen ihre Probanden im November 1918 in eine Quarantänestation auf Gallops Island in der Nähe des Hafens von Boston bringen und versuchten, sie auf alle möglichen Arten anzustecken. Sie sprühten ihnen Sekret in Nase, Rachen und Augen, das sie zuvor von Todkranken gewonnen hatten. »Bei einem Experiment schabten sie den Schleim von der Nasenscheidewand eines Patienten und rieben ihn dann direkt an die Nasenscheidewand einer Testperson.«[62] Zehn der ehemaligen Häftlinge bekamen es auch direkt mit Kranken zu tun. Im Lazarett mussten sie sich den hochfiebernden, teils bereits delirierenden Patienten nähern, sich über sie beugen und mindestens fünf Minuten mit ihnen sprechen. »Schließlich musste der Grippekranke dem Freiwilligen noch fünf Minuten ins Gesicht husten.« Rosenau und Keegan zeigten sich wirklich nicht verlegen, wenn es um weitere Ideen ging, wie ihre Probanden angesteckt werden konnten. So schreckten sie nicht einmal davor zurück, den Kranken Blut abzunehmen und es den Testpersonen zu spritzen. Die Pointe der Menschenversuche ist kaum zu glauben: Kein einziger der 62 Marines steckte sich mit der Grippe an! So siegte die unbestechliche Ironie der Geschichte: Anstelle belastbarer Forschungsresultate brachten die Menschenversuche den Sträflingen die Freiheit.

Die möglichen Übertragungswege aber lagen noch tiefer im Dunkeln als zuvor. Zeit für Paranoia also, die – zumindest in der Vergangenheit – oft dann zur Blüte kamen, wenn die Wissenschaft keine brauchbaren Daten vorlegen konnte. Zwar schien sich diese Gesetzmäßigkeit in der Corona-Krise 2020/21 geradezu in ihr Gegenteil zu verwandeln, aber einhundert Jahre zuvor galt sie noch. Wiederum waren die Schuldigen rasch ausgemacht. Diesmal mussten nicht – wie zu Pestzeiten – die Juden herhalten, sondern die Deutschen. Sie waren der Feind der USA im Ersten Weltkrieg und damit gleichsam per definitionem zu jeder Schandtat fähig. Der Pharmariese Bayer habe die Krankheitserreger in sein Aspirin gemischt, so hieß es. Wer immer eine solche Tablette schlucke, würde erkranken. Dann wieder wurde ein deutsches Schiff als Quelle identifiziert. Eine Augenzeugin erzählte, sie habe am Bostoner Hafen beobachtet, »wie eine schmutzig aussehende Wolke von der Bucht hinüber zu den Docks getrieben sei«.[63] Besonders Geschichten aus Boston standen hoch im Kurs, da sich die Seuche von hier aus in den USA ausbreitete. Der Chef der Sanitätseinheit der US-Flotte, Oberstleutnant Philip Doane, bezeugte folgenden Tathergang: Die Deutschen seien des Nachts mit U-Booten in den Hafen von Boston eingedrungen. Einige ihrer Agenten hätten sich dann mit Ampullen voller Krankheitserreger an Land geschlichen und »sie in Theatern und Versammlungen freigesetzt, wo man für Kriegsanleihen warb«.[64] Nachdem diese Meldung die Titelseite des *Philadelphia Inquirer* geschmückt hatte, galt sie vielen Amerikanern als verbürgt.

Warum sich kein einziger der 62 Marines angesteckt hat, konnte nie aufgeklärt werden. Die Ergebnisse der ethisch höchst fragwürdigen Studie hätten in Deutschland sicher ebenso große Verwunderung ausgelöst wie die Legenden, die sich um die Übertragungswege rankten. Als Direktor des Hygiene-Instituts der Universität Königsberg führte Hugo Selter (1878–1952) ebenfalls Ansteckungsversuche zur Influenza durch. Allerdings zumindest ein wenig verantwortungsbewusster als die Kollegen in Übersee. Selter entnimmt frisch erkrankten Grippepatienten Proben von der Rachenwand und sammelt ihr Gurgelwasser ein. Daraus stellt er eine Lösung her, die er durch ein bakteriendichtes Berkefeld-Filter presst. Mit dem Filtrat stellt er dann ein Spray her, das er selbst einatmet. So weit, so gut. Ethisch problematischer ist die Tatsache, dass sich auch eine »Hilfsassistentin«[65] von ihm zu einem Infektionsversuch bereit erklärt. Zweifel an der Freiwilligkeit einer Dienstabhängigen sind sicher angebracht. Jedenfalls klagt Selter am nächsten Morgen über Schnupfen und Kopfschmerzen, bekommt allerdings kein Fieber. Am Tag darauf sind die Symptome verschwunden. Anders bei seiner Hilfsassistentin, deren Name im Dunkel der Überlieferung verloren ging. Sie fiebert, bekommt Kopf- und Gliederschmerzen, und nach zwei Tagen bemächtigt sich ihrer ein starkes Krankheitsgefühl. »In der folgenden Nacht wacht sie mit Schüttelfrost auf, danach starkes Schwitzen.«[66] Fast eine Woche ringt sie mit der Krankheit, dann wird sie wieder gesund. Selter – und seine Hilfsassistentin – erhalten durch ihre Selbstversuche mit der filtrierten Substanz zumindest ein erstes Indiz auf ein Virus als Erreger. Des Weiteren untersuchen die Forscher in Königsberg etwa hundert Influenzapatienten. Sie sind auf der Suche nach dem Pfeiffer'schen Bazillus. Als sie es nur bei einem einzigen Patienten nachweisen können, wird ihre These vom Virus untermauert. Beweiskräftig sind die Ergebnisse jedoch noch nicht, da sie mit einer zu geringen Zahl an Fällen gearbeitet haben.

Auch der an der Berliner Charité praktizierende Arzt Erich Leschke (1887–1933) setzt sich mit der Grippe auseinander. Als Lungenfachmann spielt sie in sein Fachgebiet hinein. Der »Chefarzt eines Reservelazaretts«[67] verfolgt die These, dass es sich bei dem Erreger der Grippe um ein Virus handelt, da seine Ansteckungsfähigkeit »diejenige bei bazillären Infektionskrankheiten weit übertrifft und nur mit derjenigen bei Pocken, Masern und ähnlichen epidemischen Krankheiten verglichen werden kann«. Gemäß der seit Jahren gängigen Routine lässt Leschke Bronchialsekret von Grippekranken ein bakteriendichtes Filter passieren und prüft die Infektiosität des Filtrats. Das sagt sich so einfach. Wenn man sich jedoch dieses Prozedere genauer anschaut, das Leschke dankenswerterweise detailliert beschreibt, bekommt man einen Eindruck davon, wie unausgereift dieses Untersuchungsverfahren letztlich noch ist und wie zufallsabhängig die Resultate. Neue Filter lassen nach Leschkes Erfahrungen nicht nur Viren, sondern auch Bakterien durch. Erst nach mehreren Passagen wird »eine genügende Bakteriendichtigkeit erzielt, die bei weiterer Benutzung so weit abnimmt, dass auch filtrierbares Virus nicht mehr durchgesaugt werden kann. Jede Kerze hat also einen nur kurz befristeten optimalen Dichtigkeitsgrad, an dessen Veränderungen der grösste Teil der Filtrationsversuche scheiterte.« Dementsprechend sind die Ergebnisse mit Vorsicht zu genießen. Leschke findet kleinste Körperchen im Filtrat, die er anfärben kann. Er bezeichnet sie als »Grippeviren«. Ob das stimmt, kann mit gutem Recht bezweifelt werden. Infektionsversuche bei ihm selbst und ihm Nahestehenden mit »Sputumfiltrat, in dem allerdings diese Körperchen nicht gewachsen waren«, scheitern jedenfalls, während sie bei Verwendung von Filtrat mit den von ihm als Viren bezeichneten Körperchen glücken. Nach mehrminütigem Einatmen erkranken die Patienten am selben oder folgenden Tag und bilden alle typischen Grippesymptome aus, bis hin zum »Knisterrasseln« der Lunge. In einem Fall stecken sich die mit der Pflege befassten Angehörigen an. Insofern besteht für Leschke zumindest hinsichtlich der Art der Übertragung wenig Zweifel. Er optiert schließlich für ein filtrierbares Virus als Erreger der Grippe und schlägt auch einen Namen vor: *Mikrozoon influenzae*.

Auch der berichterstattende Arzt F. Prein, der für die *Zeitschrift für Hygiene und Infektionskrankheiten* den Stand der Forschungsergebnisse im Jahr 1918 zusammenfasst, schließt das Pfeiffer'sche Influenzabazillus als Auslöser der Grippepandemie aus und kommt zu einem ungeschminkten Resümee: »Ich habe auf und in der durch Abspülen von Sekret befreiten Schleimhaut weder Bakterien, noch als

Chlamydozoen anzusprechende Granula gefunden und komme zu dem Schluss, dass ich den Erreger nie gesehen habe.«[68] Ein neues Instrument muss endlich her! Es ist bereits in Vorbereitung. In Berlin tüfteln mehrere Forscher daran.

Unterdessen sprach sich – nicht nur, aber auch – in den USA herum, auf welchem Weg sich die Grippe verbreitete. Dort konnte man die Schuld nicht länger den Deutschen in die Schuhe schieben. Zu offensichtlich wurde, dass sich die Grippe von Mensch zu Mensch übertrug – und zwar in den bevölkerungsreichen Städten mehr als auf dem Land. Die Gangart bei der Bekämpfung der Pandemie ähnelte sich weltweit. In einigen Städten leitete man rasch einen Shutdown ein. Das öffentliche Leben kam dann binnen Tagen zum Erliegen. Schulen, Bibliotheken, Kinos und Kirchen mussten schließen, Veranstaltungen wurden verboten und der öffentliche Nahverkehr wurde eingeschränkt. Außerdem verfügte die Stadtverwaltung vielerorts das Tragen von Atemschutzmasken sowie die Benutzung von Taschentüchern und verbot öffentliches Ausspucken. Hygienische Maßnahmen wie häufiges Händewaschen sowie Desinfektion wurden empfohlen. »Social distancing«[69] galt als das Gebot der Stunde. In einigen Teilen der Welt herrschte bei der Durchsetzung eher Laissez-faire, in anderen ging es dagegen hart zur Sache: »Nahm man trotz des Verbots von Massenansammlungen an einer politischen Veranstaltung oder einem Sportereignis teil, riskierte man, dass die Polizei mit Schlagstöcken dazwischen ging. Missachtete man Quarantänevorschriften, drohten schwerste Strafen.«[70]

Städte wie St. Louis in den USA achteten auf strikte Einhaltung der Maßnahmen. Anders in Philadelphia. Dort genehmigte der für die öffentliche Gesundheit zuständige Wilmer Krusen noch am 28. September 1918 die Liberty Loan Parade, die dem Promoting von Kriegsanleihen dienen sollte. 200 000 Besucher kamen. Drei Tage danach waren bereits 2500 Bürger der Stadt erkrankt, eine Woche später 45 000. Das Gesundheitswesen war mit dem plötzlichen Ansturm hoffnungslos überfordert. Innerhalb weniger Tage kam es in Krankenhäusern zur Triage. Wie im Feldlazarett mussten die Ärzte entscheiden, welchen Fällen sie überhaupt noch Aufmerksamkeit schenken konnten und welche sie von vornherein als hoffnungslos ansahen. Den Aussortierten blieb dann nichts als ein qualvolles Ende. 12 000 Menschen in Philadelphia bezahlten die Entscheidung der Behörden, die Parade stattfinden zu lassen, mit dem Tod. Die Infektionssterblichkeit schnellte bei diesem Ausbruch auf über 26 Prozent in die Höhe. Nach Abklingen der Pandemie konnten die Gesamtzahlen verglichen werden. Philadelphia hatte doppelt so viele Todesopfer zu beklagen wie das disziplinNiertere St. Louis.

Auch der Bürgermeister von San Francisco rief den »Krieg gegen die Grippe« aus. James Rolph (1869–1934) verordnete seinen Bürgern das konsequente Tragen eines Mund- und Nasenschutzes in der Öffentlichkeit von Oktober 1918 bis Februar 1919. Zwar regten sich wiederholt auch Proteste gegen die Maßnahmen, aber der Erfolg gab dem Mann, der als »Sunny Jim« in die Geschichte der Stadt einging, recht. Die Dankbarkeit der Bürger zeigte sich nicht zuletzt in der Tatsache, dass James Rolph der Bürgermeister mit der längsten Amtszeit in San Francisco werden sollte. Von 1911 bis 1930 bekleidete er das Amt, bevor er schließlich Gouverneur von Kalifornien wurde.

In einer Feinanalyse aller vorliegenden Daten zum Verlauf der Spanischen Grippe in den USA kamen die Mathematiker Martin C. J. Bootsma und Neil M. Ferguson von der Universität Utrecht zu dem Schluss, dass die konsequente Einführung präventiver Schutzmaßnahmen in den Städten »San Francisco, St. Louis, Milwaukee und Kansas City die Infektionsrate um 30–50 Prozent reduzieren konnte«.[71] Die besondere Kunst bestand nach dieser Studie außerdem darin, die Maßnahmen nicht zu spät zu initiieren und nicht zu früh wieder aufzuheben. In diesem Zusammenhang ist besonders die zweite Welle lehrreich. In den USA gab es durch den saisonalen Effekt des Sommers eine deutliche Abschwächung des Infektionsgeschehens. Gleichwohl aber verbreitete sich das Virus im ganzen Land gleichmäßig. Der Effekt war katastrophal. Während die erste Welle zumeist von regionalen

Ausbrüchen getrieben wurde und ganze Landstriche völlig verschont blieben, startete die zweite Welle im Herbst fast an allen Orten gleichzeitig. Die Präventionsmaßnahmen kamen nun oft zu spät, die Infektionen stiegen rasant, das Gesundheitswesen brach vielerorts zusammen und die Opferzahlen schnellten dramatisch in die Höhe. Und das Virus war noch immer nicht identifiziert.

Das Elektronenmikroskop oder: ein Streich der Nazis?

Antoni van Leeuwenhoek hatte als Autodidakt den Weg in die dem Auge nicht unmittelbar zugängliche Welt eingeschlagen, und viele Forscher waren ihm gefolgt. Die Anstrengungen für die Verbesserung der Mikroskope waren zwar enorm, aber die Fortschritte in diesem Bereich blieben überschaubar. Das wurde spätestens jetzt schmerzlich klar, da man immer wieder vergeblich nach der Gestalt der Viren suchte. Als wenn ausgerechnet diese oft todbringenden Wesen ihr Antlitz verbergen wollten.

Dabei war die Sache eigentlich ganz einfach, weil logisch: Angenommen, man hätte Mittel und Möglichkeit, beliebig große und qualitativ hochwertige Linsen einzusetzen, würde sich dann die Vergrößerung nicht unendlich steigern lassen? Unendlich zwar nicht, aber doch ziemlich weit. Was aber bedeutet ziemlich weit? Um das zu beantworten, muss man sich lediglich in einen Lichtstrahl hineinversetzen und ihm folgen, wenn er durch die Linse und dann auf das Objekt trifft. Wem das nicht so recht gelingen mag, kann sich auch ein anderes Untersuchungsmedium vorstellen. Beispielsweise den eigenen Finger. Der kann die Umgebung nur so genau abtasten, wie es seine äußeren Bedingungen ermöglichen. Den Sand am Meeresstrand kann er erfühlen; auch wenn viele Tausend Sandkörner auf ihn rieseln, nimmt er das wahr. Aber kann er ein einziges Sandkorn wahrnehmen? Sicher nicht. Gewicht und Größe sind dafür zu gering. Trotzdem aber ist das Sandkorn da. Die Wahrnehmung ist also in diesem Fall durch die Fähigkeiten des Fingers limitiert. Allgemeiner ausgedrückt: Die Natur des Wahrnehmungsmediums bestimmt die Präzision der Wahrnehmung.

Diese Gesetzmäßigkeit stellt sich nun beim Licht nicht grundsätzlich anders dar als beim Finger. Die Wahrnehmung mithilfe des Mediums Licht kann immer nur so genau sein, wie es das Licht zulässt. Die Auflösungsgrenze liegt damit objektiv, also egal, wie stark und wie trickreich kombiniert die Linsen auch sein mögen, bei der Wellenlänge des Lichtes. Das heißt, um zwei winzige Teilchen noch voneinander unterscheiden zu können, müssen sie mindestens eine halbe Wellenlänge des verwendeten Lichtes Abstand zueinander haben.

Diese prinzipielle Einschränkung beschrieb der deutsche Physiker und Erfinder Ernst Karl Abbe (1840–1905) in einer Formel mit folgenden Worten: »Nach allem, was im Gesichtskreis unserer heutigen Wissenschaft liegt, ist der Tragweite unseres Sehvorgangs durch die Natur des Lichtes selbst eine Grenze gesetzt, die mit dem Rüstzeug unserer dermaligen Naturerkenntnis nicht zu überschreiten ist.«[72] Diese Grenze liegt bei etwa 300 Nanometern. Gut für das Studium von Bakterien, aber halt nicht von Viren. Die bewegen sich gleichsam unter dem Radar des Lichtmikroskops.

Ähnlich wie der Bazillenjäger Robert Koch vor dem internationalen Medizinerkongress eine Vision vom Möglichkeitshorizont seines Faches gab, so tat es Ernst Abbe für das seine. Auch er schwor seine Kollegen darauf ein, nach prinzipiell neuen Methoden zu suchen, die sich noch jeglicher Vorstellung entzogen: »Es bleibt natürlich der Trost, dass zwischen Himmel und Erde noch so manches ist, von dem sich unser Unverstand nichts träumen lässt. Vielleicht, dass es in der Zukunft dem Geist gelingt, sich noch Prozesse und Kräfte dienstbar zu machen, welche auf ganz anderen Wegen die Schranken überschreiten lassen, welche uns jetzt als unübersteiglich scheinen müssen. Nur glaube ich, dass diejenigen Werkzeuge, welche dereinst vielleicht unsere Sinne in der Erforschung der letzten Elemente der Körperwelt wirksamer als die heutigen Mikroskope unterstützen, mit diesem kaum etwas anderes als den Namen gemeinsam haben werden.«[73]

Ironischerweise gab es die Grundlagen für jene Prozesse und Kräfte, von denen Abbe träumte, zu seiner Zeit schon. Bereits 1869, also vier Jahre zuvor, hatte der deutsche Physiker Johann Wilhelm Hittorf (1824–1914) die sogenannten Kathodenstrahlen entdeckt. In der nach ihm benannten Hittorfröhre konnte er nachweisen, dass Elektronen, die beispielsweise bei Erhitzung von Metallen abgegeben wurden, einen Strahl bildeten, der sich in einer gasgefüllten Röhre fortbewegte. Wie wäre es denn, wenn man anstelle des Licht- einen Elektronenstrahl verwendete, um kleinste Objekte sichtbar zu machen?

Eine faszinierende Idee, allerdings dauerte es noch bis in die Zwanzigerjahre des 20. Jahrhunderts, bevor der Elektronenstrahl handhabbar wurde. Ein Verdienst des deutschen Physikers Hans Busch (1884–1973), der die magnetischen Eigenschaften von Elektronen untersuchte. Dabei fand er heraus, dass sich ein Elektronenstrahl durch den Einsatz von elektromagnetischen Kräften ablenken und bündeln ließ. Damit war das Äquivalent zum »Flohglas« gefunden und wurde denn auch als »Elektrolinse« bezeichnet. Der neue Wissenschaftszweig, den Busch damit begründete, nannte sich dementsprechend Elektronenoptik. Diese Erkenntnisse inspirierten nicht nur die Mikroskopie, sondern ebenfalls die Fernmeldetechnik und damit ebenfalls die Ingenieure in Peenemünde, die unter der Leitung von Wernher Freiherr von Braun (1912–1977) Hitlers Wunderwaffen ertüftelten. Busch, sogenanntes förderndes SS-Mitglied, engagierte sich in dem Projekt und erforschte für die Heeresversuchsanstalt die Grundlagen der Datenübertragung. Nach Kriegsende musste er tausend Reichsmark berappen, um entnazifiziert zu werden und weiter im Staatsdienst arbeiten zu können. Zu seinen Ehren trägt das Institut für Elektro- und Informationstechnik der Technischen Universität Darmstadt bis heute seinen Namen.

Um das Prinzip der Elektronenlinse genauer zu erforschen, gründete sich an der Technischen Hochschule in Berlin eine Arbeitsgruppe unter der Leitung des Elektrotechnikers Max Knoll (1897–1969). Noch als Student stieß 1927 der junge Ernst Ruska (1906–1988) dazu. Nach nur zwei Jahren konnten Knoll und Ruska das erste Experimentalmodell eines Elektronenmikroskops vorstellen. Ganz anders als Abbe dachte, hatte es durchaus mehr mit dem Lichtmikroskop gemein als den Namen. Es erinnerte sogar ein wenig an die ersten Geräte von Antoni van Leeuwenhoek, denn es arbeitete mit nur einer Linse. Ansonsten bestand das in einer Gasentladungsröhre befindliche Modell aus der Kathode, die Elektronen abgab, der Anode, zu der sie strömten, dem Objekthalter und einem fluoreszierenden Bildschirm, auf dem das Ergebnis zu sehen war. Es ging dabei darum zu zeigen, dass man überhaupt Elektronenstrahlen für die Mikroskopie verwenden konnte. Über die Leistung des zweiten Prototyps, den Knoll und Ruska 1931 herstellten, hätte van Leeuwenhoek nur milde gelächelt, denn der gestattete gerade einmal eine sechszehnfache Vergrößerung.

Doch auch aus der zeitgenössischen Wissenschaftlergemeinde kamen nicht gerade euphorische Kommentare. Besonders die Biomediziner äußerten sich skeptisch über die Perspektive der Elektronenmikroskopie in ihrem Fach. Vor allem die Frage, wie denn bitte schön biologische Proben das in der Röhre herrschende Vakuum und die dadurch einsetzende Entwässerung überstehen sollten, galt vielen als unbeantwortbar. Ein weiteres Totschlagargument bestand in der Natur des Elektronenstrahls selbst. Wenn die energiereiche Strahlung – analog zum Lichtmikroskop – auf das Objekt traf, würde von diesem augenblicklich nur noch ein Häuflein Asche übrig bleiben. Dann verlautbarte auch noch der Bakteriologe Jules Bordet (1870–1961) mit der Autorität des Nobelpreisträgers: »Wir brauchen kein Elektronenmikroskop!«[74]

Möglicherweise wäre die ganze Forschungsrichtung im Sande verlaufen, wenn Ernst Ruska nicht noch einen jüngeren Bruder gehabt hätte. Helmut Ruska (1908–1973) hatte Medizin studiert und zeigte sich von der Aussicht, als erster Mensch ein Virus mit eigenen Augen sehen zu können, derart begeistert, dass er für alle Zweifel am Einsatz des Elektronenmikroskops in der Mikrobiologie taub war. Zum Glück für Ruska im Besonderen und die Medizin im Allgemeinen lag der Sachverhalt für seinen Lehrer ähnlich. Der Internist Richard Siebeck (1883–1965) verfasste 1936 als Direktor der Berliner Charité auf Grundlage der Ideen von Helmut Ruska ein Gutachten über die Erfolgsaussichten der Elektronenmikroskopie, das gleich zwei Firmen zu einer Investition in die noch unausgereifte Technologie animierte. Carl Zeiss in Jena und Siemens & Halske in Berlin machten Angebote. Helmut Ruskas Lieblingsbruder Ernst entschied sich für Siemens. Dort traf er auf den Elektrotechniker Bodo von Borries (1905–1956), mit dem er ab 1937 die Entwicklungsabteilung für Elektronenmikroskopie in Berlin-Spandau leitete. Siebeck ordnete seinen Assistenten Helmut Ruska dorthin ab. Der familiäre Kontext sollte sich noch erweitern, als von Borries Hedwig, die Schwester der Ruska-Brüder, ehelichte.

Gemeinsam mit Ernst Ruskas Frau Irmela brachte sie den Männern Essen in den nunmehr »Siemensstadt« genannten Unterbezirk von Berlin-Spandau. Mehrmals täglich nahmen die Frauen die beschwerliche Tour auf sich, denn das Elektronenmikroskop war rund um die Uhr im Einsatz. Während tagsüber die Physiker zugange waren und mit den Technikern an weiteren Verbesserungen werkelten, saß Helmut Ruska nachts über seinen Präparaten und versuchte, Aufnahmen von kleinsten biologischen Strukturen zu erhalten. Tagsüber hätten die mechanischen Erschütterungen auf dem Fabrikgelände die hochsensiblen Untersuchungen gestört, außerdem musste er da seinen Dienst als Arzt in der Charité verrichten.

In den Dreißigerjahren entstanden mehrere Prototypen, die schließlich zur Serienreife gebracht werden konnten, sodass Siemens & Halske 1939 die Produktion startete. Bis Kriegsende konnten in Spandau trotz der widrigen Bedingungen vierzig dieser neuen Mikroskope hergestellt werden. Helmut Ruska wurde nach ersten Erfolg versprechenden Versuchen der Dienst in der Charité erlassen und stattdessen bei Siemens ein Labor eingerichtet, in dem ihm letztlich vier der wertvollen Geräte zur Verfügung standen. Zudem noch eine Fotoabteilung, Präparationsräume und Tierställe.

Die Auflösung des Elektronenmikroskops erhöhte sich nach und nach bis auf zehn Nanometer. Aufgrund dieser extrem starken, bis zu

30 000-fachen Vergrößerung verdiente sich das Instrument den etwas unbescheidenen und unangenehm an den Nazi-Slang erinnernden Namen »Übermikroskop«.[75] In seinem Inneren sausten die Elektronen mit halber Lichtgeschwindigkeit durchs Vakuum. Abgegeben von einer Glühkathode und beschleunigt durch eine Spannung von 80 000 Volt.

Die von den Kollegen ins Feld geführten Bedenken gegen die Verwendung der Elektronenmikroskopie für die Sichtbarmachung biologischer Mikrostrukturen waren nicht unberechtigt. Tatsächlich stellen sich die hochenergetische Strahlung und die Entwässerung im Vakuum als Hindernis dar. Doch Helmut Ruska lässt sich nicht beirren und sucht unablässig nach Auswegen. Er will unbedingt zu Gesicht bekommen, was noch kein Mensch vor ihm gesehen hat. Wenn sein Objekt so stark zersetzenden Kräften ausgeliefert ist, dann liegt die eigentliche Kunst wohl in der Präparation. Ruska kann aus physikalischen Gründen keine Objektträger aus Glas verwenden. Der Durchbruch bahnt sich an, als er seine Präparate mit einer »äußerst dünnen Haut«[76] aus Kollodium und einem Speziallack überzieht. Diese Elemente werden ebenfalls in der Kinotechnik benutzt, und Ruska spricht in seinen Arbeiten denn auch von einem Film, in den seine Präparate eintrocknen. Außerdem experimentiert er mit einer Räucherung der Objekte durch das Platinmetall Osmium und verfeinert die Schnitttechniken, um möglichst dünne, gut durchstrahlbare und zugleich widerstandsfähige Präparate zu bekommen.

Als problematisch stellt sich überdies die Interpretation der erhaltenen Bilder selbst dar. Helmut Ruska kann natürlich noch nicht wissen, wie ein Virus tatsächlich aussieht. »Neben den Elementarkörperchen [zeigen sich] noch etwa gleichgroße, verwaschene Gebilde.«[77] Sind das auch Viren oder einfach nur Zelltrümmer, die während der Präparation entstanden sind? Oder sind es gar Artefakte auf dem Trägerfilm?

Doch sosehr die Suche nach den tatsächlichen Objekten der Forscherbegierde von verschiedenen Faktoren erschwert wird, es stellen sich auch rasch erste Erfolge ein. So gelingen Ruska Aufnahmen von

Bakterien, auf denen man noch gut deren äußerst filigrane Geißeln erkennen kann. Damit war der Beweis erbracht, dass er mithilfe der Elektronenmikroskopie tatsächlich in die für das Erkennen von Viren relevanten Bereiche und Dimensionen vorzustoßen in der Lage ist. Denn der Durchmesser der Geißeln liegt sogar noch unter zehn Nanometern.

Mit den damals neuesten Verfahren der sogenannten Ultrafiltration gelang es, die Größen vieler Viren bereits recht genau zu bestimmen. Die herkömmlichen Chamberland- und Berkefeld-Filter konnten lediglich Partikel bis etwa drei Mikrometer zurückhalten. Damit galten sie als bakteriendicht. Wenn die Flüssigkeit, die einen solchen Filter passiert hatte, noch infektiös war, schlossen die Forscher gleichsam indirekt auf ein Virus. Mit der aufkommenden Kolloidchemie aber sollten sich völlig neue Möglichkeiten ergeben. Das zu Beginn des 20. Jahrhunderts entstehende Fach untersucht, wie sich fein verteilte Partikel im Größenbereich von einem Tausendstel bis zu einem Millionstel Millimeter (was einem Nanometer entspricht) in Flüssigkeiten verhielten. Der deutsche Chemiker Heinrich Jakob Bechhold (1866–1937) leitete eines der ersten Institute für Kolloidforschung, das in Frankfurt am Main von seinem Schwiegervater gestiftet wurde. Bechhold gelang es, die neue Technologie für die Filtration nutzbar zu machen. Die Kolloidmembranen ermöglichten die Detektion von Teilchen bis in den zweistelligen Nanometerbereich hinein. Die Größenbestimmung von Viren gelang, indem man die Grenzporenweite ermittelte, die ein Erreger gerade noch passierte. Diese Versuche prüften nicht nur die räumlichen Eigenschaften kleinster Mikroorganismen, sondern oft genug auch die Langmut des Forschers. War doch ein solcher Filterkanal »mindestens tausendmal größer [länger] als sein Durchmesser«.[78] Verstopfungen waren also vorprogrammiert. Trotzdem gelang für viele Viren eine exakte Größenbestimmung. Heinrich Bechhold schützten seine Verdienste um die Ultrafiltration nicht vor der Verfolgung durch die Nazis. 1935 wurde der 69-Jährige degradiert, und man entzog ihm aufgrund seiner jüdischen Abstammung die Lehrbefugnis. Die Verzweiflung darüber, vor den Scherben seines

Lebenswerkes zu stehen, trieb den konfessionslosen Bechhold 1937 in den Selbstmord.

Helmut Ruska orientiert sich an den mithilfe der Ultrafiltration bestimmten Größenverhältnissen der Viren und zeigt sich aufgrund seiner geglückten Darstellung der Geißeln eines Bakteriums optimistisch, »daß der Begriff des ultravisiblen Virus nicht mehr zu Recht besteht«.[79] Bereits nach einem Jahr Forschungsarbeit in Berlin-Spandau ist es so weit. Ruska lässt auf dem 5. Zellforscherkongress in Zürich 1938 die Bombe platzen. Zuerst stellt er in seinem Vortrag die von ihm verwendete Technik der Elektronenmikroskopie vor und vergleicht die mögliche Vergrößerung mit der des Lichtmikroskops. Dann kommt er auf die Probleme zu sprechen, die sich bei der Verwendung von biologischen Mikroobjekten ergeben: »Für die tatsächliche Sichtbarkeit derartiger kleiner Gebilde ist jedoch nicht nur das Auflösungsvermögen des Mikroskops, sondern auch die präparative Technik maßgebend.«[80] Nachdem er seine Lösungsansätze skizziert hat, nimmt Ruska Kurs auf sein eigentliches Thema. Dabei geht er vom Kleinen zum Allerkleinsten. Ruska startet mit seinen Bildern von roten und weißen Blutkörperchen, widmet sich dann den Bakterien. An Kokken demonstriert er, was die Elektronenmikroskopie hier zu leisten in der Lage ist. Zwar sind »Besonderheiten im Inneren nicht zu sehen«, aber ihre äußere Struktur kann scharf konturiert dargestellt werden. Bei den das sogenannte Mittelmeerfieber auslösenden Bang-Bakterien kann Ruska bereits mit der Beschreibung des Teilungsvorgangs aufwarten. Erst in den letzten Sätzen seines Vortrags kommt er schließlich auf seine mikrobiologische Sensation zu sprechen, die er zum Kongress mitgebracht hat. Einleitend beschreibt er die präparativen Probleme, die zu überwinden waren, bis auf dem Trägerfilm eine Lösung des Tabakmosaikvirus in 99,7-prozentiger Reinheit auftrocknete. Dann erst »gelang es, das Virus optisch darzustellen und als kleine Körperchen in verschiedenartiger Zusammenlagerung zu erkennen«. Mit der Präsentation der entsprechenden Bilder schreibt Helmut Ruska Wissenschaftsgeschichte. Die Kollegen sind begeistert.

Ein damaliger Mitarbeiter des Labors in Berlin-Spandau erinnert sich an den Vortrag in Zürich als ein »denkwürdiges Ereignis«.[81]

Unglaublich, aber wahr! In den USA bekommt man von Ruskas Arbeiten nichts mit. Bester Beleg dafür ist die Forschungsbiografie des US-amerikanischen Biophysikers Thomas F. Anderson (1911–1991). Er mühte sich in den 1940er-Jahren an der University of Pennsylvania mit der Darstellung von Viren ab, zu einer Zeit, in der Helmut Ruska in Berlin schon Routinen dafür entwickelt und bereits mehr als zwanzig Publikationen über seine Bildgebungen herausgebracht hatte. Doch in den Vereinigten Staaten konnte man deutsche Artikel nicht lesen. Einerseits wegen der Sprachbarriere, vor allem aber wegen der Isolierung Deutschlands im Zweiten Weltkrieg. Als Anderson, später Mitglied der amerikanischen Akademie der Wissenschaften und Präsident der Biophysikalischen Gesellschaft, dann zum ersten Mal von den Forschungen Ruskas hörte, konnte er kaum glauben, dass er gewissermaßen das Rad neu erfunden hatte, und hielt die Nachricht »für einen Streich der Nazis gegen den Rest der Welt«.[82] Das Misstrauen gegenüber der Forschungsarbeit aus Nazi-Deutschland scheint noch immer nicht ganz geschwunden, zumindest bezeichnet die englischsprachige Wikipedia Anderson als »Pionier der Erforschung der Viren mithilfe des Elektronenmikroskops«[83] und beruft sich dabei auf den Nachruf in der *New York Times*.

Der Erreger der Tabakmosaikkrankheit ist jedenfalls nicht nur das erste erkannte unsichtbare, sondern wird durch das Elektronenmikroskop auch das erste sichtbare Virus überhaupt. Helmut Ruska hat damit gegen alle Widerstände und Widrigkeiten die Möglichkeiten, die ein völlig neues Instrument bietet, für die Mikrobiologie erschlossen. Seine Leistung ist ganz sicher nobelpreiswürdig. Es ist allerdings sein Bruder Ernst, der diese höchste wissenschaftliche Auszeichnung erhält. Der wird 1986 für die Erfindung des Elektronenmikroskops mit dem Physik-Nobelpreis gewürdigt. Da ist sein jüngerer Bruder Helmut bereits dreizehn Jahre tot.

Viruskristalle oder:
5000 Liter Saft und ein Paradoxon

Die ersten Bilder von Helmut Ruska haben außer dem Objekt nichts gemein mit heutigen, ästhetisch anspruchsvollen, am Computer nachbearbeiteten Darstellungen von Viren, wie sie spätestens seit der Corona-Krise 2020 populär sind. Auf den mit seinem Elektronenmikroskop geschossenen Fotos von einem Virus, das bei Mäusen zum Verlust einzelner Glieder führen kann (Ektromelie), sieht man letztlich nicht mehr als ein paar schwarze Flecken vor weißem Hintergrund.[84] Die zeugen zwar unwiderleglich davon, dass es Viren tatsächlich als kleinste biologische Einheiten gibt, allerdings erhellen sie nicht deren Existenzweise, ja, noch nicht einmal ihren Existenzstatus. Darüber, ob Viren zum Kreis des Lebendigen gehören oder nichts weiter als tote Moleküle sind, gibt es ab Mitte der Dreißigerjahre des 20. Jahrhunderts denn auch erbitterte Kontroversen.

Auslöser waren die Arbeiten des US-amerikanischen Biochemikers und Virologen Wendell Meredith Stanley (1904–1971). Nach seinem Studium und einem einjährigen Forschungsaufenthalt in München bei dem damals gerade frischgebackenen Chemie-Nobelpreisträger Heinrich Wieland (1877–1957) forschte er am Rockefeller-Institut in der Pflanzenphysiologie. Wendell wollte die chemischen Eigenschaften der Viren erkunden. Dazu nahm er sich ebenfalls das Tabakmosaikvirus vor, was durchaus kein Zufall ist, denn dieser Krankheitserreger war dem Virologen lange Zeit das, was dem Genetiker *Drosophila melanogaster* war. Wie die Fruchtfliege besticht auch das Tabakmosaikvirus durch seine für den Forscher geradezu komfortablen Eigenschaften. Beide Untersuchungsobjekte sind robust, einfach zu gewinnen, schnell zu vermehren und zeitigen rasch Effekte. Infiziert man Pflanzen mit dem Tabakmosaikvirus, bilden sie bereits nach wenigen Tagen erste Symptome aus.

Stanley nutzt die Mittel und Möglichkeiten, die sich ihm am Rockefeller-Institut bieten, und produziert Untersuchungsmaterial im großen Stil. In gleich mehreren Gewächshäusern lässt er Tabakpflanzen wachsen und infiziert sie mit dem Virus. Nach drei Wochen geht es an die Ernte. Insgesamt fährt er ganze vier Tonnen Blätter mit den typisch mosaikartigen Flecken ein, die er sogleich einem Kälteschock aussetzt. Bei minus zwölf Grad quittieren die Zellmembranen ihren Dienst, und der Zellinhalt kann ohne Barriere erschlossen werden. Als Nächstes versetzt Stanley seine Ernte mit Wasser und presst die Blätter aus. 5000 Liter Tabaksaftlösung erhält er auf diese Weise. Die Flüssigkeit wird nun in mehreren Stufen durch immer feinere Membranen filtriert. Nach jedem Durchgang unternimmt Stanley Infektionsversuche an gesunden Pflanzen, um zu sehen, ob das Virus noch in der Flüssigkeit herumschwimmt. Dann kommt der Chemiker in Stanley zum Zuge, der mit der Methode des Ausfällens vertraut ist. Dabei können mithilfe chemischer Reaktionen gelöste Stoffe von den Flüssigkeiten, in denen sie sich befinden, getrennt werden. Die Feststoffe sinken dann herab, sie fallen gleichsam aus der Flüssigkeit heraus. Der ausgefällte Bodensatz wird wiederum filtriert und nimmt kristalline Formen an. So wie der Kalk, der bei höheren Temperaturen aus hartem Trinkwasser ausfällt. Seine Kristalle sammeln sich im besten Fall als weiße Flecken auf Gläsern oder Kacheln, können aber auch den Leitungen in Haushaltsgeräten zusetzen oder die Heizstäbe zerstören.

Beim Tabakmosaikvirus (kurz TMV) genügt es allerdings nicht, die Temperatur der Flüssigkeit zu erhöhen, um eine Ausfällung zu erreichen. Das weiß Stanley aus seinen Voruntersuchungen und aus den Arbeiten von James Batcheller Sumner (1887–1955). Dem war es bereits 1926 gelungen, das für die Ammoniaksynthese der Pflanzen wichtige Enzym Urease durch Ausfällung zu isolieren und hernach zu kristallisieren. Da Enzyme Eiweiße sind, hatte Sumner damit die grundsätzliche Möglichkeit der Isolierung von Proteinen aufgezeigt. Die Entdeckung dieses für die Analyse der Bestandteile der Biomaterie eminent wichtigen Verfahrens wurde ebenfalls mit dem Nobelpreis für Chemie gewürdigt. Sumner erhielt ihn übrigens gemeinsam mit Wendell Stanley im Jahr 1946.

Stanley kreist das Problem der Kristallisation des TMV auf verschiedene Weise ein. Zuerst untersucht er, wie sich das Virus im sauren und im basischen Milieu verhält. Dabei stellt er mit Infektionsversuchen fest, dass sich der Erreger der Tabakmosaikkrankheit bei ph-Werten zwischen 3 und 8 am wohlsten zu fühlen scheint. Wenn das Milieu sehr sauer (1,5–2,5) oder zu basisch (8–9) wird, vermindert sich seine Aktivität drastisch. Weiterhin experimentiert Stanley mit Pepsin. Dieses Enzym kommt im Magen von Wirbeltieren vor und bewirkt dort den Abbau von Proteinen. Wenn Stanley seine Lösung ansäuert und so ein ähnliches Milieu schafft, wie es im Verdauungsorgan herrscht, wird das Virus tatsächlich neutralisiert. Als er dasselbe Ergebnis auch durch Hinzufügen von Trypsin erreicht, das im Darm Proteine spaltet, verdichtet sich bei ihm die Annahme, das Virus könnte ein Eiweißmolekül sein.

Diese Hypothese wäre bewiesen, wenn die Kristallisierung klappte, so wie es seinem Kollegen Sumner bei der Urease gelungen war. Nachdem Stanley den mehrfach gefilterten Saft der erkrankten Tabakpflanzen mit Salpetersäure behandelt hat, erreicht er durch die Zugabe von Ammoniumsulfat tatsächlich eine Ausfällung. Er wiederholt den Vorgang einige Male, bis die vormals braune Tabakflüssigkeit klar ist. Erneut wird gefiltert, dann kommt der entscheidende Moment: Stanley stellt den ph-Wert auf 4,5 ein und gibt erneut Ammoniumsulfat hinzu. Im Mikroskop entdeckt er daraufhin klar strukturierte Elemente: »Kleine Nadeln von etwa 0,03 Millimeter Länge waren zu sehen, und innerhalb einer Stunde war die Kristallisation abgeschlossen.«[85] Wie bei einem soeben begonnenen Mikado-Spiel gibt es Bereiche, in denen die Stäbchen eng und akkurat parallel beieinanderliegen, während gleich daneben Unordnung herrscht.

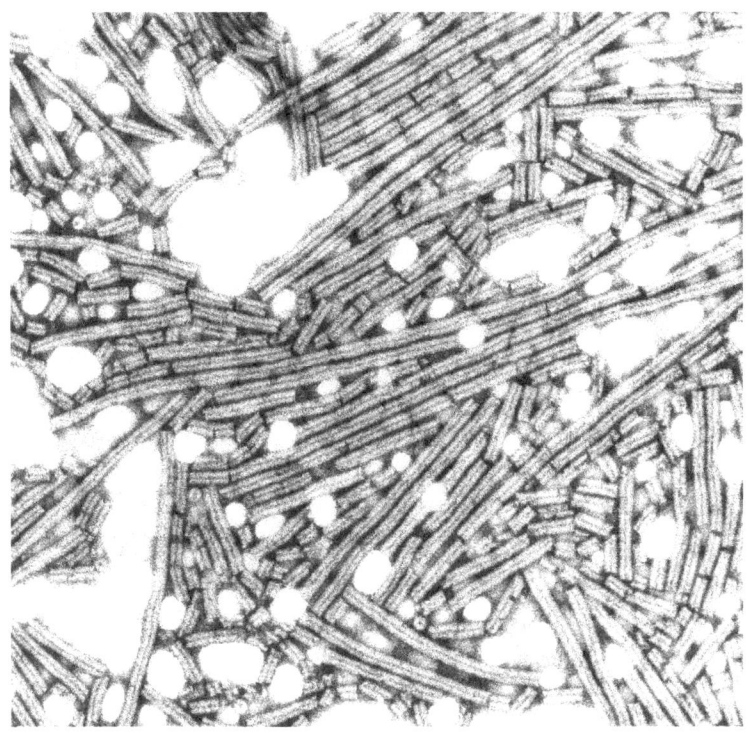

Kristalle des Tabakmosaikvirus

Die Kristallisation ist also gelungen. Doch Stanley übt sich noch in Zurückhaltung mit einer Erfolgsmeldung. Zweifel scheinen noch angebracht, denn vielleicht sind die Kristalle ja gar nicht aus dem Virus entstanden? Um das zu prüfen, löst er sie wieder auf und impft gesunde Tabakpflanzen mit der Flüssigkeit. Ungewöhnlich rasch bricht die Krankheit aus. Stanley untersucht dieses Phänomen genauer und stellt fest, dass die gelösten Kristalle »mehr als hundertmal aktiver sind als der ursprünglich aus den befallenen Pflanzen gewonnene Saft. Bereits ein Kubikzentimeter gelöster Kristalle mit einer Verdünnung von 1 zu einer Milliarde wirkt infektiös.«[86] Jetzt ist sich Stanley sicher: Das Tabakmosaikvirus besteht aus Eiweiß.

Mit dieser wissenschaftlichen Sensation im Gepäck reist er zum internationalen Mikrobiologen-Kongress nach Europa. Doch seine Kollegen verstehen die Tragweite der Entdeckung nicht, weil sie Stanleys »mit amerikanischem Akzent heruntergehaspelten Sätzen«[87] wohl allein akustisch kaum folgen können. Erst die schriftliche Version seines Vortrags, der kurz darauf im Wissenschaftsmagazin *Science* erscheint, löst eine heftige Debatte aus. Denn die möglichen Schlussfolgerungen aus Stanleys Untersuchung führen munter hinein in gleich mehrere Paradoxien: Kristalle sind tote Substanz. Wenn die Viren kristallisieren, verlieren sie alle Eigenschaften des Lebendigen. Wie aber können sie als tote Materie wieder die Tabakmosaikkrankheit auslösen? Und weiter: Um infektiös zu sein, müssen sich die Viren vermehren. Diese Fähigkeit ist jedoch ausschließlich für Lebendiges reserviert. Das Mysterium der Viren scheint sich immer weiter zu verdichten, je mehr man über diese Spezies in Erfahrung bringt. Sogar die Grundunterscheidung der Naturlehre wird von diesen lebendigen Toten durcheinandergewirbelt.

Diese logische Kalamität erinnert ein wenig an jenes Paradoxon, das von dem griechischen Philosophen Epimenides stammt. Er, der selbst aus Kreta kam, sagte: Alle Kreter lügen! Wenn diese Aussage stimmt und tatsächlich alle Kreter lügen, dann lügt auch Epimenides. Sein Ausspruch ist also falsch. Was wiederum heißt, dass die Kreter nicht lügen. Wenn die Kreter jedoch nicht lügen, stimmt gerade seine Aussage und die griechischen Insulaner lügen doch. Wie sich in diesem klassischen Paradoxon Lüge zu Wahrheit und Wahrheit zu Lüge umformt, so geschieht es durch Stanleys Forschung mit der Lebendigkeit. Aus einem toten Eiweißkristall wird Leben, und ein lebendiger Erreger erstarrt zu einem toten Kristall. Im Unterschied zu der Nuss, die Epimenides den abendländischen Logikern zu knacken gab, geht es bei der Reinkristallzüchtung des Tabakmosaikvirus nicht nur um ein theoretisches, sondern um ein höchst praktisches Problem. Dahinter steht nicht weniger als die Frage nach dem Existenzstatus der Viren im Besonderen und nach den Bausteinen des Lebens im Allgemeinen. Was muss zusammenkommen, damit Leben entsteht? Gibt das kristalline Eiweiß vielleicht einen Hinweis auf diese Frage? Und wie beziehungsweise wo können sich in einem Eiweißmolekül Informationen darüber verbergen, wie die Nachkommen des Virus beschaffen sein sollen?

Einer Lösung des Problems kam man über längere Zeit nicht wirklich näher, im Gegenteil, es tauchten weitere Fragen auf, als die englischen Pflanzenphysiologen Frederic C. Bawden (1908–1972) und Norman W. Pierie (1907–1997) Hinweise darauf fanden, dass die Kristalle des Tabakmosaikvirus, die sie getreu der Methode von Stanley hergestellt hatten, nicht nur Proteine, sondern auch Säuren enthielten. Eine genauere Analyse ergab sogar einen beträchtlichen Anteil von bis zu zehn Prozent Säure. Spitzfindig müsste man an dieser Stelle fragen, warum die Biochemiker nicht einen Anteil von hundert Prozent Säure feststellten? Denn schließlich besteht Eiweiß ja aus Säuren. Allerdings gibt es fundamentale Unterschiede zwischen den proteinaufbauenden Aminosäuren und jenen Nukleinsäuren, die Bawden und Pierie in den Kristallen des Tabakmosaikvirus fanden. Nukleinsäuren gehören sowohl chemisch wie biologisch in ein ganz anderes Reich als die Proteine und übrigens auch als Kohlenhydrate und Fette. Sie bilden die vierte Abteilung des Organischen. Die Biochemiker der Dreißiger- und Vierzigerjahre hatten keine Mühe, Protein und Nukleinsäuren auseinanderzuhalten. Das war bereits ihrem Entdecker gelungen.

Dieser, mit Namen Johannes Friedrich Miescher (1844–1895), arbeitete nach dem Medizinstudium im Labor von Felix Hoppe-Seyler (1825–1895), der sich als Entdecker des Hämoglobins einen Namen gemacht hatte und als Begründer der physiologischen Chemie (später etwas flotter Biochemie genannt) gehandelt wird. Miescher sollte die Eiweiße erforschen, wie es auch Hoppe-Seyler tat. Schließlich handelte es sich bei Hämoglobin um einen sauerstoffbindenden Proteinkomplex, der dem Blut nebenher noch seine Farbe gab. Miescher konzentrierte seine Aktivitäten schließlich auf die Untersuchung von »Eiterzellen« – aus Wundverbänden herausgewaschene weiße Blutkörperchen – und ließ sich dafür reichlich Material aus der Tübinger Chirurgie in die ehemalige Schlossküche liefern, die Hoppe-Seyler als Labor diente. Nach ausgiebiger chemischer Behandlung erhielt Miescher ein aus »reinen Zellen bestehendes Material«. Das »musste vor allem dazu einladen, die Frage nach der chemischen Constitution der Zellkerne einmal ernstlich in Angriff zu nehmen«.[88] Das tut Miescher und stößt dabei auf eine Substanz, die Phosphor enthält und dadurch gut von Eiweißen zu unterscheiden war. Als er diesen Stoff auch in den Kernen anderer Zellen entdeckte, lag die Namensgebung nah. Miescher nannte ihn »Nuclein«, denn im Lateinischen steht das Wort *nucleus* für »Kern«. Für die entsprechende Säure, die sich im Zellkern nachweisen ließ, bürgert sich später die Bezeichnung Nukleinsäure ein. Nach seiner Zeit im Tübinger Labor wendet sich Miescher anderen Themengebieten zu und studiert ausgiebig das Leben der Lachse. Zuvor jedoch äußert er als Resümee seiner Arbeit über die Nucleine eine hellsichtige Prophezeiung: »Die Erkenntnis der Beziehung zwischen Kernstoffen, Eiweißstoffen und ihren nächsten Umsatzprodukten wird allmählich den Vorhang lüften helfen, der die inneren Vorgänge des Zellwachstums noch so gänzlich verhüllt.«[89]

Was aber hatte nun diese Nukleinsäure in einem Viruskristall zu suchen? Waren Viren also vielleicht doch Minibakterien mit einem Zellkern? Aber warum verhielten sie sich dann so ganz anders als Bakterien und ließen sich partout nicht anzüchten?

Anzucht von Viren oder: wie Impfstoffe ausgebrütet werden

Ganz so war es nun auch wieder nicht. Zwar wuchsen Viren nicht auf den üblichen Nährböden, die für Bakterien Verwendung fanden, aber in Geweben gelang das durchaus. Für die Kultivierung von Viren eigneten sich besonders Gewebestückchen aus Organen, die als anfällig für ein Infektionsgeschehen galten. So erzielte man gute Erfolge mit Milz- und Hodenstückchen von Kaninchen, von denen immer wieder kleinste Partikel in die Nährlösung gegeben wurden. Auf diese Weise gelang es, Tollwutviren zum Teil über mehrere Jahre im Reagenzglas am Leben zu halten. Getrieben waren diese Experimente von der Suche nach einem Impfstoff. Ähnlich der Methode von Pasteur bestand die Hoffnung, dass sich die Infektiosität des Virus nach und nach abschwächte und man mit dem weniger virulenten Material eine Immunisierung erreichte. Doch die Mengen, in denen Viren mittels Gewebezüchtung hergestellt werden konnten, genügten nicht, um an eine Verwendung als Impfstoff auch nur zu denken. Der Erfolg der Technik bestand eher darin, die Möglichkeit der Kultivierung überhaupt zu demonstrieren.

1931 kam aus der Vanderbilt University in Nashville, Tennessee, eine entscheidende Innovation zur Virenzüchtung. Im Labor des renommierten Pathologen Ernest William Goodpasture (1886–1960) experimentierte dessen Assistentin Alice Miles Woodruff (*1927) mit Hühnereiern. Besonders Erfolg versprechend schien dabei die Chorioallantois zu sein, jenes dünne Häutchen, das sich direkt unter der Schale befindet und beim Pellen eines hart gekochten Eies Schwierigkeiten machen kann, wenn man es nicht sogleich erwischt. Goodpasture riet seiner Assistentin, das Geflügelpockenvirus für ihre Experimente zu verwenden – eine Aufgabe, an der er selbst bereits gescheitert war. Alice Woodruff arbeitete mit Virusmaterial, das sie »direkt aus den Pockenknötchen auf der Haut von Hühnern«[90] entnahm. Zuvor hatte sie ein befruchtetes Ei an einer Stelle mit einem kleinen Loch von sieben mal zehn Millimetern eröffnet. Dort hinein brachte sie das Virenmaterial mithilfe einer Kanüle. Dabei achtete sie darauf, wirklich nur bis in die Chorioallantoismembran vorzustoßen, um den Embryo nicht zu verletzen. Dann verschloss sie das Ei wieder und legte es zurück in den Brutschrank. Der Embryo infizierte sich mit Hühnerpocken, »wenn er zumindest 4 weitere Tage überlebte«.[91] Danach kann das beträchtlich vermehrte Virus aus der Membran entnommen werden. Der Embryo wird vorher durch einen Kälteschock getötet. Den Erfolg ihrer Anzüchtung überprüfte Alice Woodruff, indem sie »die Infektion mit Hühnerpocken bei einer Henne durch Impfung mit dem gewonnenen Virus hervorrief«.[92]

Damit stand eine äußerst effiziente Möglichkeit der Virenvermehrung zur Verfügung. Während Goodpasture die Erfindung an seinem Institut mit allen Mitteln der wissenschaftlichen und publizistischen Kunst ausweidete, zog sich Alice Woodruff ganz aus der Forschung zurück. Sie hatte einen ebenfalls in der Pathologie der Vanderbilt University angestellten Assistenten geheiratet und kümmerte sich fortan nicht mehr um das Anzüchten von Viren, sondern um die Aufzucht von Kindern. Die Methode der Allantois-Kultur erwies sich nicht nur bei Hühnerpocken, sondern bei nahezu allen Viren als erfolgreich. Sie stellte damit die Grundlage für die Entwicklung von Impfstoffen dar und avancierte rasch zu einer Standardmethode im Labor. Noch heute findet die »Brutei-Technologie«[93] bei der Herstellung des Influenza-Impfstoffs Anwendung. Dabei wird ein Ei – beziehungsweise ein Embryo – pro Impfdosis benötigt.

Bereits 1932 gelang es dem südafrikanischen Virologen Max Theiler (1899–1972) zusammen mit dem deutschen Mediziner Eugen Haagen (1898–1972), im Viruslabor des Rockefeller-Instituts auf diese Weise

Gelbfieberviren zu züchten. Das war die Grundlage für die Entwicklung eines effizienten Impfstoffs, dessen Entwicklung Theiler dann Mitte der Dreißigerjahre des 20. Jahrhunderts glückte, indem er die jeweils gewonnenen Viren immer von Neuem in die Membran bebrüteter Eier injizierte. Zwischen der »19. und 114. Passage«[94] entstanden dabei Virusvarianten, die die Krankheit beim Menschen zwar nicht mehr auszulösen vermochten, dennoch aber eine komplette Immunisierung erzeugten. Die von Theiler auf diese Weise entwickelte 17D-Vakzine wird bis heute für die Gelbfieberimpfung verwendet, mittlerweile sind über 600 Millionen Dosen verabreicht worden. Theiler erhielt für seine Entdeckung 1951 den Nobelpreis.

Eugen Haagen forschte in Deutschland ebenfalls auf dem Gebiet der Schutzimpfungen weiter. In einem von der Deutschen Forschungsgemeinschaft geförderten Projekt entstand eine Vakzine gegen Fleckfieber, die Haagen vorzugsweise an Sinti und Roma in den Konzentrationslagern Schirmeck-Vorbruck und Natzweiler-Struthof testete. Bei diesen Menschenversuchen ließen mehr als fünfzig Häftlinge ihr Leben. Nach dem Krieg wurde er zwar wegen Giftmordes schuldig gesprochen und im Mai 1954 zu zwanzig Jahren Zwangsarbeit verurteilt, allerdings erfolgte schon 1955 seine Begnadigung. Gemeinsam mit Brigitte Crodel, die Haagen bereits bei seinen Fleckfieber-Versuchen als Assistentin zur Hand gegangen war und die er unterdessen geheiratet hatte, konnte er Mitte der Fünfzigerjahre ein weiteres DFG-Forschungsprojekt auflegen. Dieses Mal ging es um Zellkulturen.

Erste Taxonomie der Viren oder: Keule und Polsternagel

Helmut Ruska hatte mit den Elektronenmikroskopen von Siemens & Halske während der Kriegsjahre bei der Erforschung der Viren beträchtliche Fortschritte gemacht. Die Skepsis von Thomas Anderson, der die Erfolgsmeldungen Ruskas für einen Streich der Nazis hielt, ist nur zu verständlich. Die Welt brannte, das Massenmorden kostete Abermillionen Menschen das Leben, die Nazis warfen mit Jugendlichen und Alten die allerletzte Reserve an die Front, aber Ruska durfte weiter seiner ebenso aufwendigen wie anwendungsfernen Forschungsarbeit nachgehen und die Gestalt der Viren erforschen? Das klang in der Tat nach Fake News. Doch die harten Fakten zeigen, dass Helmut Ruska 1942 vom Kriegsdienst freigestellt wurde und, wie sein damaliger Mitarbeiter Carlheinz Wolpers schreibt, »bei freier Themenwahl die elektronenmikroskopischen Untersuchungen bei Siemens« fortführen durfte.[95] Ruska forschte »bis zur Zerstörung des Anwendungslabors bei Siemens im Oktober 1944« weiter. Von Januar 1943 bis zu diesem Zeitpunkt erlebte Berlin 173 Bombenangriffe, »was uns vorwiegend zeitlich behinderte«. Erst im April 1945 zog Ruska mit einem seiner Übermikroskope gen Westen, kehrte nach Kriegsende nach Berlin zurück, wo er an der Universität lehrte, und ging dann 1952 in die USA. Spätestens da wird Anderson erfahren haben, was sein deutscher Kollege alles geleistet hatte.

Bereits 1943 schlug Ruska aufgrund seiner Befunde eine Taxonomie der Viren vor. Bis dahin teilte man die Mikroben nach den Bereichen ein, in denen sie am häufigsten auftraten. So unterschied man dermo-, neuro-, organo- und pantrope Virenarten, die entsprechend die Haut, das Nervensystem oder Organe befielen beziehungsweise keine Vorliebe für bestimmte Orte hatten und sich überall ansiedeln konnten. Auch die Bakteriophagen wurden nach ihrem Wirt und nicht nach ihren Eigenschaften benannt. Wie auch? Die Eigenschaften kannte man ja kaum. Und aus dem »Mangel an nachweisbaren Kennzeichen unterblieb eine Ordnung nach Merkmalen, welche die infektiösen Elemente selbst aufweisen«[96], schreibt Ruska. Insofern ist es ihm ein Anliegen, mit seinen Elektronenmikroskopen immer mehr Details zutage zu fördern, die es ihm ermöglichen sollten, eine biologische Ordnung der Viren zu entwerfen. Er konzentriert sich auf die Morphologie, also das Erscheinungsbild, der Erreger, die es seiner Hoffnung nach am ehesten leisten könnte, »zusammengehörige Gruppen« von Viren aufzufinden. Um dieses Ziel jedoch tatsächlich zu erreichen, müssen diese äußeren Eigenschaften noch um die inneren ergänzt werden. Dazu gehören nach Ruskas Einschätzung vor allem Stoffwechsel, Wachstum und die Art der Vermehrung.

Ein erstes Kriterium seiner Taxonomie stellt die Größe dar. Sie differiert in der herkömmlichen Einteilung der Viren beträchtlich. Vergleicht man die beiden dermotropen Erreger der Maul- und Klauenseuche (etwa zwanzig Nanometer) und das Herpesvirus (etwa 200 Nanometer), so kommt man auf einen Größenunterschied 1:10. Eine etwas geringere, aber dennoch sehr deutliche Spanne findet man bei den pantropen Erregern. Hier misst das Gelbfiebervirus etwa vierzig und das Mäusepockenvirus knapp 300 Nanometer. Ruska führt nun sowohl Länge und Breite als auch Dicke verschiedener Virenarten auf, um im nächsten Schritt die Formen zu analysieren. Hierbei wählt er als Ordnungsmerkmal die Geometrie und fragt danach, ob die Mikroben »kugelförmig, kubisch, prismatisch, stäbchenförmig« sind, ob sie die Form von Quadern respektive Fäden oder Keulen annehmen.

Während Ruska in seinen Tabellen bei den Spalten »Größe« und »Form« aus seinen Beobachtungen heraus präzise Angaben machen kann, bleibt er bei der Kategorie »Innenbau« eher vage und verwendet

Vokabeln wie: »amorph,« »verschieden«, »wahrscheinlich gesetzmäßig«. Unter dem Begriff »Oberfläche« findet sich lediglich die Unterscheidung »Grenzfläche« vs. »keine Membran«. Auch in der mit »Wachstum« betitelten Spalte wird deutlich, dass Ruska hier Pionierarbeit leistet, indem er überhaupt erst einmal Kriterien aufstellt, die er und seine Kollegen noch mit Inhalt füllen müssen. Erstaunlich erscheinen vor dem Hintergrund der in den Fünfzigerjahren entflammten Debatten darüber, ob und, wenn ja, warum Viren Nukleinsäuren enthalten, Ruskas klare Angaben in der letzten seiner Spalten. Dort fragt er nach den »Nucleoproteiden«, also der damals geläufigen Bezeichnung für die – wie auch immer geartete – Verbindung von Proteinen und Nukleinsäuren. Deren Vorhandensein attestiert er allen von ihm aufgeführten Virenarten. Für die tier- und menschenpathogenen Viren legt sich Ruska sogar darauf fest, keine dem Zellkern ähnliche Strukturen gefunden zu haben, gleichwohl aber Nucleoproteide.

Ruskas Arbeit stellt ein prägnantes Zeitdokument der Virusforschung dar, nicht zuletzt weil der Autor in der abschließenden Diskussion selbst auf die »erheblichen Lücken« hinweist, die aufgrund fehlender Erkenntnisse zustande kommen. Sein taxonomischer Entwurf umfasst gerade einmal jene achtzehn Virenarten, von denen damals am meisten bekannt war. Insgesamt kannte man etwa 300. Hätte Ruska weitere Vertreter dieser speziellen Wesen in seine Tabellen eingefügt, wären die weißen Flecken noch deutlich größer ausgefallen. »Von den weitaus meisten Viren kennen wir die Gestalt noch nicht«, schreibt Ruska. Gar nicht zu reden von den inneren Kriterien Stoffwechsel, Wachstum und Vermehrung.

So unterlässt er es auch, aus dem Material jene Schlussfolgerungen zu ziehen, die man eigentlich von einem Vorschlag für die Taxonomie erwarten würde. Ruska leitet nicht nur keine Verwandtschaftsverhältnisse zwischen den einzelnen Viren ab, sondern er verzichtet sogar auf Vorschläge für die Zusammenfassung in Arten und Familien. Die einzige Differenzierung, die er vornimmt, ist jene in makromolekulare und organisierte Virusformen. Erstere sind durch eine eher einfache

Molekülstruktur gekennzeichnet, Letztere besitzen einen komplexeren Innenaufbau mit verschiedenartiger Dichte.

Der heikelste Punkt bei dem Versuch, zumindest die Grundlage für eine Taxonomie der Viren zu schaffen, ist sicher die Vermehrung. Hier gibt es kaum Anhaltspunkte. Ruska geht jedoch nicht von einer Teilung aus, wie sie bei Zellen zu beobachten ist, sondern diskutiert etliche andere Möglichkeiten. So hält er es für durchaus plausibel, dass die Viren zerfallen, wenn sie eine bestimmte Größe erreicht haben und somit »zwei oder mehrere infektiöse Einheiten« entstehen. Aber auch eine Neubildung der Viren in der befallenen Zelle kann Ruska nicht ausschließen. Ebenso wenig wie ihre sprunghafte Bildung »aus der Wirtszellensubstanz«. Wie genau dieser Prozess vonstattengehen könnte, dafür gibt es nicht einmal plausible Vermutungen. Indizien weisen jedoch darauf hin, dass Viren in der Regel in biologische Zellen eindringen und sich dort parasitär verhalten. Das, so die Vermutung, sollte für die inneren Kriterien Stoffwechsel, Wachstum, Fortpflanzung maßgebend sein. So findet sich unter »Vermehrung« immer wieder der Eintrag »unbekannte Vorgänge in der Wirtszelle«.[97]

Auch bei den bakterienfressenden Viren, deren Gestalt laut Ruska an »eine Keule, ein Spermium oder einen Polsterernagel«[98] erinnert, bleibt die Fortpflanzung noch ungeklärt. Und das, obwohl man die Bakterienzelle, die den Phagen als Wirt dient, aufgrund ihrer Größe im Elektronenmikroskop detailreich darstellen kann. Besonders eindrucksvoll sind die aus den Aufnahmen gewonnenen halbschematischen Bilder der drei genannten Phagenformen.

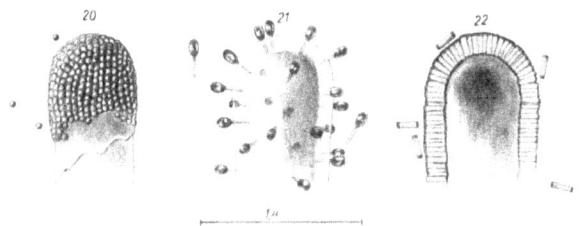

Verschiedenartige Phagen an der Membran einer Bakterienzelle

Die dichte Besetzung der Membran macht die sogenannte »Occupationshypothese«[99] plausibel, nach der die Viren die Wirtszelle entern wie Piraten ein Schiff. Wie diese übernehmen sie dann die gesamte Logistik an Bord, eignen sich die Vorräte an und lassen die Mannschaft für sich arbeiten. Mit welchen Mitteln sie das jedoch hinbekommen und warum sich die so viel größeren Bakterien nicht dagegen wehren können, liegt völlig im Dunkeln. Zudem hat zu jener Zeit niemand »im Inneren [eines Bakteriums] gelegene, typisch geformte Phagen elektronenmikroskopisch nachgewiesen«.[100] Möglicherweise stößt auch das neue Wundermittel der Virenforschung hier an seine Grenzen und das Rätsel der Vermehrung kann mit Bildgebung nicht weiter aufgeklärt werden. Die Chemie könnte womöglich eher weiterhelfen. Doch dazu müssten die Biologen ihre weitverbreitete Abneigung gegen dieses Fach überwinden. Oder zumindest einige von ihnen.

IV.
WIE VIREN CODIEREN

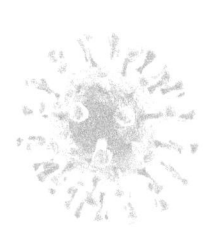
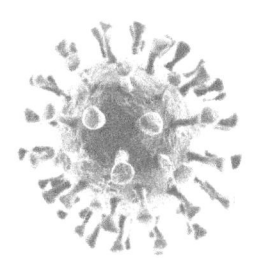
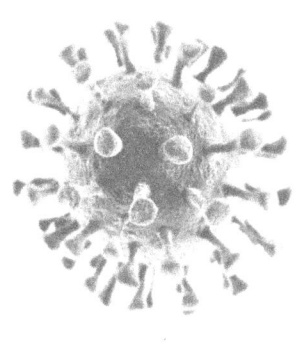
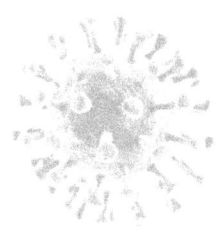

Die Bedeutung der Nukleinsäure oder: wie man Viren zerlegt und wieder zusammensetzt

Was nur hatten die Nukleinsäuren im Tabakmosaikvirus zu suchen, wenn doch Wendell Stanley durch seine Kristallisationsversuche für bewiesen hielt, dass es sich beim Tabakmosaikvirus mehr um ein Proteinmolekül und weniger um einen lebenden Organismus handelte?

Im Viruslaboratorium von Wendell Stanley an der University of Berkeley in Kalifornien entstanden weitere entscheidende Erkenntnisse über die Zusammensetzung des Virus. Dieses Mal jedoch nicht durch den Nobelpreisträger selbst, sondern durch seinen Schüler Heinz Ludwig Fraenkel-Conrat (1910–1999). Weil der in Breslau geborene Fraenkel nach den Rassengesetzen der Nazis als Jude galt, brach seine akademische Karriere in Deutschland 1933 ab. Es gelang ihm gerade noch, sein Medizinstudium zu beenden, dann floh er über Schottland in die USA, wo er zunächst am Rockefeller-Institut und schließlich in Berkeley weiterforschen konnte. Dort experimentierte er gemeinsam mit dem Virologen Robley Cook Williams (1908–1995) ebenfalls mit dem Tabakmosaikvirus. Ihr Chef Stanley hatte seine Schwierigkeiten mit der Existenz von Nukleinsäuren in dem Erreger. Und nicht nur er. Rückblickend stellt Fraenkel-Conrat zusammen mit seiner ebenfalls im Virenlabor arbeitenden Frau Bea Singer (1923–2005) sogar fest, dass die geläufige Strategie der wissenschaftlichen Gemeinschaft Anfang der Fünfzigerjahre des 20. Jahrhunderts darin bestand, die Bedeutung dieses Phänomens herunterzuspielen, wenn nicht sogar zu leugnen: »Damals war es zwar bekannt, dass Viren Nukleinsäuren enthielten, aber die meisten Forscher glaubten nicht daran, dass der kleine Anteil von etwa fünf Prozent irgendeine biologische Bedeutung haben könnte.«[101] Die Geschichte der Lebenswissenschaften lehrt uns jedoch immer wieder, wie falsch solche Annahmen sind. Alles hat seine Bedeutung – die Evolution goutiert keine funktionslosen Spielereien. Die »elenden Biestchen«, auf die van Leeuwenhoek durch Zufall stieß, erwiesen sich als enorm bedeutungsvoll, auch wenn ihr Entdecker sie eher als Grille der Natur abtat. Ebenso konnte Karl von Frisch (1886–1982) zeigen, wie abwegig die unter Imkern verbreitete Überzeugung war, der Tanz der Bienen sei Ausdruck »gewisser Lustbarkeiten und Freuden«[102], als er im Schwänzeltanz das zentrale Kommunikationsmittel der Bienen entdeckte.

Möglicherweise beschlichen auch Fraenkel-Conrat und Williams leise Zweifel an der vorherrschenden Meinung, nach der die Nukleinsäure ohne Sinn und Nutzen im Tabakmosaikvirus herumirrt. Jedenfalls widmeten sie sich mit allen ihnen zur Verfügung stehenden Mitteln der Strukturanalyse des Protein-Nukleinsäure-Komplexes.

In Deutschland stand das TMV bei den Biochemikern ebenfalls hoch im Kurs. Als Impressario agierte hierzulande Adolf Butenandt (1903–1995). Über dessen Verstrickungen mit dem Nationalsozialismus schrieb der amerikanische Wissenschaftshistoriker Robert N. Proctor (*1954) einen Aufsatz für das Forschungsprogramm »Geschichte der Kaiser-Wilhelm-Universität«. Der Titel dieser Publikation ist beredt: »Adolf Butenandt. Nobelpreisträger, Nationalsozialist und Max-Planck-Gesellschaft-Präsident«.[103] Tatsächlich erhielt Butenandt bereits im zarten Nobelpreisträgeralter von 36 Jahren die höchste wissenschaftliche Auszeichnung. Was allerdings so nicht ganz stimmt, denn bekommen hat er die Auszeichnung erst 1949, da sein Vornamensvetter Hitler (1889–1945) die Annahme derlei Preise von dem Tag an verbot, als Carl von Ossietzky (1889–1938) der Friedensnobelpreis zugesprochen wurde. Der Schriftsteller und Herausgeber der von den Nazis verbotenen Wochenzeitschrift *Weltbühne* gehörte zu den schärfsten Kritikern Hitlers und wurde bereits in den ersten Wochen nach der Machtergreifung verhaftet und in den Konzentrationslagern Sonnenburg und Esterwegen zu Tode gefoltert.

Butenandt lehnte einen Ruf an die Harvard University ab und engagierte sich lieber in Deutschland. 1936 konnte er trotz Aufnahmesperre Mitglied der NSDAP werden und damit auch dem nationalsozialistischen Lehrerbund beitreten. Kurz darauf übernahm er das Kaiser-Wilhelm-Institut für Biochemie in Berlin, das 1943 wegen der verstärkten Bombardierungen Berlins nach Tübingen verlegt und nach dem Krieg in Max-Planck-Institut für Biochemie umbenannt wurde. Butenandt blieb der Chef und stieg 1960 zum Präsidenten der Max-Planck-Gesellschaft auf.

Als Butenandt 1936 von den Erfolgen Stanleys bei der Kristallisation des Tabakmosaikvirus erfuhr, beschloss er, auch in Deutschland die biochemische Virenforschung voranzubringen. Dazu warb er Drittmittel bei der IG Farben ein, die mit dem KZ Auschwitz-Monowitz das erste privat finanzierte Konzentrationslager betrieb und ihr Insektenvernichtungsmittel Zyklon B in die Gaskammern der Nazis lieferte. Derart finanziert, konnte 1938 die Arbeitsgemeinschaft für Virusforschung am Kaiser-Wilhelm-Institut Berlin gegründet werden. Als Abteilungsleiter holt Butenandt einen seiner Doktoranden, den in Yokohama als Sohn eines deutschen Kaufmanns geborenen Gerhard Schramm (1910–1969). Seine Arbeit wird bald als so entscheidend für das Fortkommen des Deutschen Reiches eingeschätzt, dass er »uk gestellt« wurde. Das bedeutet, er muss nicht an die Front, sondern gilt im Labor als »unabkömmlich«.

Das zu erforschende Tabakmosaikvirus wird aus Stanleys Labor zugeschickt. Schramm untersucht es nach der Vermehrung in einer beträchtlichen Menge Tabakpflanzen aus strikt chemischer Perspektive. Er will die Eiweiße im Tabakmosaikvirus aufspalten und so herausfinden, wie das Virus strukturell aufgebaut ist. Dazu wird »das TMV meist 24 Stunden bei 0 Grad Celsius und einem ph-Wert von 10,3 aufbewahrt«.[104] Danach zentrifugiert er das Material und unterzieht die Moleküle einer Trennung im elektrischen Feld. Dazu nutzt er die soeben erfundene Technik der Elektrophorese, mit der sich die Partikel nach Größe und Gewicht separieren lassen. Die kleinste von ihm dargestellte Einheit ist das sogenannte A-Protein. Es ist frei von Nukleinsäuren. Im Elektronenmikroskop kann Schramm nachvollziehen, dass es als Grundbaustein des Virus dient: »3 Moleküle des A-Proteins treten zu Partikeln zusammen. 3 Partikel bilden Scheiben, die ein zentrales Loch besitzen.«[105] Durch die Veränderung des ph-Wertes gelingt es Schramm, die Scheiben wieder zusammenzusetzen. Modellhaft kann man es sich wie ein Geschicklichkeitsspiel vorstellen, bei dem jeweils drei Segmente zu einer Scheibe zusammengefügt werden. Darauf wird dann die nächste gebaut, und das geht immer so weiter, bis schließlich der Turm zusammenbricht. In den Versuchen von Schramm zeigte sich jedoch eine relative Stabilität der Proteinscheiben. Der mithilfe einer Veränderung des Milieus von basisch nach sauer ausgelöste Prozess der Zusammenlagerung der Eiweiße wird als »Aggregation« bezeichnet. In dem Spektrum des ph-Wertes von 10,3 bis 5 ergeben die Experimente vier Aggregationsstufen, in denen sich immer mehr »Scheiben zu stäbchenförmigen Molekülen«[106] zusammenlagern. Das Protein kann durch die biochemischen Manipulationen geradezu baukastenartig auseinander- und wieder zusammengebaut werden. So bekommt Schramm auch die Möglichkeit zu prüfen, ob das Eiweiß allein infektiös ist. Anderenfalls wäre im Umkehrschluss erwiesen, dass die Nukleinsäuren doch eine »biologische Bedeutung« haben. Das reine Eiweiß kann keine Infektion auslösen, das ist rasch klar. Als Schramm jedoch die aus dem Tabakmosaikvirus isolierte Nukleinsäure hinzugibt, kommt er wider Erwarten ebenfalls zu keinem positiven Resultat: »Die Reaktionsbedingungen wurden in Bezug auf die Zeit, den ph-Wert, die Konzentration der Reaktionspartner, den Zusatz von Energielieferanten ... und schließlich von Pflanzensäften in verschiedener Weise variiert, das Ergebnis blieb stets negativ.«[107]

In Stanleys Labor in Berkeley wunderten sich der aus Deutschland vertriebene Heinz Fraenkel-Conrat und sein Kollege Robley Cook Williams nicht sonderlich über den Ausgang der Versuche in – nunmehr – Tübingen. Eiweiß allein ist nicht in der Lage, die Infektion zu übertragen, da waren sie sich – in Abgrenzung von der Überzeugung

Stanleys – ohnehin sicher. Warum aber wurde der Eiweißkomplex nach der Hinzugabe von Nukleinsäure nicht infektiös? Auch das können sich die beiden Forscher erklären. Sie machen hierfür den hohen ph-Wert verantwortlich, mit dem Schramm gearbeitet hat: »Angesichts der bekannten Empfindlichkeit der Nukleinsäuren gegenüber alkalischen Lösungen ist das Ergebnis nicht überraschend.«[108] Fraenkel-Conrat und Williams treten an, es besser zu machen, und verwenden »eine sanftere Methode« für die Zerlegung des TMV, bei der die virale Nukleinsäure intakt bleibt. Sie nutzen – der Vollständigkeit halber sei es erwähnt – Natrium- und Ammoniumsulfat. Ansonsten wiederholen sie die Schramm'schen Aggregationsexperimente und können die Proteinscheiben des TMV so wie die Tübinger Forschergruppe auseinandernehmen und wieder zusammensetzen. Im Elektronenmikroskop sehen sie sich die entstehenden Gebilde an. Der Größenbereich der innen hohlen Stäbchen geht von »very short to very long«[109], wobei hier immer die Länge des Tabakmosaikvirus als Maßstab dient. »Sehr kurz« und »sehr lang« bedeutet dementsprechend deutlich kürzer beziehungsweise länger als 300 Nanometer.

Nun gehen Fraenkel-Conrat und Williams einen Schritt weiter und mixen intakte Nukleinsäure und Proteine im Verhältnis eins zu zehn, konkret »1 Milliliter Proteinlösung und 0,1 Milliliter Nukleinsäure«.[110] Da geschieht etwas Faszinierendes. Nach etwa 24 Stunden sitzen die Nukleinsäuren wie beim natürlichen Tabakmosaikvirus in dem für sie vorgesehenen Kanal in der Mitte der Eiweißstäbchen. Die Länge der Nukleinsäure-Eiweiß-Komplexe stellt sich zudem noch auf ziemlich genau 300 Nanometer ein. Offensichtlich hat die Nukleinsäure in einem rein strukturellen Sinne die Aufgabe, das Eiweiß zu stabilisieren und die Länge der Aggregation zu begrenzen. Damit wäre zumindest schon einmal eine biologische Funktion gefunden.

Fraenkel-Conrat und Williams gehen nun aufs Ganze und prüfen die Infektiosität der neu zusammengesetzten Viren an Tabakpflanzen. Sie verteilen das künstliche und das natürliche TMV auf je eine Blatthälfte und »fanden es sehr überraschend, dass auch das rekonstruierte

Virus lokale Läsionen erzeugte«. Damit ist Schramm widerlegt. Übereinstimmung mit ihm gibt es hingegen, als die Forscher in Berkeley das Eiweiß auf seine Infektiosität testen. Wenn sie lediglich das Protein auf die Pflanzen bringen, wird die Tabakmosaikkrankheit nicht ausgelöst. Dasselbe Resultat ergibt sich, als sie »die Nukleinsäure allein testeten«.

Die aus Protein und Nukleinsäure hergestellten Viren wiesen dieselben Eigenschaften auf wie die natürlichen. Damit wurde das »TMV der erste in vitro zusammengesetzte Partikel«.[111] Das war den Medien jener Tage – mittlerweile waren die Fünfzigerjahre angebrochen – eine Sensationsmeldung wert. In Deutschland, das vor dem Aderlass an wissenschaftlicher Genialität während der Hitler-Diktatur der Hotspot der Mikrobiologie gewesen war, vermeldete der *Spiegel*: »Lebende Viren wurden getötet und in ihre Bestandteile – tote Materie – zerlegt. Als man die Einzelteile zusammenbaute, entstanden wieder lebende Viren. Zum ersten Mal wurde lebende Substanz in der Retorte erzeugt.«[112] Auf derartige mediale Zuspitzungen reagierten Fraenkel-Conrat und Williams ablehnend. Sie vermieden in ihren Artikeln mit Bedacht Attribute wie »tot« und »lebendig« und sprachen stattdessen lediglich von »aktiv« und »inaktiv«. Zu den Medienberichten erklärten sie, »sie seien in keiner Weise für Statements verantwortlich, die da lauteten: Erzeugung von Leben im Reagenzglas gelungen«.[113]

Doch das Thema Entstehung des Lebens lag in der Luft. Die Naturwissenschaft hatte nicht nur die Technologien und das entsprechende Wissen, sondern auch das durch die Kette ihrer Erfolge gewachsene Selbstbewusstsein, um dieses große Rätsel aus dem Geltungsbereich der Theologie in ihren eigenen Zuständigkeitsbereich zu überführen. Der junge Biologiestudent Stanley Lloyd Miller (1930–2007) experimentierte ab 1952 im Labor des Chemie-Nobelpreisträgers Harold Clayton Urey (1893–1981) an der University of Chicago für seine Dissertation. Mit dem Recht der Jugend hatte sich der 22-Jährige ein reichlich unbescheidenes Thema vorgelegt. Er wollte die Entstehung organischer Verbindungen in der Uratmosphäre der Erde untersuchen.

Dazu konstruierte er eine Apparatur, in der die Elemente kursierten, die in der Erdfrühzeit die Atmosphäre bildeten: kein Sauerstoff, dafür aber Methan, Wasserstoff, Ammoniak und Wasserdampf. Diese unwirtliche Ursuppe befeuerte Miller mit elektrischen Entladungen, um die Blitze zu simulieren, die in der Erdfrühzeit hier einschlugen. Nach nur einer Woche Dauerfeuer hatten sich bereits Aminosäuren, also die Grundbausteine der Proteine, gebildet. Außerdem konnte Miller Formaldehyd und damit eine Vorstufe von Nukleinsäuren nachweisen. Damit war die These im Raum, dass Leben bei der Begegnung von Proteinen und Nukleinsäuren unter entsprechend günstigen Umständen entstanden sein könnte. Die Experimente von Fraenkel-Conrat und Williams lieferten dafür Argumente, da sie die biologische Aktivierung des Tabakmosaikvirus für genau diesen Fall experimentell nachgewiesen hatten.

Nun stand noch eine Antwort der Forschergruppe um Gerhard Schramm aus. Die Tübinger ließen sich nicht lange bitten. Nach intensivem Studium der Arbeiten aus Berkeley geht es Gerhard Schramm und seinem Mitarbeiter, dem Biophysiker Alfred Gierer (*1929), nun nicht darum, recht zu behalten und nachzuweisen, dass rekonstruierte Viren doch nicht biologisch aktiv sind. Ganz im Gegenteil. Schramm antwortet als Wissenschaftler und klopft nun seinerseits die Ergebnisse von Fraenkel-Conrat nach Schwachstellen ab, deren genauere Untersuchung die Wissensspirale weiter zu winden vermag. Gemeinsam mit Alfred Gierer spaltet er das Tabakmosaikvirus wieder in Protein und Nukleinsäure auf. Allerdings lässt er diesen Prozess nun in etwas milderem Milieu ablaufen als in seinen vorherigen Versuchen. In einer fünfzigminütigen im Kühlraum durchgeführten Prozedur aus Zentrifugieren, Pipettieren und entsprechender chemischer Behandlung mit Phenol und Phosphat erhalten sie ein Nukleinsäurekonzentrat, das nachweislich frei von Protein und Virusbruchstücken ist. Dieser Stoff wird nun in die Blätter von Tabakpflanzen »mit Hilfe eines Glasspatels eingerieben«.[114] Auf eine Vergleichsgruppe von Blättern bringen die beiden Experimentatoren das natürliche Virus auf. Nach vier Tagen schauen sie sich die Pflanzen an und stellen fest, dass auch die pure Nukleinsäure Läsionen verursacht hat. Zwar nicht so viele wie das Virus selbst, aber immerhin genug, um Fraenkel-Conrat zu widerlegen, der aufgrund seiner Versuche behauptet hatte, die Nukleinsäure allein könne die Krankheit nicht auslösen. Um einen direkten Vergleich der Infektiosität zu bekommen, wird von den Tübingern nun »das Konzentrationsverhältnis so gewählt, dass die Zahl der Läsionen annähernd übereinstimmte«. Dabei schneidet die Nukleinsäure nicht sonderlich gut ab. Sie ist tausendmal weniger infektiös als das natürliche Virus. Als möglichen Grund dafür führen Schramm und Gierer die Instabilität der Nukleinsäure an und weisen auf die von Fraenkel-Conrat gefundene Steigerung der Virusaktivität durch »Kombination von Nukleinsäure- und Protein-Präparaten« hin, deren höhere Wirksamkeit in der Schutzfunktion gründet, die das Eiweiß ausübt. Doch die geringere biologische Wirksamkeit der Nukleinsäure erscheint angesichts des Nachweises ihrer prinzipiellen Infektiosität völlig unerheblich. Dass die Nukleinsäure allein überhaupt die Krankheit auslösen kann, ist das entscheidende Faktum, das den Blick in eine völlig neue Dimension des Lebens eröffnet. Schramm und Gierer haben den Stoff identifiziert, der die entscheidende Information über das Virus enthält. Dementsprechend resümieren sie: »Aufgrund der vorliegenden Versuche erscheint ... die Nukleinsäure als diejenige Komponente des TMV, die den eigentlichen Reproduktionsvorgang allein bewirken kann.« Mit diesem Befund sind die Tübinger Frankel-Conrat wieder ein kleines Stück voraus, hatte doch das Forscherteam aus Berkeley keine Anzeichen für eine Infektiosität der Nukleinsäure finden können.

Die Leistungen von Gerhard Schramm auf dem Gebiet der Biochemie sind nicht zu überschätzen, auch wenn sie – zumindest zu Kriegszeiten – von der internationalen Wissenschaftlergemeinde notorisch unterschätzt wurden. So erinnert sich der spätere Nobelpreisträger James Dewey Watson (*1928): »Außerhalb Deutschlands hielt praktisch niemand die Schramm'schen Ergebnisse für richtig ... Für die meisten war es unfassbar, dass die deutschen Bestien in den letzten Jahren des Krieges … die ordnungsgemäße Durchführung der umfangreichen Experimente zugelassen haben sollten, die Schramms Behauptungen zugrunde lagen.«[115]

Der genetische Code oder: die DNA, ein eher langweiliges Molekül?

Jener Watson sollte Großes für die Virologie im Besonderen und das Verständnis des Lebendigen im Allgemeinen leisten. Anfang der Fünfzigerjahre des 20. Jahrhunderts aber wurde er noch als »wissenschaftlicher Clown«[116] bezeichnet. Kein Geringerer als der weltweit renommierte österreichisch-amerikanische Chemiker Erwin Chargaff (1905–2002), der sich durch die von ihm aufgestellten Regeln für die Nukleinsäure einen Namen machte, titulierte den damals noch nicht einmal 25-jährigen Watson so. Ihn, und vermutlich noch mehr seinen Kompagnon Francis Crick (1916–2004), der viele Kollegen durch seine exaltierte Art verstörte, die immer gepaart mit Genialität auftrat. Die meisten beschlich eine »reelle Furcht«[117] vor Crick, diesem allzu lauten, allzu geschwind denkenden und noch schneller redenden Physiker. Watson und Crick allerdings hatten einander gefunden, im Cavendish-Laboratorium der University of Cambrigde Anfang der Fünfzigerjahre. So verschieden sie auch menschlich – allein schon aufgrund ihres Altersunterschiedes von zwölf Jahren – sein mochten, so schmiedete sie eine der ganz großen Fragen zusammen. Sie lautete: Was ist Leben? Bald werden sie ihre Antwort finden, und Crick wird es sein, der in ihrer Stammkneipe Eagle lauthals verkündet, sie hätten »das Geheimnis des Lebens entdeckt«.[118]

Die Frage »Was ist Leben?« stellte auch der Physiker Erwin Schrödinger (1887–1961) in seinem 1944 erschienenen gleichnamigen Buch. Schrödinger genoss den Ruf eines Orakels für die spannendsten naturwissenschaftlichen und philosophischen Themenfelder, seit er 1926 mit einer eleganten Formel, die nicht mehr als eine Handvoll

Terme beinhaltete, das Fundament der bis dahin eher mysteriös zu nennenden Quantenmechanik geschaffen hatte. Durch seine Arbeit wurde das Quantenchaos, für das es bis dahin nur sich widersprechende Modelle und Metaphern gab, physikalisch und vor allem mathematisch und damit auch praktisch handhabbar. Das sogenannte goldene Zeitalter der Physik nahm hier seinen Ausgang. Albert Einstein schrieb Schrödinger begeistert: »Der Gedanke Ihrer Arbeit zeugt von echter Genialität.«[119] 1933 bekam Schrödinger für die nach ihm benannte Gleichung den Nobelpreis für Physik.

Watson und Crick lesen nun begierig, wie die »lebende Zelle mit den Augen eines Physikers betrachtet«[120] aussieht. Schrödinger wendet die titelgebende Frage »Was ist Leben?« ins Experimentelle. Er will, obwohl er selbst eingesteht, von der Biologie kaum mehr zu verstehen als ein Abiturient, die physikalisch-chemischen Grundlagen der Vererbung erkunden. Das war zu dieser Zeit noch ein weitgehend unerkundetes Terrain. Die Arbeiten des Augustinermönchs Johann Gregor Mendel (1822–1884) hatten der Vererbungslehre Mitte des 19. Jahrhunderts nicht mehr als eine erste Grundlage gegeben. Anhand von Kreuzungsstudien mit Erbsen in seinem Klostergarten im mährischen Brünn konnte Mendel nachvollziehen, wie sich bestimmte Merkmale in die nächsten Generationen fortpflanzen, um die Wahrscheinlichkeiten dafür dann in Zahlenverhältnisse zu fassen.

Der US-amerikanische Zoologe Thomas Hunt Morgan (1866–1945) untersuchte im ersten Jahrzehnt des 20. Jahrhunderts die Merkmalsvererbung bei Tausenden Generationen der Fruchtfliege Drosophila. Mit seinen Versuchen gelang es ihm, die grundsätzliche Struktur der Chromosomen aufzuklären, von denen bis dahin nicht viel mehr als ihre Existenz bekannt war. Ihren Namen hatten sie 1888 von dem Anatomen Wilhelm von Waldeyer (1836–1921) erhalten. Der benannte die spezielle Substanz im Zellkern nach ihrer Eigenschaft, sich anfärben zu lassen, und verwendete das griechische *chroma*, Farbe, als Wortkern. Hunt Morgan bekam zwar heraus, dass die Vererbungseinheiten, die mittlerweile als »Gene« bezeichnet wurden, hintereinander auf den Chromosomen sitzen mussten, hinsichtlich der Art der Erbinformationen selbst gab es jedoch mehr Unklarheiten als gesichertes Wissen. Als Morgan im selben Jahr wie Schrödinger den Nobelpreis entgegennahm, vermittelte er in seiner Rede einen Eindruck davon, wie schwer fasslich der Existenzstatus der Gene selbst oder gerade für die Eingeweihten war: »Unter Genetikern gibt es keinen Konsens darüber, was Gene sind – ob sie wirklich oder rein fiktiv sind –, da es für die Durchführung genetischer Experimente nicht den geringsten Unterschied macht, ob das Gen eine hypothetische Einheit ist oder ein stoffliches Teilchen.«[121]

Das Gen war also für die Genetiker bis zur Mitte des 20. Jahrhunderts keine stoffliche Realität. Insofern ging es ihnen ein wenig wie den ersten Generationen der Virologen: Die hatten aufgrund der unbezweifelbaren Wirkung des Stoffes, der durch bakteriendichte Filter gegangen war, angenommen, dass da etwas sein musste, konnten es aber nicht sehen und somit nichts über seine materielle Realität aussagen. Ebenso war das Gen zuerst nicht mehr als eine Abstraktion. Die damalige Genetik konnte damit leben, weil es den Forschern erst einmal nur darum ging, die Gesamterscheinung eines Organismus in eine Zahl von Eigenschaften zu zerlegen und deren Weitergabe von Generation zu Generation zu untersuchen. Es ist unmittelbar einleuchtend, dass mit dieser Methodik so gut wie nichts über das menschliche Genom ausgesagt werden konnte. Denn hier dauern die Vererbungszyklen im Gegensatz zur Fruchtfliege einfach zu lang.

Schrödinger stieg jedoch nicht in die Niederungen praktischer Drosophila-Forschung hinab, sondern blieb ganz orakelnder Theoretiker und entwickelte mit einer starken These das Programm der modernen Genetik. Er schlägt in seinem Buch vor, dass ein Code die Vererbung reguliert. In den Chromosomen sei demnach das vollständige Muster der Entwicklung des Organismus enthalten. In Schrödingers plastischen Worten liest sich das so: »Wenn wir die Struktur der Chromosomen einen Code nennen, so meinen wir damit, dass ein alles durchdringender Geist ... aus dieser Struktur voraussagen könnte, ob das Ei sich unter geeigneten Bedingungen zu einem schwarzen Hahn, einem gefleckten Huhn, zu einer Fliege oder Maispflanze, einer Alpenrose, einem Käfer, einer Maus oder zu einem Weibe entwickeln werde.«[122]

In der Forschungslandschaft Mitte des 20. Jahrhunderts gab es auf der einen Seite die Genetiker wie Hunt Morgan, die ohne eine genaue Vorstellung von der biochemischen Beschaffenheit und morphologischen Struktur der Gene auskommen mussten. Auf der anderen Seite standen Biochemiker wie Schramm und Fraenkel-Conrat, die mit trickreichen Techniken Viren in Nukleinsäuren respektive Eiweiße aufspalteten und die Bedeutung dieser Bestandteile für die Weitergabe von (Erb-)Informationen untersuchten. Schrödinger stiftete nun mit seiner Vision eine mögliche Verbindung dieser beiden Richtungen. Noch vor Beginn des Computerzeitalters fragte er nach einem Code, der die Brücke darstellen könnte: Wenn es gelänge, die molekulare Struktur der Nukleinsäuren aufzuklären, und sich darin ein Mechanismus zeigte, der in der Lage war, Informationen zu speichern und weiterzugeben, dann fänden Biochemie und Genetik zu einem neuen Forschungsgebiet zusammen. Einem Forschungsgebiet, das enorme Sprengkraft entwickeln würde, da es direkt den Code des Lebens in den Blick nahm. Diese molekulare Genetik würde möglicherweise spektakuläre Einsichten in die Grundstruktur belebter Materie ermöglichen, aus denen völlig neue Perspektiven für die Behandlung von Infektions- und Erbkrankheiten sowie die Eindämmung von Pandemien erwachsen könnten. Somit wäre die Entdeckung der molekularen Skriptur des genetischen Codes ganz sicher einen Nobelpreis wert. Da waren sich die Forscher Anfang der Fünfzigerjahre des 20. Jahrhunderts einig. In einer Offenheit, die ihresgleichen sucht, schildert Watson in seinem Buch *Die Doppelhelix* das Rennen um »the big one«, für das die beiden »wissenschaftlichen Clowns« von ihren Kollegen – wenn überhaupt – eher eine der hinteren Startnummern zugeteilt bekamen.

Die Poleposition ging ganz klar an Linus Pauling (1901–1994), nach – nicht nur – Watsons Einschätzung »zweifellos der schlaueste

Chemiker auf der ganzen Welt!«[123] In einer unguten Mischung aus Argwohn, Eifersucht und blankem Schrecken verfolgten Watson und Crick alle Nachrichten, die aus Pasadena kamen. Dort widmete sich Linus Pauling am Caltech, dem California Institute of Technology, seit Kurzem der Analyse von Biomolekülen, nachdem er zuvor Grundlegendes über die Natur chemischer Bindungen erforscht hatte. Dieses Genie, so die Befürchtung von Watson und Crick, würde das Rätsel um die Informationseinheit in der Nukleinsäure bald geknackt haben. Erste Anzeichen sprachen schon dafür. Pauling nahm sich zunächst die Proteine vor und präsentierte bereits 1951 sein Modell. Watson verfolgte die Präsentation, in der Pauling vor der sich mit immer mehr Formeln füllenden Tafel »hin und her hüpfte und die Arme bewegte gleich einem Zauberer«[124], bevor er ganz zum Schluss einen Vorhang lüftete und die Alpha-Helix als räumliche Struktur des Proteins vorstellte. Ein voller Erfolg! Als Paulings Sohn Peter zum Forschungsstudium an das Cavendish-Laboratorium kam, wurde er zum Informanten aus allererster Hand. Denn sein Vater unterrichtete ihn brieflich regelmäßig über seine wissenschaftlichen Fortschritte. Watson und Crick, die mit ihren Modellen für die Struktur der Nukleinsäure bereits mehrmals Schiffbruch erlitten hatten, lauerten stets angespannt auf Neuigkeiten von Peter. Eines kalten Januartages im Jahr 1953 präsentierte er ihnen einen Brief seines Vaters. Ganz am Ende stand die Hiobsbotschaft: Paulings Manuskript über die Nukleinsäure war fertig und in einer ersten Fassung bereits auf dem Weg über den Atlantik. Watson erinnert sich, wie er seine Nerven kaum mehr im Zaum halten konnte. Als er den Text dann endlich in Händen hielt, wurde »ihm schlecht vor Angst, der Tatsache ins Auge zu blicken, daß nun alles verloren sei«.[125] Doch mit jeder Zeile, die Watson las, wich die Angst. Pauling war nämlich ein kapitaler Fehler unterlaufen. Ausgerechnet auf seinem Spezialgebiet hatte er gepatzt und durch eine spezifische atomare Bindung der Säure ihre Grundeigenschaft genommen. Ein kurioses Ergebnis lag da vor: »Paulings Nukleinsäure war sozusagen keine Säure!«[126] Watson und Crick waren also noch im Rennen. Ihre unbändige Freude über den Fehlschlag ihres Kollegen zeigt in aller Deutlichkeit, dass Forscher nicht nur vom Wissensdurst getrieben sind, sondern dass auch Karrierismus – verbunden mit Neid und Missgunst – eine entscheidende Motivation liefern kann, um über sich hinauszuwachsen. Watson schreibt freiheraus über seinen unbedingten Willen, berühmt zu werden.[127] Francis Crick und er gehen jedoch nicht sogleich wieder an die Arbeit, sondern zuerst einmal ins Eagle hinüber: »Kaum wurden seine Tore geöffnet, tranken wir auch schon auf Paulings Mißerfolg.«[128]

James D. Watson war ebenso ehrgeizig wie hochbegabt. Bereits mit 22 Jahren schloss er sein Studium der Zoologie mit einer Dissertation ab, in der er die Beeinflussung von bakterienfressenden Viren durch Röntgenstrahlen untersuchte. Sein Doktorvater Salvador Edward Luria (1912–1991), der als Jude 1938 vor den italienischen Faschisten über Frankreich in die USA fliehen musste, leitete gemeinsam mit dem aus Deutschland emigrierten Ausnahmephysiker Max Delbrück (1906–1981) die sogenannte Phagengruppe. Sie trat mit der Arbeitshypothese an, dass Viren, wie beispielsweise Bakteriophagen, »so etwas wie frei vagabundierende Gene waren«.[129] Watson konnte in seiner Promotion das von Luria mithilfe von vergleichsweise schwachem UV-Licht entdeckte Phänomen der möglichen »Reaktivierung« *(multiplicity reactivation)* von Viren bestätigen. Dem ambitionierten Doktoranden gelang es, Bakteriophagen mithilfe von Röntgenstrahlen zu inaktivieren. Sie reagierten nach einer Bestrahlung nicht mehr auf die Bakterien, die sie zuvor verputzt hatten. Wenn Watson nun jedoch noch eine zweite Virenart hinzugab, wurden die ersten plötzlich wieder aktiv und machten ihrem Namen (Bakteriophagen = Bakterienfresser) alle Ehre.

Die Forschung an dieser besonderen Virenart hatte seit d'Hérelles Zeiten Fortschritte gemacht. Anfang der 1930er-Jahre wies der ungarische Biochemiker Max Schlesinger (1904–1937) nach, dass Bakteriophagen Nukleinsäure enthalten. Dem jüdischen Forscher gelang es, die Kernsäure anzufärben. So konnte er schließlich sogar das Verhältnis von Proteinen und Nukleinsäure bestimmen, das in den Phagen herrschte. Er fand beide Substanzen zu etwa gleichen Teilen vor. Mit seinen Forschungen hätte Schlesinger bereits damals die Molekularbiologie begründen können. Aus Verzweiflung über den sich in Europa ausbreitenden Faschismus nahm er sich jedoch mit gerade einmal 32 Jahren das Leben.

Unterdessen wusste man auch wesentlich mehr über die Nukleinsäure als ihr Entdecker Friedrich Miescher im Jahr 1869. Noch zum Ende des 19. Jahrhunderts fand der deutsche Biochemiker und Mediziner Albrecht Kossel (1853–1927) vier Basen in der Säure. Er gab ihnen die Namen Adenin, Guanin, Thymin und Cytosin. Der aus seiner Heimat Litauen wegen antisemitischer Pogrome geflohene Biochemiker Phoebus Aron Theodor Levenne (1869–1940) konnte schließlich die von Miescher bereits vermutete Phosphatgruppe in der Kernsäure festmachen und entdeckte 1909 ihre Verbindung zu einem Zuckermolekül, das er Ribose nannte. Später stellte Levenne fest, dass die Ribose ihre chemischen Eigenschaften auch behielt, wenn man ihr ein Sauerstoffatom fortnahm. Das schlug sich dementsprechend in der Bezeichnung dieses Zuckers nieder. Levenne nannte ihn Desoxy-Ribose. Die Art des gebundenen Zuckers half dann, die beiden Säuren, die man in Zellkernen von Tieren und Pflanzen fand, zu unterscheiden. Da gab es zum einen die Ribonukleinsäure (RNS) und zum anderen die Desoxyribonukleinsäure (DNS). Die gebräuchlichen Abkürzungen RNA und DNA rühren vom englischen Wort *acid* für Säure. Vielleicht mag es verwundern, dass neben Basen nun auch noch Zucker in der Nukleinsäure vorkommen. Doch wenn der Chemiker von einer Säure redet, meint er eine Flüssigkeit, die elektrisch positive Ladungen an ihre Umgebung – zumeist Wasser – abgeben kann und dadurch selbst negativ geladen wird. Für diesen Effekt sind zumeist positiv geladene Wasserstoffatome verantwortlich, weswegen Watson der Fehler von Pauling rasch aufgefallen war. In dessen Modell waren die Wasserstoffatome gebunden und hätten damit nicht freigegeben werden können. So aber hätte die Nukleinsäure ihre wesentliche Eigenschaft verloren.

Die DNS bestand also aus drei Grundmolekülen: Zucker, Phosphatgruppe und Basen. Diese schlossen sich zu einem großen Molekül zusammen, für das Levenne den Ausdruck »Nukleotid« vorschlug. Die Nukleotide bildeten dann das Makromolekül Desoxyribonukleinsäure. So viel war klar, aber wie die konkrete Struktur der DNS aussah, wussten die Forscher Anfang der Fünfzigerjahre des 20. Jahrhunderts nicht. Auch darüber, ob diese Säure eine Rolle bei der Vererbung spielte, gingen die Meinungen auseinander. Wendell Stanley vermutete die Erbinformationen in den komplexeren Proteinmolekülen. Luria und Delbrück trauten der DNA eine so entscheidende Aufgabe ebenfalls nicht zu, da sie diese Säure für ein »eher langweiliges Molekül«[130] hielten. Diese Einstellung dreier nobelpreiswürdiger Forscher zeigt nur die Spitze des Eisbergs. Auch die breite Basis der Wissenschaftlergemeinde wollte noch Anfang der Fünfzigerjahre nicht recht an die biologische Bedeutung der Nukleinsäuren glauben. Weder Luria noch Delbrück konnten der Biochemie viel abgewinnen. In den ansonsten legendären Phagenkursen, die Delbrück jeden Sommer für Wissenschaftler aus aller Welt abhielt, kam es hin und wieder sogar zu Auseinandersetzungen über die molekularen Grundlagen. Überliefert ist ein Streit mit dem US-amerikanischen Biochemiker Seymour Cohen (1917–2018), der bereits 1947 nachweisen konnte, dass Bakteriophagen viel DNA enthielten. Cohen riet Delbrück und Luria dringend an, sich intensiver mit der Biochemie dieses Moleküls auseinanderzusetzen.

Watson wurde zwar Zeuge dieser Debatte, aber an Chemie zeigte er ebenfalls kein sonderliches Interesse. Er schreibt denn im Rückblick auch frank und frei von seiner Hoffnung, das Geheimnis der Gene entschlüsseln zu können, »ohne daß ich deswegen Chemie lernen müßte«.[131] Für Francis Crick weist dieses Fach ebenfalls nicht den einzuschlagenden Weg. Von Hause aus Physiker, will er das entscheidende Rätsel des Lebens entschlüsseln. Dafür muss eine neue Art der Wissenschaft her, die sich nicht mit dem Kleinklein der Fachdisziplinen aufhält, zugleich aber alles, was zur Lösung des Problems notwendig ist, bei den Kollegen in Erfahrung zu bringen vermag. Das praktizieren Watson und Crick mit solcher Energie, dass einige Kollegen bald um ihr geistiges Eigentum bangen. Erwin Chargaff wird folgerichtig später, nachdem seine beiden »wissenschaftlichen Clowns« erfolgreich waren, Plagiatsvorwürfe erheben. Dabei ging es zum einen um die von ihm gefundene und nach ihm benannte Chargaff-Regel, nach der Adenin und Thymin beziehungsweise Guanin und Cytosin in der DNA immer in denselben Mengen enthalten waren. Aufgrund dieser Einsicht hätte sich die Struktur des DNA-Moleküls gleichsam von ganz allein ergeben, meinte Chargaff. Dieses Argument griff nicht wirklich, da die Basen bekanntlich nur eines von drei Elementen der Nukleinsäure sind.

Ein schon etwas größerer Stein des Anstoßes war da die Tatsache, dass Francis Crick nachweislich im Februar 1953 Einsicht in den Forschungsbericht der Biochemikerin und Virologin Rosalind Franklin (1920–1958) genommen hatte, die am Kings' College in London Röntgenstrukturanalysen der DNA durchführte. Ihre Ergebnisse lagen einer Kommission zur Begutachtung vor, der zwar Cricks damaliger Chef Max Perutz (1914–2002), nicht aber er selbst angehörte. Crick hätte die Unterlagen also gar nicht zu Gesicht bekommen dürfen. Das eingehende Studium der Resultate von Rosalind Franklin ermöglichte ihm schließlich die entscheidende Einsicht, dass die DNA aus zwei in entgegengesetzter Richtung laufenden Ketten bestehen müsse.

Dann ging alles recht schnell. Watson und Crick bastelten an einem Molekülmodell. Im wahrsten Sinne des Wortes. So ließen sie sich von den Handwerkern im Institut maßstabsgetreue Muster der einzelnen Bestandteile der DNA aus Zinkblech bauen und versuchten, sie zu einer sinnvollen Struktur zusammenzusetzen. Die gegenläufige Doppelhelix-Struktur wurde vom Zucker und von der Phosphatgruppe gebildet. Darauf konnten sich die beiden Forscher rasch einigen. Aber was sollte mit den Basen geschehen? Zuerst richteten sie die vier Basen nach außen und verteilten sie getreu der Chargaff-Regel über das Molekül. Dieses Modell hatte jedoch zu offensichtliche Mängel, und besonders auf Drängen von Francis Crick versuchten sie, die Basen ins Innere der Doppelhelix zu richten. Dabei wählten sie zunächst die einfachste Lösung und verbanden jeweils zwei gleiche Basen miteinander. Also Adenin mit Adenin, Cytosin mit Cytosin usw. Doch da die Basen unterschiedliche räumliche Strukturen besaßen, verzog sich ihre wohlgeformte Doppelhelix und bekam ein »verkorkstes Rückgrat«.[132] Schon aus ästhetischen Gründen überzeugte diese Lösung nicht.

Beim Versuch, die Idee der gleichen Basenpaare zu retten, spielte Watson eines trüben Cambridger Morgens mit den Teilen des verunglückten Modells herum. Dabei fiel ihm plötzlich etwas Entscheidendes auf. Wenn er die Basen Adenin und Thymin zusammenfügte, dann wiesen sie genau dieselbe Größe und Form auf wie ein Guanin-Cytosin-Paar. Das war die zündende Idee, auf die sie letztlich ein halbes Jahr hingearbeitet und gewartet hatten. Genau so »ließen sich zwei unregelmäßige Basenfolgen auf regelmäßige Weise im Zentrum einer Helix anordnen«.[133] Auf einmal passte alles. Der sich immer wiederholende Zucker-Phosphat-Komplex bildete ein nun gleichmäßiges Rückgrat der Doppelhelix, und die komplementären Basenpaare hielten die Struktur zusammen. Das Modell erinnerte ein wenig an eine Wendeltreppe: zwei sich windende Geländer, verbunden durch die einzelnen Treppenstufen. Nur wenige Wochen nachdem Crick den Forschungsbericht von Rosalind Franklin eingesehen hatte, war die Lösung da.

Rasch musste das Manuskript geschrieben und bei der Fachzeitschrift *Nature* eingereicht werden. Zumal aus Pasadena gerade neue Nachrichten eintrafen. Linus Pauling hatte mehrere Fehler an seinem DNS-Modell eingeräumt und saß bereits an einer Überarbeitung. Watson und Crick verfassen die Beschreibung ihrer Entdeckung dennoch mit großer Sorgfalt. Im Gefühl, Historisches zu schaffen, feilen sie an jedem Satz. Als stilistisch und rhetorisch besonders gelungen muss die Beiläufigkeit gelten, die sie in der abschließenden Diskussion ihrer Ergebnisse an den Tag legen. Anstatt ausdrücklich auf die Bedeutung für alle Wissenschaftsrichtungen, die sich mit der

Erforschung des Lebendigen befassen, hinzuweisen, üben sich Watson und Crick in britischem Understatement: »Es ist unserer Aufmerksamkeit nicht entgangen, dass die spezifische Paarbildung, die wir hier voraussetzen, sogleich an einen möglichen Kopiermechanismus für das genetische Material denken lässt.«[134]

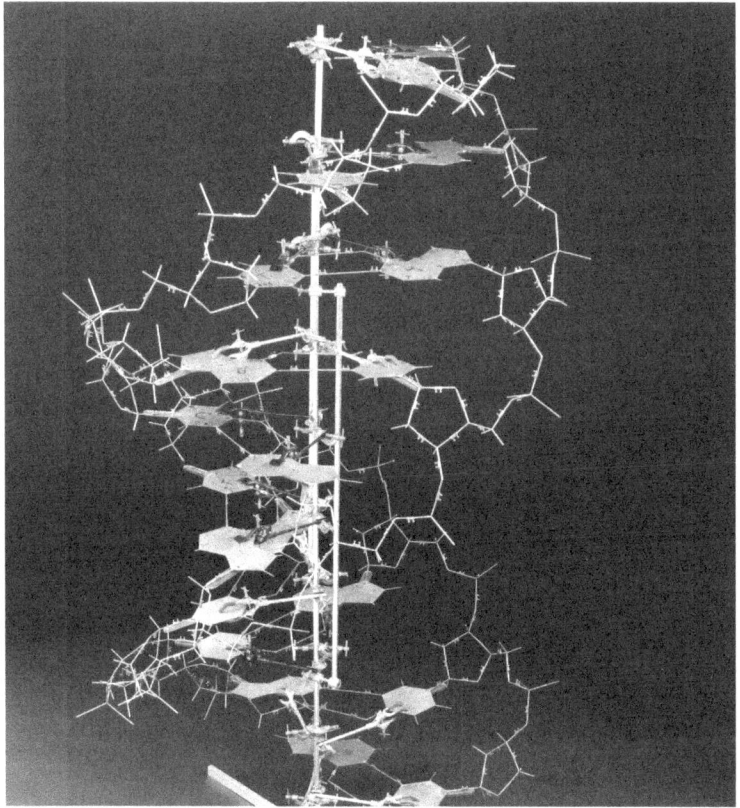

Das Original-Modell der Doppelhelix von James Watson und Francis Crick

Wie genau dieser Kopiermechanismus vonstattengeht, kann auf der Grundlage ihres Modells in den kommenden Jahren nachvollzogen werden. Zuerst lässt sich der Vorgang der Zellteilung auf molekularer

Ebene aufklären. In einem enzymgesteuerten Prozess spaltet sich die Doppelhelix in zwei Einzelstränge auf, an die sich jeweils komplementär Nukleotide anlagern und so einen neuen DNA-Strang bilden. Auf diese Weise wird die Erbinformation exakt kopiert, die nun für zwei identische Tochterzellen bereitsteht. Ein weiterer Kopiermechanismus kommt bei der Proteinsynthese zum Zug. Er setzt ebenfalls das Konzept des genetischen Codes voraus. Bald stellte sich nämlich heraus, dass die Basen nicht nur strukturell für das DNA-Molekül eminent wichtig sind, sondern dass sie vor allem als die entscheidenden Informationsträger fungieren. Den genetischen Code auf der DNA schreibt eine einsträngige Nukleinsäure ab, die wegen ihrer Funktion den beredten Namen Boten-RNA trägt, denn sie bringt die Information aus dem Zellkern zu den sogenannten Ribosomen im Zellplasma, wo die durch je drei Basen codierten Aminosäuren zu Proteinen zusammengefügt werden. Als »Gen« wird nun eine Abfolge von Basen bezeichnet, dessen Anfang und Ende auf der DNA markiert sind.

Francis Crick fasste diesen Informationsfluss 1958 in dem von ihm so benannten »zentralen Dogma der Molekularbiologie« zusammen. Den etwas streng klingenden Begriff relativierte er später, als er eingestand, dass er die Bedeutung des Wortes »Dogma« seinerzeit nicht genau kannte. In seinem Buch *Ein irres Unternehmen. Die Doppelhelix und das Abenteuer Molekularbiologie* definiert Crick seine Intention denn auch ein wenig milder: »Das sogenannte zentrale Dogma ist eine grundlegende Hypothese, die vorherzusagen versucht, welche Übertragungen von Sequenzinformationen *nicht* stattfinden.«[135] Unmöglich sei demnach die Rückübertragung von Information, die sich im Eiweiß materialisiert hat, in RNA oder DNA. In dem entsprechenden Schema enden die Pfeile, die von den Nukleinsäuren kommen, beim Protein. Der Informationsfluss läuft auf dieser molekularen Ebene also auf einer Einbahnstraße.

Durch die Entdeckung von Watson und Crick konnte die Frage, ob überhaupt eine und, wenn ja, welche biologische Bedeutung die Nukleinsäure hat, eindrucksvoll beantwortet werden. Sicher weisen die

Eiweißmoleküle ambitioniertere Strukturen auf, aber die genetische Musik spielt in den Nukleinsäuren, und zwar grundsätzlich. Stellt man Cricks semantische Unsicherheit für einen Moment hintan, so besteht das Dogmatische an seinem zentralen Dogma in dessen Allgemeingültigkeit. Das heißt, in allen Organismen laufen diese Vorgänge auf molekularer Ebene so und nicht anders ab. Vom Menschen bis zum Virus. Wobei die Viren wiederum eine Sonderstellung einnehmen. Sie haben nicht nur keinen Zellkern, sondern auch keine Ribosomen, ja manche dieser submikroskopischen Körperchen kommen sogar ohne DNA aus. Wie kann das funktionieren? Wo bekommen die Viren dann ihre Eiweiße her? Was ist mit dem zentralen Dogma? Und wie vermehren sie sich überhaupt?

Die Definition der Viren oder: das Geheimnis der Lysogenie

Alle Zellen vermehren sich durch Teilung. So könnte das Dogma der allgemeinen Biologie lauten. Tatsächlich gibt es von dieser Regel keine Ausnahme. Selbst die Keimzellen, die für die Entstehung neuer Individuen verantwortlich zeichnen, teilen sich, wenn auch dieser Vorgang komplizierter verläuft als bei den Körperzellen. Und Viren? Helmut Ruska folgerte aus seinen elektronenmikroskopischen Beobachtungen, dass Viren das Material der Wirtszelle nutzen, um sich fortzupflanzen. Wenn diese Hypothese zutraf, bildeten diese winzigen Lebensformen eine Ausnahme von der allgemeinen Fortpflanzungsregel des Lebendigen. Damit aber bekäme das soeben erst aufgestellte Dogma der allgemeinen Biologie erheblich Schlagseite. Das allein wäre ein guter Grund, den Viren die Lebendigkeit abzusprechen. Viel spannender aber wäre es doch, eine ganz andere, einzigartige Vermehrungsstrategie kennenzulernen.

Den besonderen Reiz dieser Forschungsaufgabe erfuhr der französische Mediziner und Biologe André Lwoff (1902–1994) am Pariser Institut Pasteur. Dort begeisterte ihn der Biologe Eugène Wollmann (1883–1943) für die Bakteriophagen. Offensichtlich kannten diese Viren einen Trick, mit dem sie ihr Erbgut in das befallene Bakterium einschleusen, ohne es sogleich zu zerstören. Wollmann äußerte die Hypothese, Gene könnten für diese Informationsübertragung verantwortlich sein. André Lwoff erinnert sich in seinem mokanten Aufsatz »Der Prophage und ich« an Wollmann.[136] »Er liebte es, seine Versuche zu demonstrieren, und brannte darauf, seine Ideen zu diskutieren.« Allerdings durfte Wollmann die gemeinsam mit seiner Frau Elisabeth gewonnenen Forschungsergebnisse nicht veröffentlichen, seit deutsche Truppen Frankreich besetzt hielten. Die Nazis belegten den jüdischen Wissenschaftler gleich 1940 mit Publikationsverbot. Doch Wollmann forschte unbeirrt weiter, selbst als die Institutsleitung das Personal nach und nach evakuierte. 1943 wurden er und seine Frau von der französischen Polizei im Institut verhaftet, zur Deportation nach Auschwitz überstellt und dort noch im Dezember desselben Jahres von den Nazis ermordet.

André Lwoff interessierte sich besonders für das Thema der sogenannten Lysogenie, das auch Wollmann in den Bann gezogen hatte. Dieser Begriff beschreibt den merkwürdigen Umstand, dass Bakterien, die von Viren befallen werden, nicht unbedingt lysiert – zerstört – werden. Sie tragen zwar das Programm zur Virenproduktion in sich, leben aber erst einmal ganz normal weiter und teilen sich. Während dieser Zeit setzen sie keine Viren frei, behalten aber gleichwohl die Fähigkeit dazu. Nach der geläufigen Interpretation des Phänomens in den 1930er- und 1940er-Jahren blieben die lysogenen Bakterien intakt, weil sie neu gebildete Viren ausschieden. Allerdings fehlte für diese sogenannte Sekretionstheorie jeglicher experimentelle Beweis. Dieser Umstand aber richtete sich erstaunlicherweise nicht gegen die Ausscheidungstheorie, sondern gegen die Lysogenie selbst. In der Wissenschaftlergemeinde galt es geradezu als ausgemacht, dieses merkwürdige Verhalten der Bakteriophagen zu ignorieren, was das Fach nach Einschätzung von André Lwoff ein Vierteljahrhundert lang aufhielt. Wer dennoch daran forschte, machte sich verdächtig, da »viele ausgezeichnete Wissenschaftler die Lysogenie für Ketzerei« hielten. 1946 machte sich der Ketzer Lwoff auf nach New York und nahm in Cold Spring Harbor an einem der legendären Sommerkurse von Max Delbrück teil. So kam er in Kontakt mit der »mächtigen Phagen-Sekte«, die Lwoff ermutigte, weiter an der Lysogenie zu forschen. Und das, obwohl Delbrück höchstselbst die Existenz eines solchen biologischen Phänomens angezweifelt hatte, bis Eugène Wollmann diesen, in den Worten von Lwoff, »ungläubigen Thomas« vom Gegenteil überzeugen konnte.

Möglicherweise sah Lwoff es nach Wollmanns Ermordung in Auschwitz auch als eine Art Verpflichtung an, dessen Erbe anzutreten. Jedenfalls wählte er für seine Experimente mit dem *Bacillus megaterium* genau jenen Mikroorganismus, mit dem Wollmann in seinen Lysogenie-Versuchen gearbeitet hatte. Doch er hatte darüber hinaus noch einen zweiten Grund. Da dieses Bakterium verhältnismäßig groß war, wog sich Lwoff in der Hoffnung, sich nicht noch zusätzlich mit statistischen Berechnungen und Formeln auseinandersetzen zu müssen, denn er verspürte eine »Abneigung gegen Mathematik, für die ich nicht begabt bin«. Die Stämme von *Bacillus megaterium* wuchsen in Lwoffs Labor unter dem Dach des Pariser Institut Pasteur. Lwoff beobachtete, wie sich das lysogene Bakterium neunzehnmal teilte, als sei es kerngesund, und während dieser Zeit keine Viren freisetzte. Nachdem dies zweifelsfrei festgestellt war, stellte sich die Forschungsfrage in Form von drei Ws: Warum, wann und wie entstehen die Viren? beziehungsweise: Warum, wann und wie werden die Bakterien lysiert?

Zuerst gab Lwoff dem Virus im lysogenen Bakterium einen Namen. Dieses ominöse Etwas befand sich in einer Art Zwischenreich – es war einerseits nicht mehr, andererseits aber noch nicht Bakteriophage. Sozusagen ein Etwas kurz vor der Hauptspeise. Scherzhaft nannte Lwoff es deswegen *hors d'œuvre*. Mit dem nötigen wissenschaftlichen Ernst bezeichnete er es schließlich als »Prophagen«. Dieses Molekül aus Nukleinsäure schlummerte im Bakterium bis zu jenem magischen Zeitpunkt, an dem es seinen Wirt auflöste und mehrere Hundert Bakteriophagen freigesetzt wurden. Wenn das geschah, lysierte nicht nur eine Zelle, sondern von einem Moment zum nächsten auch alle anderen in der Kultur befindlichen Bakterien. Das wiederum sah danach aus, als ob nicht ein innerer, sondern vielmehr ein äußerer Einfluss den Prozess der Auflösung anschob. Lwoff stellte eine Hypothese auf und kreierte in diesem Zusammenhang einen neuen Begriff. Er sprach und schrieb von »Induktion«. Demnach induzierte ein Faktor die Bildung der Bakteriophagen. Nur welcher? Der ph-Wert? Der

Sauerstoffanteil? Die Temperatur? Viele verschiedene Randbedingungen wurden variiert, doch die Versuche, die Population geradezu zu zwingen, Bakteriophagen freizusetzen, zeitigten keinerlei Effekt.

Lwoff und seine Mitarbeiter bekamen ob der Misserfolge bereits erste Depressionssymptome. Wenig später würden sie die »Repression« entdecken. Doch davon wussten sie natürlich noch nichts, und offensichtlich brauchte es genau die angehende Verzweiflung, damit sie auch eine widersinnige Methode ausprobierten. In einer geradezu an Destruktivität grenzenden Laune entschieden sie sich nämlich dazu, die Bakterien UV-Licht auszusetzen. Diese Idee schien insofern widersinnig, als diese kurzwellige Strahlung dafür bekannt war, sowohl Bakterien als auch Viren abzutöten. Nachdem die Lösung für einige Sekunden bestrahlt wurde, geschah erst einmal gar nichts. Nun, nicht wirklich nichts, aber zumindest nichts Ungewöhnliches. Die Bakterien teilten sich wie gehabt weiter. Doch plötzlich, nach etwa einer Stunde, verschwanden sie mit einem Schlag. Die Aufregung in Lwoffs Labor im Institut Pasteur stieg auf ein noch nie erreichtes Level. Die Wissenschaftler mussten sich selbst und untereinander zur Geduld ermahnen. Denn es konnte sich ebenso um ein Zufallsergebnis handeln, da die Bakterien oft lysierten, ohne ein einziges Virus freizusetzen. Rasch wurden Proben zur Identifikation der Bakteriophagen angesetzt und über Nacht in den Brutschrank gesteckt. Nach unruhigem Schlaf stürzten Lwoff und seine Mitarbeiter noch vor Sonnenaufgang zurück ins Labor. Als sie den Inkubator öffneten, trauten sie ihren Augen kaum: Jedes Bakterium hatte bei seiner Auflösung mehrere Hundert Viren freigesetzt. Lwoff eilte in das Zimmer seiner Frau und Kollegin Marguerite, die – nach seiner Schilderung – bei ihm sofort »eine akute Krise von Erregung« feststellte. Sogleich platzte er heraus, »daß ich das erste Mal in meinem Leben das Gefühl habe, etwas entdeckt zu haben«. Seine Frau tadelte ihn zwar für diese Bemerkung und wies ihn auf andere wissenschaftliche Erfolge in seiner Laufbahn hin, doch Lwoff bestand auf der Einzigartigkeit seiner Entdeckung, die seine Hypothese bestätigt hatte. Bestimmte äußere Umstände, wie die Bestrahlung mit UV-Licht, konnten also die Viren aktivieren.

Jedenfalls verflog die depressive Stimmung im Labor mit einem Schlag. Sie wich ihrem Gegenteil. Innerhalb kürzester Zeit konnten Lwoff und seine Mitarbeiter nun auch chemische Substanzen wie Wasserstoffperoxid als Auslöser für den Prozess der Bakteriolyse identifizieren. Den auf die Induktion folgenden Zyklus nannte Lwoff die vegetative Phase. So ergab sich erstmals ein recht genaues Bild der Lysogenie. Zuerst setzen sich Phagen am Bakterium fest (siehe Abb. S. 115) und schleusen ihr genetisches Material in Form von Nukleinsäure in den Wirtsorganismus ein. Diese molekulare Information enthält lediglich den Bauplan für die Bakteriophagen, ist aber selbst kein Virus. Eher eine Vorstufe, weswegen die Bezeichnung Prophage sehr zutreffend scheint. Zunächst verhält sich dieser Prophage zwar unauffällig, aber er birgt für das Bakterium tödliches Potenzial in sich. Er agiert, »als sei er ein Gen des Bakteriums«[137], teilt sich mit dem Chromosom und wird auf die entstehenden Tochterbakterien übertragen. In der Terminologie des Terrorismus wäre der Prophage so etwas wie ein Schläfer, der sich bis zum Anschlag ruhig verhält und durch nichts auffällt. Für die Ausbildung dieser Eigenschaft zeichnet erstaunlicherweise der Prophage selbst verantwortlich. Er lässt das Bakterium einen sogenannten Repressor produzieren, der die übrigen Phagengene blockiert. Im Bakterium herrscht nun ein molekulargenetischer Waffenstillstand, bis dann eines Tages die Gene, die für die Vermehrung des Phagen verantwortlich sind, gleichsam angeschaltet werden. Der Schläfer erwacht. Der Aktivierung des schlummernden Terroristen entspricht die Induktion des Prophagen. Durch chemische oder physikalische Einflüsse wird der Stoffwechsel im Bakterium gestört. Offensichtlich greifen bestimmte Strahlungen ebenso wie Substanzen mit starker Oxidationswirkung den Repressor an und schalten ihn aus. Dadurch fällt der Startschuss für die vegetative Phase. Die Proteinfabriken des Bakteriums, die Ribosomen, folgen nun nur noch den Anweisungen des Prophagen und produzieren Viren, solange sie noch können. In weniger als einer halben Stunde kollabiert der Wirt. Die Zellwand platzt, das Bakterium löst sich auf und die Viren strömen ins Freie, um weitere Wirte zu befallen. Lwoff verwendet für die Bakteriophagen außerhalb der Wirtszelle den Begriff »Virionen«[138], womit drei Prozessstadien im Zyklus des Virus ausgemacht wären: der schlummernde Prophage im genetischen Material, der Phage während der vegetativen Phase und die ins Freie strömenden Phagenpartikel, die Virionen.

So konnte Lwoff durch sein hartnäckiges Festhalten am Forschungsgegenstand von Eugène Wollmann und dem Verständnis der von so vielen bezweifelten Lysogenie die einzigartige Vermehrungs- und Existenzweise dieser Viren aufklären. Dafür erhielt Lwoff 1965 den Nobelpreis.

Damit war es nun an der Zeit für etwas Grundsätzliches. In den Worten des Ketzers: »Die Lysogenie hat auch zur Definition der Viren geführt, zum Konzept des Virus selbst.«[139] Lwoff findet verschiedene Kriterien, anhand derer er Viren definiert und zugleich von anderen Mikroorganismen wie Pilzen, Bakterien, Protozoen und Algen abgrenzt:

- Während alle bekannten Mikroorganismen mit DNA und RNA immer zwei Nukleinsäuretypen in sich tragen, verfügen Viren lediglich über einen der beiden: entweder DNA oder RNA.
- Mikroorganismen vermehren sich durch Teilung, Viren hingegen durch ihre Nukleinsäure.
- Für ausgelöste Infektionen zeichnen die Mikroorganismen als Ganzes verantwortlich. Bei den Viren verhält sich nur das genetische Material infektiös.
- Mithilfe eines komplexen Enzymsystems verwandeln Mikroorganismen Nährstoffe in Energie, die sie für die Biosynthese benötigen. Viren hingegen verfügen über keinerlei Stoffwechselenzyme. Alle notwendige Energie für die Synthese der Viren wird von der Wirtszelle geliefert.

- Anders als die Mikroorganismen können Viren weder wachsen noch sich teilen.

Mit dieser Definition zieht Lwoff eine klare Trennlinie, durch die das Besondere von Viren noch einmal plastisch vor Augen tritt. Viren unterscheiden sich in so gut wie allen charakteristischen Merkmalen von den Mikroorganismen. Vor diesem Hintergrund drängt sich eine Diskussion über ihren Existenzstatus förmlich auf.

Einige Forscher billigen den Viren nicht einmal zu, Organismen zu sein. Auch wenn Wendell Stanley im Laufe der 1950er-Jahre akzeptiert, dass Viren biologisch relevante Nukleinsäure enthalten, betrachtet er sie weiterhin lediglich als nicht lebendige Moleküle. Konträr dazu steht der australische Virologe Macfarlane Burnet (1899–1985) auf dem Standpunkt, Viren seien Organismen. Dies zwar nicht im gewöhnlichen Sinne, da ihnen die spezifischen Charakteristika fehlten. Allerdings gebe es ein entscheidendes Kriterium, das sie mit den Organismen teilten. Wenn man ihr Verhalten beobachte, könne man nicht umhin, sie als einen »Strom biologischer Muster«[140] zu bezeichnen. Diese Muster bewahrten sich bei jeder Infektion und ermöglichten, dass sich Viren neues Leben von der Wirtszelle borgten. Wer sich aber Leben borgen kann, muss auch als Organismus bezeichnet werden. Eine dritte Richtung in dieser Diskussion vertritt der britische Biochemiker Norman Pirie (1907–1997). Seiner Meinung nach schließen sich die beiden anderen Positionen nicht wechselseitig aus, wenn man Viren als Organismen sieht, »die als einfache kleine Moleküle betrachtet werden sollen«.[141] Der britische Virologe Christopher Andrewes (1896–1988) sieht angesichts der verschiedenen Interpretationen seiner Kollegen auf dasselbe Ding das Wort seiner Bedeutung beraubt und schreibt: »Viele Leute mögen denken, dass ein Virus etwas Unterschiedliches ist von einem Virus.«[142]

Um dieser Debatte ein fruchtbringendes Ergebnis abzugewinnen, empfiehlt es sich tatsächlich, einen Schritt zurückzutreten und zu fragen, was die Natur von Begriffen ist. Was meinen sie eigentlich?

Kleben sie einfach Etiketten an die Dinge der Welt? Das Nachdenken darüber beschäftigte Philosophen und Sprachwissenschaftler seit der Antike. Allein die Vielzahl der teils einander widersprechenden Theorien über die Beziehung von Sprache und Welt machen deutlich, dass der Zusammenhang etwas komplizierter ist. André Lwoff bringt für die Erklärung seines Verständnisses der Viren ein eindrucksvolles Beispiel, indem er fragt, ob eigentlich jemals jemand ein Säugetier gesehen hat? Zwar sähe man eine Kuh, ein Schaf, einen Hund, einen Menschen oder ein Pferd, aber ein Säugetier? Niemals, denn das Säugetier existiert nicht als Ding. Sehr wohl aber als Konzept. Genauso verhält es sich auch mit dem Virus: »Das Virus ist ein Konzept«[143], dessen Nützlichkeit darin besteht, spezifische, abgrenzbare Einheiten nach ihren Hauptmerkmalen zusammenzufassen. Dies geschieht allerdings nicht willkürlich, sondern auf einer streng logischen Basis. Damit beherzigt Lwoff den Rat des Franziskanermönches Wilhelm von Ockham (1286-1347), der seinen Zeitgenossen das Rasiermesser für das Denken verordnete, um alles Überflüssige radikal aus den Argumentationen zu entfernen. Dieses Accessoire machte nicht nur der Scholastik den Garaus, sondern ebnete dem modernen wissenschaftlichen Denken den Weg. Lwoff stutzt nun durch seine Definition den endlosen Diskussionen über den Existenzstatus der Viren radikal den Bart. Wenn das Virus nicht mehr, aber auch nicht weniger als ein Konzept ist, stellt sich die Frage nach seiner Lebendigkeit nicht weiter. So kann er mit seiner Vorlesung anlässlich der Verleihung des Marjory-Stephenson-Preises 1957 an ihn heiter enden: »Viren sollten als Viren betrachtet werden, weil Viren Viren sind.«

Gerade einmal siebzig Jahre sind vergangen, seit Martinus Willem Beijerinck das Wort »Virus« zum ersten Mal für den Erreger der Tabakmosaikkrankheit verwendete. Seither hat sich viel getan. Mit Filter und Zentrifuge konnten Viren isoliert und als Auslöser verschiedener Krankheiten ausgemacht werden. Infektionswege wurden aufgedeckt, und trotz ihrer submikroskopischen Maße entstanden Fotografien, aus denen die verschiedenen Virenformen hervorgehen. Erste Vorschläge für eine Taxonomie liegen vor. Die chemische Zusammensetzung der Viren gilt als aufgeklärt. Ebenso die äußerst eigenwillige Vermehrungsweise. Aber warum kann man trotzdem so wenig gegen viele von Viren ausgelöste Krankheiten tun?

V.
STRATEGIEN VON VIREN UND WIRTEN

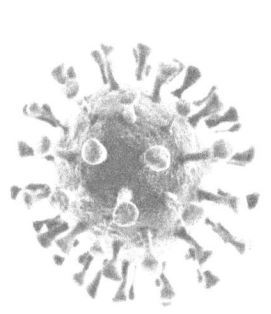
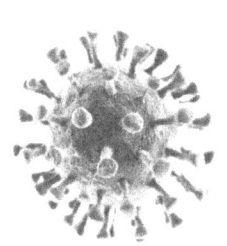
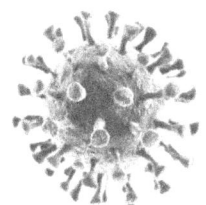
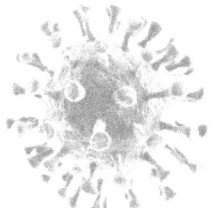
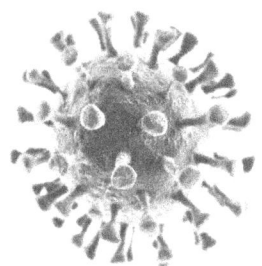

Die Polioimpfungen oder: kein Patent für die Sonne

»Die einzige Sache, die wir zu fürchten haben, ist die Furcht selbst«, sagte Franklin Delano Roosevelt (1882–1945) bei seiner Amtseinführung am 4. März 1933. Der Mann musste es wissen. Immerhin hatte er sich furchtlos gegen eine schwere Erkrankung gestemmt, die ihn mehr als zehn Jahre zuvor ereilt hatte. Dabei fing alles wie eine Erkältung an. Müdigkeit, Kopfschmerzen, Fieber, Katarrh. Doch rasch kamen schwerere Symptome dazu. Die Beine wurden taub, und schließlich war Roosevelt von der Hüfte ab gelähmt. Nur mit äußerster Willenskraft, hartem Training und zehn Kilogramm Bleimanschetten an den Beinen erlangte er ein klein wenig Bewegungsfreiheit zurück. Doch der 32. Präsident der Vereinigten Staaten blieb zeitlebens auf den Rollstuhl angewiesen. Die Diagnose seiner Erkrankung lautete Poliomyelitis, Kinderlähmung. Während seiner Amtszeit schob er die Gründung der National Foundation for Infantile Paralysis an, die sich nach ihrer äußerst erfolgreichen Spendenaktion »March of Dimes« nennt. Der in den USA sehr prominente Comedian Eddie Cantor (1892–1964) hatte angeregt, dass jeder dem Präsidenten persönlich ein paar Dimes schicken solle, um die Stiftung für den Kampf gegen die Kinderlähmung zu unterstützen. Das sei dann – in Anlehnung an die damals landesweit bekannte Nachrichtensendung *The March of Times* – ein wahrer »March of Dimes«. Tatsächlich folgten sehr viele Amerikaner seinem Aufruf, und die Poststelle des Weißen Hauses sah sich bald überfordert. Bis zu 150 000 mehr oder minder prall mit Zehn-Cent-Münzen gefüllte Briefe gingen pro Tag ein. Als Erinnerung an diese denkwürdige Kampagne trägt der Dime bis heute Roosevelts Konterfei.

Zuerst beschrieben wurde die Kinderlähmung von dem deutschen Arzt Jakob Heine (1800–1879), den sein Onkel für das Fachgebiet der Orthopädie interessierte. Als Chef der Heilanstalt im württembergischen Cannstatt bekam es Heine wiederholt mit Lähmungen der Beine bei Kindern zu tun. Er untersuchte dieses Syndrom intensiv und fasste seine Erkenntnisse bereits 1840 in dem Buch *Beobachtungen über Lähmungszustände der untern Extremitäten und deren Behandlung* zusammen. Hier formulierte er bereits die Vermutung, dass es sich um ein einheitliches Krankheitsbild infolge eines Infektionsgeschehens handelte. In der erweiterten und überarbeiteten Fassung von 1860 verwendet Heine dann erstmals die bis heute gebräuchliche Bezeichnung: »Wenn ich der abzuhandelnden Krankheit jetzt die Bezeichnung spinale Kinderlähmung vindicire, so glaube ich dies nicht ohne Berechtigung thun zu können.«[144] Das Adjektiv »spinal« weist auf die Quelle der Lähmung in Wirbelsäule und Rückenmark hin. Für die Fachleute findet der deutsche Arzt und Poet Adolf Kußmaul (1822–1902) die Präzisierung »Poliomyelitis« nach dem griechischen *pólios* für »grau« und *myelós* für das Rückenmark. Nebenbei bemerkt erfand Kußmaul nicht nur für die Kinderlähmung, sondern auch für seine eigene Zeit einen Begriff. Gemeinsam mit seinem Freund Ludwig Eichrodt (1827–1892) gilt er als Urheber der Epochenbezeichnung »Biedermeier«.

Die Natur des Erregers konnte dann der österreichische Arzt Karl Landsteiner (1868–1943) nachweisen. Obwohl der Hämatologe eher mit der nobelpreisgewürdigten Entdeckung der Blutgruppen in Verbindung gebracht wird, gelang ihm auch die Infektion eines Affen mit der Rückenmarkflüssigkeit eines an Poliomyelitis verstorbenen Kindes. Da er die Flüssigkeit zuvor durch ein bakteriendichtes Filter laufen ließ, stand bereits 1908 fest, dass ein Virus die spinale Kinderlähmung hervorrief.

Weil kein Mittel gegen die sich immer wieder epidemisch ausbreitende Krankheit gefunden werden konnte, floss viel Energie in die Erforschung einer immunisierenden Impfung. Bei Tollwut und

Pocken war das gelungen, warum dann nicht auch bei Polio? Im Jahr 1916 erkrankten allein in New York 9000 Menschen an dieser Krankheit, von denen 2000 starben.

Die Entwicklung eines Impfstoffs verlief in zwei Etappen, jeweils mit zwei Kontrahenten, die unterschiedliche Strategien verfolgten. Das erste Forscherduo konkurrierte zu Beginn der 1930er-Jahre miteinander. Auf der einen Seite stand der englische Virologe Maurice Brodie (1903–1939), der einen sogenannten Totimpfstoff entwickelte. Die Idee dabei war, dem Immunsystem der Impflinge funktionsuntüchtige Viren vorzusetzen, damit es seine Waffen an den Eindringlingen schärfen konnte, ohne dabei die Gefahr einer ernsthaften Erkrankung einzugehen. Wenn dann die lebendigen Viren kämen, wären bereits Antikörper da, um sie in die Flucht zu schlagen. Um dieses Ziel zu erreichen, inaktivierte Brodie im Labor an der New York University Polioviren mit einer 0,1-prozentigen Formalinlösung und spritzte den so gewonnenen Impfstoff mehreren Affen unter die Haut. Als die Versuchstiere Antikörper gegen die Krankheit entwickelten, vermeldete er seinen Erfolg.

Das setzte seinen Konkurrenten John Albert Kolmer (1886–1962) unter Druck, der als Direktor des Research Institute of Cutaneous Medicine in Philadelphia an einem Lebendimpfstoff forschte. Bei dieser Strategie ging es darum, das Virus in seiner Wirkung abzuschwächen, aber nicht zu töten. Auf diese Weise musste das Immunsystem mit weniger gefährlichen Erregern fertigwerden und war dadurch bestens auf einen späteren Generalangriff des »echten« Virus vorbereitet. Diese Methode versprach eine größere Wirksamkeit als die Totvakzine, weil das abgeschwächte Virus alle seine sonstigen Eigenschaften behielt. Die Methode der Abschwächung der Infektiosität eines Virus nennt sich »Attenuierung« und wurde bereits von Pasteur bei der Tollwutimpfung praktiziert. Kolmer nutzte für seine Vakzine Virenmaterial, das bereits über zehn Jahre lang von Affe zu Affe übertragen wurde. Während dieser Transfers schwächten sich die Erreger bereits stark ab. Kolmer behandelte die Viren zusätzlich noch mit Glycerin und kühlte sie für zwei Wochen bei zwölf Grad, bevor er sie nichtinfizierten Affen impfte. Die Tiere bildeten ebenfalls Antikörper.

Brodie hatte seine Vakzine bereits an sich selbst und vier seiner Kollegen getestet, nach seinen Angaben ohne Nebenwirkungen. Kolmer zog nach, impfte ebenfalls sich selbst, danach seine Assistentin und schließlich sogar seinen Sohn. Auch weitere 23 Kinder von Freunden und Kollegen bekamen die Lebendimpfung. Brodie veröffentlichte seine Ergebnisse nun im *Literary Digest*, was für einige Empörung unter seinen Kollegen sorgte, da es sich um eine Publikumszeitschrift und nicht um ein Fachmagazin handelte. Doch das Interesse an Brodies Impfung stieg immens, und es stellten sich 3000 Freiwillige (oder besser gesagt, diese stellten ihre Kinder) für einen Großversuch zur Verfügung. Kolmer reagierte prompt und ließ 30 000 Impfdosen herstellen, die er an 700 Ärzte in Nordamerika schickte. So erreichte er, dass »10 000 Kinder mit seinem Impfstoff geimpft wurden«.[145]

In der Folgezeit kam es immer wieder zu Berichten, wonach einerseits trotz Impfung Infektionen mit spinaler Kinderlähmung auftraten und andererseits Kinder durch die Immunisierung erkrankten und sogar starben. Das rief die zwei seinerzeit renommiertesten Virologen der Vereinigten Staaten auf den Plan. Tom Milton Rivers (1888–1962) vom Rockefeller Center für medizinische Forschung und James Leake von der amerikanischen Gesundheitsbehörde unterzogen die Feldversuche von Brodie und Kolmer einer peinlich genauen Prüfung. Sie stellten ihre Ergebnisse beim Treffen der amerikanischen Society of Public Health 1935 vor und wählten dafür einen Zeitpunkt, der den größtmöglichen Effekt garantierte. Nachdem sowohl Brodie als auch Kolmer ihre Erfolge in Vorträgen dargestellt hatten, traten Rivers und Leake erst in der anschließenden Diskussion in Erscheinung. Sie kritisierten die geringe Zahl von Tierversuchen, die zudem nicht ausreichend ausgewertet worden seien, bevor Brodie und Kolmer begannen, Menschen zu impfen. Beide Vakzine hätten nicht angewendet werden dürfen, was die Anzahl von zwölf schwer Erkrankten hinlänglich unter Beweis stellte. Außerdem hätten beide Forscher ohne Kontrollgruppen gearbeitet und somit den wissenschaftlichen Standard ignoriert. Die Präsentation der Fakten löste zunehmend Bestürzung unter den Anwesenden aus. So erfuhren sie von einem sechsjährigen Jungen, der sechs Tage nach der Impfung erste Symptome bekam und kurz darauf an Polio starb. Ebenso erging es einem kleinen Mädchen von gerade 21 Monaten und drei anderen Kindern. In sieben weiteren Fällen sei es zu einer schweren spinalen Kinderlähmung gekommen, die zum Teil noch anhielt. Leake und Rivers konnten nachweisen, dass all diese Fälle allein durch die Impfung verursacht waren, da es zu der betreffenden Zeit keine Polio-Epidemie in den jeweiligen Gebieten gab. Das Resümee fiel verheerend aus: Beide Impfstoffe seien nicht sicher. Die Entwickler hätten ihre Sorgfaltspflicht verletzt, nicht zuletzt weil in der Wissenschaftlergemeinde bereits Zweifel publiziert worden seien, ob der »Nachweis neutralisierender Antikörper im Blut nach der Impfung gegen Poliomyelitis tatsächlich für eine Immunität gegen die Krankheit spräche«.[146]

Die vernichtende Kritik an Brodie und Kolmer hinterließ verbrannte Erde. Fast zwanzig Jahre lang traute sich kein Virologe mehr, an einer Schutzimpfung gegen Polio zu forschen. Den gnadenlosen Reputationsverlust fürchtete man mehr, als man den Sieg über die grausame Krankheit oder wissenschaftlichen Ruhm ersehnte. Das Schicksal von Maurice Brodie war seinen Kollegen Warnung genug. Der junge Wissenschaftler, der eine steile Karriere hingelegt hatte, seit er das Medizinstudium als Jahrgangsbester mit Goldmedaille abgeschlossen hatte, wurde nach der Kollegenschelte von der New York University und der städtischen Gesundheitsbehörde gefeuert und nahm schließlich nach langem Suchen eine Stelle als Pathologe und Laborleiter an einem Krankenhaus in Detroit an. Dort starb er mit gerade einmal 35 Jahren an Herzversagen. So die offizielle Version. Der US-amerikanische Pädiater und Impfstoffentwickler Paul A. Offit (*1951) schreibt in seinem Buch über die erste Polioimpfung in den USA und die anschließende Impfkrise jedoch von einer anderen Möglichkeit: »Damals gab es auch Spekulationen über einen Selbstmord, die bis heute nicht verstummen.«[147]

Erst Mitte der 1950er-Jahre kam neuer Schwung in die Impfstoffentwicklung. Pro Jahr erkrankten zu dieser Zeit in den USA bis zu 60 000 Menschen an Polio, und der Ruf nach einer wirkungsvollen Prophylaxe wurde lauter. Außerdem war es mittlerweile gelungen, Polioviren in Zellkulturen zu züchten. Dadurch konnte in ganz anderem Stil geforscht werden. Stiftungsgelder gab es dank des »March of Dimes« ebenfalls in ausreichendem Maße. Auch beim jährlichen Müttermarsch gegen Polio wurden bis zu zwanzig Millionen Dollar eingesammelt. Die Virologen hatten also mittlerweile keine Entschuldigung mehr für ihr Zögern. Wie knapp zwanzig Jahre zuvor gingen wieder zwei Konkurrenten mit unterschiedlichen Strategien an den Start. Jonas Edward Salk (1914–1995) entschied sich für einen Totimpfstoff, Albert Bruce Sabin (1906–1993) für einen Lebendimpfstoff. Sabin hieß eigentlich Albert Saperstein. Als Jude emigrierte er mit seiner Familie 1920 in die USA und änderte dort sogleich seinen Namen.

Salk, der ebenfalls einer russisch-jüdischen Familie entstammt, aber bereits in New York geboren wurde, inaktiviert die Polioviren wie vor ihm Brodie mit Formalin. Allerdings kann er die Wirkung dieses Stoffes in den Zellkulturen genauer untersuchen als sein Kollege. Sein Assistent Julius Youngner (1920–2017) entwickelt dafür ein spezielles Testverfahren. Sobald ein noch aktives Virus eine der Affenzellen zerstört, ergießt diese ihr chemisch gesehen saures Milieu in die Zellkultur. Auf diesen Vorgang spricht das ph-Wert-sensitive Gerät von Youngner mit einer Farbänderung an. Die Methode ist so feinkörnig, dass damit ein einziges noch infektiöses Virus unter hundert Millionen inaktivierter Partikel gefunden werden kann. Salk stellt den Inaktivierungszeitraum auf insgesamt acht Tage ein und gewinnt in kurzer Zeit einen Impfstoff, den er wiederum an Affen ausprobiert. Als die Tiere zwar Antikörper, aber keine Symptome der Krankheit ausbilden, kann die Testphase beginnen, über die nun Thomas Rivers persönlich von Anfang an wacht. Umso befremdlicher wirkt es, dass Salk seine erste klinische Studie an behinderten Kindern durchführen darf. Glücklicherweise erfolgreich. Also ohne Nebenwirkungen und mit Impfschutz für mindestens die folgende Saison.

Sabin kommt mit seinem Lebendimpfstoff bei Weitem nicht so schnell voran. Das liegt in der Natur der Sache, denn sein Verfahren gestaltet sich wesentlich aufwendiger. Bei Untersuchungen verstorbener Polio-Opfer hat er eine große Zahl von Viren im Darm gefunden. Dort scheinen die Erreger Zwischenstation zu machen, bevor sie die Nervenzellen angreifen. Sabin will dementsprechend das Virus seines Impfstoffes genau auf den Grad abschwächen, bei dem es sich zwar noch im Darm vermehrt, zugleich aber keine Gefahr mehr für das Zentralnervensystem darstellt. Ein wahres Geduldsspiel. Er attenuiert die Viren durch wiederholte Passagen in Zellkulturen immer mehr. Jede einzelne Stufe der so erreichten Abschwächung muss er anschließend testen. Er impft die überwiegend tierischen Probanden und beobachtet, ob das Virus die erwünschte Wirkung hat und auf den Darm beschränkt bleibt. Insgesamt müssen dabei nach seinen Angaben etwa »9000 Affen, 150 Schimpansen und 133 Menschen«[148] als Testpersonen herhalten, bevor er seine Impfung für sicher und Erfolg versprechend erklärt. Bei den 133 Menschen handelt es sich nicht um behinderte Kinder – ein entsprechender Antrag von ihm wird abgelehnt –, sondern größtenteils um Gefängnisinsassen.

Inzwischen wird die von Jonas Salk entwickelte Impfung jedoch bereits landesweit verwendet. Die Lehren aus den Fehlern von Brodie und Kolmer sind gezogen. Die Impfkampagne arbeitet nun mit einer Kontrollgruppe. Diese erhält ein Placebo und kann mit den Personen verglichen werden, die den Wirkstoff erhalten haben. Die Ergebnisse sind durchweg positiv. Achtzig Prozent der Impflinge sind nach den erforderlichen drei Dosen immun gegen die Poliomyelitis. Einen derben Rückschlag gibt es 1955, als plötzlich 40 000 Kinder nach der Impfung erkranken und sogar fünf Todesfälle zu beklagen sind. Wie sich rasch herausstellt, liegt die Schuld jedoch nicht bei Salk, sondern beim Impfstoffhersteller. Die Cutter Laboratories hatten die Qualitätskontrolle schleifen lassen und waren Warnhinweisen aus der eigenen

Firma nicht nachgegangen. Die Impfkampagne wird gestoppt, kann aber nach Klärung des Vorfalls mit härteren Auflagen und Selbstverpflichtungen fortgesetzt werden. Bis 1962 werden vierzig Millionen Dosen verimpft, und die Zahl der Erkrankungsfälle geht um spektakuläre 98 Prozent zurück.

Salk avanciert zum Star. Das Leben des gerade Vierzigjährigen soll sogar verfilmt werden. Für die Hauptrolle liegt bereits eine Zusage von Marlon Brando vor. Doch Salk lehnt das Angebot aus Hollywood ab. Er will kein Aufheben um seine Person, sondern möglichst ungestört im Labor weiterforschen. Auch eine Bereicherung an der von ihm entwickelten Vakzine liegt ihm fern. Als der CBS-Fernsehjournalist Edward R. Murrow (1908–1965) Salk in seiner Sendung fragt, ob er das Patent an seiner Impfung hätte, verneint er. Auf die Nachfrage, wer es denn dann halten würde, gibt Salk die legendäre Antwort, die den heutigen Protagonisten der gesamten Biotech-Branche eigentlich die Schamesröte ins Gesicht treiben müsste: »Na ja, ich würde sagen, den Menschen. Es gibt da kein Patent. Kann man denn die Sonne patentieren?«[149]

Als der Impfstoff von Albert Sabin endlich marktreif wird, findet sich nach der Erfolgsgeschichte seines Kollegen Salk erst einmal keine Verwendung dafür. Dann aber bricht 1957 in der UdSSR eine Polio-Epidemie aus. Der Chefvirologe des Sowjetstaates, Michail Tschumakow (1909–1993), fliegt in die USA. Nach einem Besuch im Labor von Sabin lädt der Träger des Stalin-Ordens den einstigen Landsmann ein, sein Konzept des Impfstoffs auf einem Epidemiologen-Kongress in Leningrad (heute wieder Sankt Petersburg) vorzustellen. Nach der Präsentation setzt Tschumakow voll auf die Vakzine von Sabin, lässt entsprechende Produktionsanlagen bauen und startet schon im Frühjahr 1957 mit einer beispiellosen Kampagne. Zwischen zehn und fünfzehn Millionen Kinder schlucken den Lebendimpfstoff. Komplikationen gibt es nicht, und der Grad der Immunisierung gegen Polio überzeugt. Das attestiert die US-amerikanische Epidemiologin, Virologin und Kinderärztin Dorothy Millicent Horstmann (1911–2001) dem sowjetischen Impfprogramm. Zusammenfassend schreibt sie als Korrespondentin der WHO in ihrem Bericht: »Die markante Reduktion der Polio-Fälle im Jahr 1959 legt nahe, dass die Vakzine dabei die entscheidende Rolle spielte.«[150]

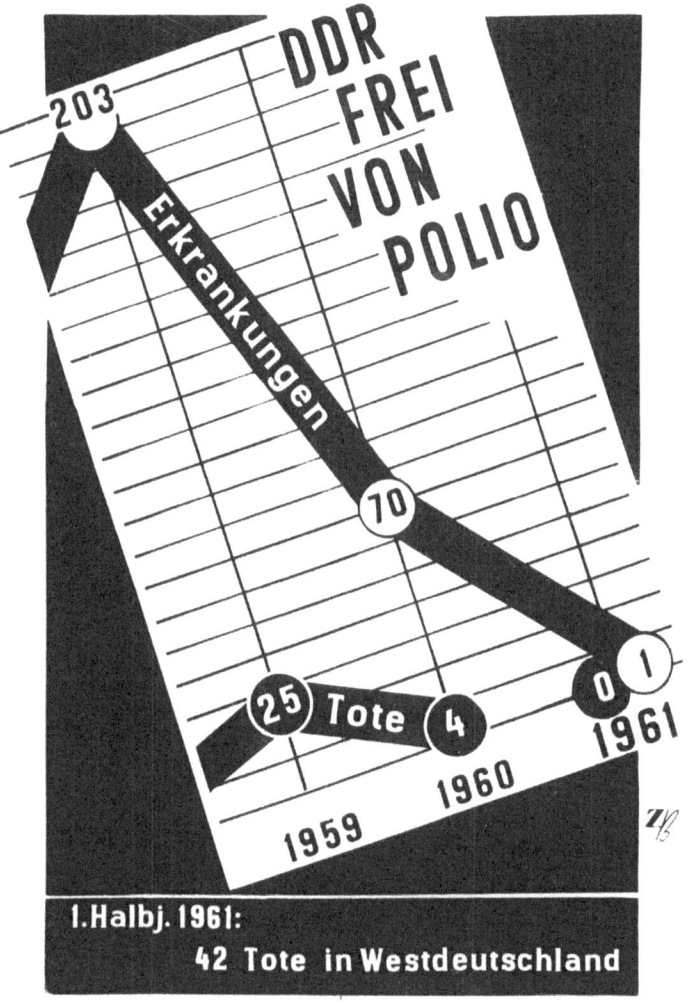

DDR-Infografik zur Verbreitung von Polio

Daraufhin ordnet die Sowjetregierung eine Durchimpfung der gesamten Bevölkerung bis zum zwanzigsten Lebensjahr an. Insgesamt schlucken 77 Millionen Menschen Sabins Mixtur, und bereits im Jahr 1960 erklärt Tschumakow die spinale Kinderlähmung in der UdSSR für ausgerottet. Auch in den USA gewinnt die Vakzine in der Folgezeit an Akzeptanz. Da sie im Unterschied zu Salks Totimpfstoff eine Darmimmunisierung erzeugt, wirkt sie auf längere Sicht zuverlässiger. Außerdem ist die Handhabung der Schluckimpfung deutlich komfortabler als die der Injektion. Nach und nach setzt sich daher weltweit die Sabin'sche Strategie der Poliobekämpfung durch. In der Bundesrepublik wird die Schluckimpfung ab 1962 eingesetzt. Die DDR hat in dieser Beziehung die Nase vorn, da sie dort bereits ab 1960 verabreicht wird. Daher kam es in Ostdeutschland bereits 1961 lediglich noch zu vier Erkrankungen und keinem Todesfall mehr[151], während westlich der Elbe im selben Jahr noch 4673 Poliofälle und 305 Tote gemeldet wurden.[152] Ein gefundenes Fressen für die realsozialistische Propagandaabteilung.

Retroviren oder: ein Schritt zurück und die Ordnung der Viren

Sir Macfarlane Burnet, geadelt, mit dem Nobelpreis ausgezeichnet, in den Ritterorden des britischen Königshauses aufgenommen, Präsident der Gesellschaft für mikrobiologische Forschung, zum Australier des Jahres 1960 gewählt und mit weiteren hochkarätigen Auszeichnungen bedacht, pflegte die Augen zu schließen, wenn sein Gegenüber sprach. Erst wenn er selbst die Stimme erhob, öffnete er sie wieder und erklärte seinen staunenden Kollegen eines Tages, für ihn seien Viren »nur eine Spielerei der Natur«, weshalb er sich von der Virologie abwenden werde. Alle wirklich wichtigen Dinge auf dem Gebiet seien bereits getan.[153]

Das war 1959. Zu einer Zeit, da die Entschlüsselung von Struktur und Funktion der Erbanlagen einen völlig neuen Horizont für die Forschung aufspannte, da die in der Evolution einmalige Vermehrungsweise der Viren aufgedeckt wurde und man mithilfe neuer Techniken und Analysemethoden immer mehr Virenarten fand. Zu einer Zeit, da sich die Virologie selbstbewusst zu behaupten begann, als eigenes Fach aus der Bakteriologie herauswuchs und erste therapeutische Ansätze Erfolg hatten. Gerade inmitten dieses Aufbruchs sollten alle wichtigen Fragen hinsichtlich der Viren schon beantwortet sein? Merkwürdig.

Wie war es denn beispielsweise damit: Das von Francis Crick aufgestellte zentrale Dogma der Molekularbiologie legte fest, dass der genetische Informationsfluss für die Proteinsynthese immer nur von der DNA über die RNA zum Eiweiß lief. Allerdings gab es Viren, in denen sich überhaupt keine DNA finden ließ. Allen voran das legendäre Tabakmosaikvirus, das als erstes Virus überhaupt beschrieben und seither mit Abstand am intensivsten erforscht wurde. Wenn das nicht Grund genug sein sollte, sich nicht von den Viren abzuwenden, was dann?

Wo ist das Problem?, könnte man vielleicht denken. Wenn der üblicherweise eingeschlagene Weg von der DNA zur RNA und dann zum Eiweiß verlief, nahm dieser Prozess bei den RNA-Viren eben eine Abkürzung und kam ohne DNA aus. Eine Spielerei der Natur halt, die im Prinzip auch funktionierte. Tatsächlich konnten einige Viren ihre in der RNA gespeicherten Erbinformationen nach Zelleintritt direkt in Struktureiweiße für deren Nachkommen umsetzen. Dieser Prozess lief im sogenannten Zytoplasma, also innerhalb der Zelle, jedoch außerhalb des Kerns ab. Trotzdem gab es auch RNA-Viren, die offensichtlich in den Zellkern eindrangen und vererbt werden konnten. Wie aber konnte das funktionieren?

Diesem schwierigen Problem widmete sich der US-amerikanische Biologe Howard Temin (1934–1994). Als er 1975 von einem Journalisten gebeten wurde, ihm die Entdeckung zu erklären, für die er den Nobelpreis erhalten hatte, antwortete er: »Das kann ich nicht. Da schalten Sie nach 30 Sekunden ab. Aber schreiben Sie doch: Stop smoking! Das ist viel wichtiger.«[154] Seine Entdeckung ermöglichte nicht nur ein tieferes Verständnis der Natur der Viren, sondern auch einen neuen Ansatz bei der Erforschung von Krebs. Ihm persönlich konnte das allerdings nicht helfen. Howard Temin starb mit nur sechzig Jahren an einem Lungenkarzinom, obwohl er zeitlebens nicht eine einzige Zigarette geraucht hatte.

Reverse Transkriptase lautet die Bezeichnung jener Entdeckung, deren Erklärung der Nobelpreisträger dem Journalisten nicht zumuten wollte. Seit dem Ende seines Studiums beschäftigte sich Temin mit dem Rous-Sarkom-Virus, das bei Hühnern Tumore im Brustmuskel auslösen kann. Es wurde nach dem Pathologen Francis Peyton Rous benannt, dessen Untersuchungen bereits 1911 auf die Existenz eines solchen Virus hinwiesen. Als Rous rekordverdächtige 55 Jahre später den Nobelpreis erhielt, galt es in der Forschergemeinde noch durchaus als umstritten, ob es überhaupt der Mühe wert sein würde, Viren als entscheidende Größe in der Krebsforschung zu berücksichtigen. Dementsprechend wurde auch Temins Hypothese aus der Mitte der Sechzigerjahre des 20. Jahrhunderts nicht sonderlich ernst genommen, wonach sich RNA-Viren in das Genom der befallenen Zelle einschleusen können. Er nannte diesen Zustand des Erregers das »Provirus«.[155] André Lwoff hatte einen ähnlichen Modus Operandi bereits bei Bakteriophagen entdeckt. Warum sollten also in einer tierischen Zelle nicht ähnliche Prozesse ablaufen? Selbst unter seinen Mitarbeitern soll sich Skepsis breitgemacht haben, da die Erbinformationen im Kern der Zelle aus DNA besteht (und Lwoff in seinen Experimenten auch DNA-Phagen verwendet hatte), in die sich unmöglich ein RNA-Molekül einbauen könne, so argumentierten sie. Der US-amerikanische Virologe Robert Charles Gallo (*1937) beschreibt die Haltung der Kollegen aus erster Hand: »Nach seiner [Temins] Hypothese konnten diese Viren die genetische Information ihrer RNA irgendwie [sic!] in DNA umwandeln. Dieser Vorstellung begegnete man fast einmütig mit Unglauben.«[156]

Doch Temin kümmerte sich wenig um die Meinungen anderer und hielt an seiner Hypothese fest. Bei der Erforschung des Rous-Sarkom-Virus fielen ihm strukturelle Veränderungen der Zelle auf, nachdem sie infiziert worden war. Das sprach seiner Ansicht nach dafür, dass sich das Virus in das Zellgenom integriert hatte und seinen Wirt »durch spezifische Informationen in eine Tumorzelle verwandelte«.[157] Diesen Prozess konnte er durch den Einsatz des Antibiotikums Actinomycin unterbinden. Actinomycin war wiederum dafür bekannt, die RNA-Vermehrung zu hemmen. Damit verdichtete sich Temins Annahme, dass sich das Provirus aus der RNA des Rous-Sarkom-Virus bildete. Vor diesem Hintergrund präzisierte Temin seine Hypothese für das von ihm untersuchte Modell. Die RNA des infektiösen Rous-Sarkom-Virus wandelt sich in spezifische DNA um, die sich als Provirus in das Genom der Wirtszelle integriert und aus der dann die RNA der Nachkommen entsteht.

Dieser Prozess schien nicht nur ungewöhnlich und umständlich, vor allem aber widersprach er dem Dogma der Molekularbiologie. Temin stellte seine Ergebnisse und die daraus folgenden Schlussfolgerungen auf einem Symposion im Frühjahr 1964 vor. In seinen Worten wurde die »Hypothese nicht nur auf dem Meeting, sondern auch für sechs weitere Jahre einfach ignoriert«.[158]

1970 aber musste die Fachwelt ihre Ignoranz aufgeben. In der Zeitschrift *Nature* erschienen gleich zwei Beiträge zum Thema. Einer von Howard Temin und seinem Mitarbeiter Satoshi Mizutani, der andere vom US-amerikanischen Virologen David Baltimore (*1938). Beide stellten sie ihren Weg zur Entdeckung einer bis dahin völlig unbekannten genetischen Interaktion von Virus und Wirtszelle vor. Sie hatten unabhängig voneinander – Temin an der University of Wisconsin, Baltimore am Caltech in Pasadena – ein Enzym entdeckt, das sie »RNA-abhängige DNA-Polymerase«[159] nannten. Es kam im Rous-Sarkom-Virus vor und ebenfalls in dem von Baltimore untersuchten Rauscher-Leukämie-Virus, das vor allem Mäuse befiel. Die beiden Wissenschaftler hatten herausgefunden, dass jenes Provirus, das sich im Genom der Zelle einnistete, nicht von der infizierten Wirtszelle erzeugt wurde, sondern von einer Polymerase, die vom Virus stammte. Polymerasen sind Enzyme, die den Bau der Nukleinsäuren ermöglichen. Bis dahin waren allerdings lediglich Polymerasen bekannt, die aus DNA DNA beziehungsweise aus DNA RNA produzieren. Ersteres bei der Vervielfältigung des genetischen Materials während der Teilung einer Zelle, Letzteres beim Abschreiben der Gene in der DNA in die sogenannte Boten-RNA für den Transport der Information zu den Eiweißfabriken der Zelle. Alles im Einklang mit dem zentralen Dogma der Molekularbiologie.

Nun aber hatten Temin und Baltimore ein Enzym gefunden, »das die virale RNA als Muster für eine DNA-Synthese verwendete«.[160] In jahrelanger intensiver Forschungs- und beharrlicher Überzeugungsarbeit konnte Temin der Wissenschaftlergemeinde die Richtigkeit seiner Hypothese beweisen, nämlich »dass RNA-Tumor-Viren ein

DNA-Genom besitzen, wenn sie sich in den befallenen Zellen aufhalten, während sie als Virionen außerhalb der Zelle ein RNA-Genom haben«.[161] Die renommierte, gleichwohl während der Corona-Pandemie wegen mehrerer umstrittener Äußerungen in die Kritik geratene deutsche Virologin Karin Mölling (*1943) erinnert sich, wie reserviert die Entdeckung von Temin seinerzeit aufgenommen wurde. Als seine Publikation an der Biologischen Fakultät der Universität Tübingen, wo Mölling 1970 an ihrer Doktorarbeit saß, die Runde machte, lachten viele ihrer Kollegen nur spöttisch und fügten hinzu: »Das sagt der doch schon lange!«[162]

Das Einzige, was faktisch gegen die Entdeckung sprach, war das Dogma der Molekularbiologie. Aufgrund der überzeugenden Beweislage jedoch konnte man nicht mehr umhin, die Logik umzudrehen: Das Dogma sprach nicht gegen die Entdeckung, sondern die Entdeckung gegen das Dogma. So hatten die Forschungen von Temin und Baltimore gezeigt, wie verfrüht es von Francis Crick war, mit dem Kenntnisstand von 1958 bereits ein Dogma auszurufen. Aufgrund der Befunde korrigierte sich Crick später denn auch und fügte in sein Schaubild noch gestrichelte Linien für den von Temin und Baltimore gefundenen Syntheseweg ein.

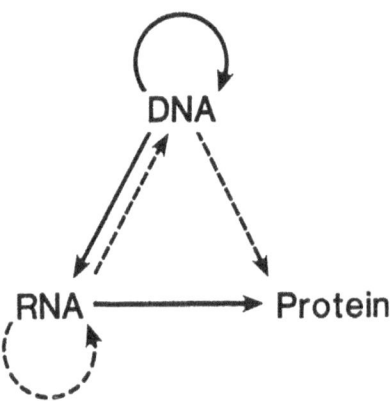

Das korrigierte Dogma der Molekularbiologie

Im Prinzip verbot das Dogma nun nur noch den Weg vom Eiweiß zu den Nukleinsäuren. Demnach kennen nicht einmal die Viren einen Trick, um die in den Proteinen zu Substanz geronnenen Informationen wieder in Nukleinsäure zu verwandeln.

Für das Enzym, dessen Entdeckung die Korrektur des Dogmas erforderte, schlug der englische Biochemiker John Tooze (*1938) die Bezeichnung »Reverse Transkriptase« vor. Dieser Begriff fand sofort Akzeptanz, denn er beschrieb genau, was in der befallenen Zelle vor sich ging. Das Enzym war in der Lage, den geläufigen und am häufigsten beschrittenen Weg der Biosynthese (DNA in RNA) umzukehren. Insofern zeitigte es also einen reversen Effekt bei der Transkription der Erbinformationen. Die Endung »ase« steht in der organischen Biochemie grundsätzlich für ein Enzym. In der Folgezeit wurde die Reverse Transkriptase allerdings nicht nur in RNA-Viren gefunden.

Die modernen molekularbiologischen Analyseverfahren sollten um die Jahrtausendwende in diesem Gebiet noch eine faustdicke Überraschung zutage fördern. Als man gezielt danach suchte, fand man Reverse Transkriptasen nicht nur in bestimmten RNA-Viren, sondern nahezu überall! In Bakterien ebenso wie in pflanzlichen und tierischen Zellen.

Was haben die dort zu suchen, wo doch die DNA alle Informationsströme steuert? Ein Rätsel. Karin Mölling, die ihr Forscherleben lang mit diesem Enzym beschäftigt war, bringt die Ratlosigkeit prägnant auf den Punkt: »Keiner weiß, wozu!«[163] In jedem Fall gibt dieser merkwürdige Umstand zu Spekulationen Anlass. Vielleicht stand ja am Anfang der Evolution tatsächlich die RNA, und die auf ihrer Grundlage entstandenen Viren waren die ersten Formen biologischer Selbstorganisation. Dann könnte die Reverse Transkriptase das wichtigste Enzym überhaupt sein, weil es den Plan zum Umbau der RNA in DNA in sich trägt. Vielleicht also ist die Reverse Transkriptase »die Erfinderin der DNA, bestimmt aber die Erbauerin unseres Erbgutes. Da bleibt noch viel zu forschen.«[164]

Dieses sonderbare Enzym diente auch zur Bezeichnung jener Viren, bei denen es zuerst nachgewiesen wurde. Die umgekehrte Richtung des Informationsflusses nahm man zum Anlass für einen geradezu poetischen Namen und nannte jene Viren, die für ihren Stoff- und Informationsfluss den Weg von der RNA zurück zur DNA einschlugen, Retroviren. Diese Gruppe nimmt sogar in dem um keine Überraschung verlegenen Virenreich eine Ausnahmestellung ein. Selbst das einschlägige Standardwerk der medizinischen Virologie zollt dem Tribut, wenn im Abschnitt über RNA-Viren zu lesen ist: »Aufgrund ihrer völlig andersgearteten Replikation werden die Retroviren separat behandelt.«[165]

Von David Baltimore, der gemeinsam mit Howard Temin 1975 für die Entdeckung der Reversen Transkriptase den Nobelpreis erhielt, stammte auch eine zündende Idee für eine Taxonomie. Er setzte dabei auf ein Kriterium, das in dem Vorschlag Helmut Ruskas für die Ordnung der Viren aus dem Jahr 1943 zwangsläufig nur am Rande vorkam. Erst die rasante Entwicklung der Biochemie in den 1950er- und 1960er-Jahren hat die gezielte Analyse von Nukleinsäuren ermöglicht, und genau die schlug Baltimore als Einteilungskriterium vor, präziser die Art und Weise, in der die Erbinformation des Virus vorliegt. Insgesamt geht Baltimore von sieben verschiedenen Formen aus:

- Viren, die, wie in der Natur häufig, eine Doppelstrang-DNA zur Codierung der Erbinformationen nutzen. Hierzu gehören beispielsweise Herpes- oder Varizella-Zoster-Viren.
- Viren, deren Genom in einer Einzelstrang-DNA vorliegt. Da die beiden Stränge einer Doppelhelix identisch (wenn auch spiegelverkehrt angeordnet) sind, genügt im Prinzip ein einziger, um die Informationen für die Produktion der Nachkommen zu speichern. Die Viren dieser Gruppe sind unter anderem verantwortlich für die Kinderkrankheit Ringelröteln und für die Katzenstaupe.

- Viren, die ihre Erbinformationen in einer doppelsträngigen RNA aufbewahren. Das handhaben beispielsweise die Durchfall auslösenden Rotaviren oder das bakteriophage Cystovirus so.
- Viren, die eine einzelsträngige RNA verwenden. Wenn die Nukleinsäure genau in der Richtung liegt, in der die sogenannte Boten-RNA die genetische Information transportiert, wird sie als positiv ausgerichtet angesehen. Diese Gruppe bezeichnet man in der Baltimore-Klassifikation daher als ss(+)RNA-Viren. Das Kürzel »ss« steht hier für *single stranded*, also einzelsträngig. Solche Viren nutzen die molekularen Gegebenheiten effektiv, da ihre Erbinformation direkt als Boten-RNA dienen kann. Sie wird von den Ribosomen in den Zellen erkannt, die daraufhin die entsprechenden Eiweiße produzieren. Zu der sehr reichhaltigen Gruppe zählen das Black-Queen-Cell-Virus, das die westliche Honigbiene befällt, das Dengue-, das Gelbfieber- und das Hepatitis-C-Virus sowie das jüngst zu unrühmlicher Prominenz gelangte Coronavirus SARS-CoV-2.
- Viren, die ebenfalls Einzelstrang-RNA aufweisen, bei denen allerdings die Nukleinsäure andersherum gepolt ist. Diese ss(-)RNA muss erst zu einer doppelsträngigen RNA vervollständigt werden, bevor die Proteinsynthese starten kann. Zu dieser Gruppe zählen die Ebolaviren, das eine gefährliche Fieberkrankheit auslösende Marburgvirus, das Masern-, das Mumps- und das Tollwutvirus sowie die verschiedenen Influenzaviren.
- Die Retroviren, die ihre positive Einzelstrang-RNA mithilfe der Reversen Transkriptase in DNA überführen und in das Zellgenom einbauen. Neben dem Rous-Sarkom-Virus gehört auch das HI-Virus in diese Gruppe.
- Viren, die ihre Erbinformationen zwar in einer doppelsträngigen DNA tragen, trotzdem aber ihren Vermehrungsprozess über eine RNA-Zwischenstufe regeln, den sie dann wiederum durch die Reverse Transkriptase in DNA umwandeln. Deshalb werden sie auch als Pararetroviren bezeichnet. Hierzu zählen das Hepatitis-B-Virus und das pflanzenschädigende Caulimovirus.

Die Baltimore-Klassifikation wird noch heute verwendet, um die jeweilige Vermehrungsstrategie eines Virus zu kennzeichnen. Allerdings resultieren aus der Art der Nukleinsäuren und ihrer Weitergabe in die nächste Generation keine unmittelbaren verwandtschaftlichen Beziehungen. So kann dieses Kriterium bei der Einteilung der Viren nur eines unter anderen sein. Das 1971 gegründete Internationale Komitee für die Taxonomie der Viren (ICTV), für das gegenwärtig weltweit etwa 500 Virologen arbeiten, bezieht daher noch weitere Punkte mit in deren Systematik ein, die zum Teil bereits Helmut Ruska vorgeschlagen hat. Und zwar die Form des Kapsids, also jener Proteinstruktur, die das Genom umgibt. Hier sind ästhetisch ansehnliche Geometrien zu beobachten, wie etwa der aus zwanzig gleichmäßigen Flächen bestehende Ikosaeder. Des Weiteren spielt die Hülle des Virus eine taxonomisch relevante Rolle. Nicht die Art der Hülle ist dabei von Bedeutung, sondern ob das Virus überhaupt von einer solchen umgeben ist. Die Evolution hat behüllte ebenso wie nackte Viren mit dem Existenzrecht belohnt. Allerdings scheinen die Hüllproteine Vorteile zu bieten. Nicht nur wegen des zusätzlichen Schutzes, sondern auch wegen einer raffinierten Tarnfunktion. So können die Virenhüllen Zellstrukturen oder sogar Antikörpern des Wirtes ähneln und ihre Träger so zunächst vor dessen Immunsystem verbergen. Alle für den Menschen gefährlichen Viren mit pandemischem Potenzial jedenfalls, wie das HIV-, das Influenza-, das Ebola- und das Coronavirus SARS-CoV-2, sind mit einer Hülle unterwegs. Schließlich wird bei der Taxonomie auch die Größe der Viren berücksichtigt.

Krebserzeugende Viren oder: zwei Gene übernehmen die Regie

Das Rous-Sarkom-Virus kann bei Hühnern Krebs auslösen. Als Retrovirus gelingt es ihm, sich als schlummerndes Provirus in das Erbgut der Wirtszelle zu integrieren, bis es eines Tages aus der Deckung kommt und die Regie übernimmt. Klingt das nicht nach einer generellen Strategie für die Krebsentstehung? Viele Jahre oder mehrere Jahrzehnte scheint der Körper gesund, und dann entsteht plötzlich eine Geschwulst, die ähnlich schnell wächst, wie sich Viren vermehren. Die US-amerikanischen Virologen Robert Huebner (1914–1998) und George Todaro (1917–1993) stellten denn auch 1969 eine Hypothese auf, nach der Retroviren Gene in sich tragen, die dafür verantwortlich sind, »eine normale Zelle in eine Tumorzelle zu verwandeln«.[166] Sie finden dafür die Bezeichnung »onkogen«; die Silbe »gen« wird dabei nicht im Sinne von »erzeugen« oder »hervorrufen« verwendet, sondern bezieht sich tatsächlich auf das Gen als Teil des Erbgutes. Huebner und Todaro zufolge kommen Retroviren in allen Wirbeltieren vor und haben die besondere Eigenschaft, »sich eher wie ein zelluläres Gen und weniger wie ein infektiöses Virus zu verhalten, und können von Tier zu Tier ebenso wie von Zelle zu Zelle weitervererbt werden«. Durch äußere Einflüsse oder den normalen Alterungsprozess induziert, spielen sie schließlich ihr onkogenes Potenzial aus. In der Regel aber sind Tier und Mensch in der Lage, diese Onkogene zu unterdrücken. Wenn man nun verstehen könnte, wie sie das genau tun, wäre wahrscheinlich Wesentliches für die Krebstherapie geleistet.

Diese Theorie klang einleuchtend und ließ Hoffnung auf völlig neue und hochwirksame Ansätze in der Krebstherapie aufkeimen.

Einen kleinen Schönheitsfehler hatte die Sache jedoch: Als Huebner und Todaro ihr Paper publizierten, war noch nicht ein einziges Retrovirus beim Menschen gefunden worden. Vor diesem Hintergrund klang ihre Hypothese äußerst kühn.

So gab es zu dieser Zeit auch noch ganz andere Positionen. Albert Sabin, der honorige Erfinder der Schluckimpfung gegen Kinderlähmung, vertrat die Ansicht: »Viren haben nichts mit Krebs zu tun.«[167] Darüber, so verkündete er auf einer Feierstunde des Nationalen Gesundheitsinstituts der USA (National Institutes of Health, NIH), sei er sich endgültig klar geworden. Tatsächlich hatte Sabin die Rolle von Herpesviren bei der Entstehung von Gebärmutterhalskrebs beforscht, konnte aber keinen direkten Zusammenhang nachweisen. Das brachte ihn zu seiner rigiden Aussage, mit der er die unter den Mikrobiologen der 1970er- und 1980er-Jahre weitverbreitete Ablehnung des gesamten Forschungsfeldes repräsentierte.

Ganz anderer Meinung war da Robert Gallo. Er zeigte sich überzeugt von der Richtigkeit der Onkogen-Hypothese und setzte als langjähriger Leiter des Tumorzellbiologielabors des NIH auf die Retrovirusforschung. Mittlerweile war auch bei Mäusen ein krebserzeugendes Retrovirus gefunden worden. Das sogenannte murine Leukämievirus gab der Suche nach menschlichen Onkogenen Auftrieb.

Der deutsche Virologe Harald zur Hausen (*1936) stand konträr zu den Positionen sowohl von Sabin als auch von Gallo. Im Widerspruch zu Sabin ging er fest davon aus, dass Viren Krebs verursachen können. Zugleich aber hielt er nicht viel von dem Weg, den Gallo einschlug, und hatte nicht ausschließlich Retroviren im Verdacht. Wenn nämlich dieser Virentyp Krebs erzeugen konnte, indem er seine RNA in DNA umschrieb, um sie im Genom der Zelle zu postieren, warum sollten dann nicht auch DNA-Viren ihre Gene direkt in den Wirt einschreiben können? Dem 1964 von den britischen Virologen Sir Michael Epstein (*1921) und Yvonne Barr (1932–2016) entdeckten und nach ihnen benannten Virus gelang das ja auch. Zumindest sprachen deutliche Indizien dafür, dass jenes Epstein-Barr-Virus der

Baltimore-Gruppe 1 für die Entstehung von Lymphdrüsenkrebs verantwortlich zeichnete, auch wenn Gallo das wiederum bestritt. Auf einem Symposium in New York Anfang der 1970er-Jahre tat er seine Haltung öffentlich kund. Nachdem Gallo seinen eigenen Vortrag beendet hatte, moderierte er ungebetenerweise den nachfolgenden Redner an. Das war zur Hausens Mitarbeiter Hans Wolf, der auf dem Kongress über die Ergebnisse der Würzburger Forschergruppe berichten sollte. Gallo sagte: »Was der nächste Sprecher hier vorstellen wird, ist Unsinn, denn DNA-Viren wie das Epstein-Barr-Virus können keinen Krebs verursachen. Sie haben keine Onkogene.«[168]

Zur Hausen hielt gleichwohl an seiner Überzeugung fest und widmete seine Forschung der Rolle von DNA-Viren bei der Krebsentstehung. Als Untersuchungsgegenstand wählte er schließlich den Gebärmutterhalskrebs. Statistisch gesehen hatten Prostituierte ein höheres Risiko, diese Erkrankung zu bekommen, Nonnen hingegen blieben zumeist von dieser Krebsart verschont. Insofern lag es nahe, ein durch häufigen Geschlechtsverkehr ausgelöstes Infektionsgeschehen als Ursache anzunehmen. Möglicherweise waren hier Viren im Spiel. Zur Hausen untersuchte operierte Tumore zuerst auf Herpes simplex 2, das wie das Epstein-Barr-Virus zu den Herpesviren gehört und sein Erbgut in doppelsträngige DNA verpackt. Zur Hausen stellte viele Versuche an, dieses Virus nachzuweisen. Doch als sie alle scheiterten, schüttete er nicht wie Sabin das Kind mit dem Bade aus und zweifelte an der Grundidee, sondern nur an der Wahl des Virus und fragte sich: »Wenn nicht Herpesviren, was dann?«[169]

Als zur Hausen einen Artikel in die Hand bekam, der davon berichtete, wie sich aus Genitalwarzen Tumore entwickeln konnten, hatte er sogleich ein anderes Virus im Blick. Denn bei der Untersuchung solcher Warzen waren ihm Papillomviren aufgefallen. Sie gehören ebenfalls der Baltimore-Gruppe 1 an, besitzen also eine Doppelstrang-DNA. Zu dieser Zeit kannte man sieben verschiedene Papillomviren. In der Folge entdeckte zur Hausen zwar weitere Arten, doch keines dieser Viren konnte auch in einem Gebärmutterhalskrebs nachgewiesen werden. Ein kleiner Hoffnungsschimmer auf dem mühsamen, sich über zehn Jahre hinziehenden Forschungsweg stellte das Papillomvirus Typ 11 dar. Lutz Gissmann (*1949) hatte in zur Hausens Labor – unterdessen an der Universität Freiburg – die DNA dieses Virus in einem Gebärmutterhalstumor gefunden. Noch vor der Erfolgsmeldung stand jedoch die Überprüfung des Ergebnisses. Der Versuch wurde mit neuen Präparaten wiederholt – und scheiterte. Mit geradezu detektivischer Energie suchte das Forscherteam nach dem Fehler. Schließlich kam heraus, dass man das Virus- und das Gebärmutterhalspräparat für die Präparation in dieselbe Schale gelegt hatte. Es wäre also ein Wunder gewesen, wenn Gissmann das Virus *nicht* im Tumorgewebe gefunden hätte.

Doch zur Hausen ließ sich nicht von seiner Strategie abbringen. Im Jahr 1983 präsentierte ihm dann endlich sein Doktorand Matthias Dürst das Papillomvirus 18, das er in sechzig Prozent der ihm vorliegenden Präparate von Gebärmutterhalstumoren nachweisen konnte. Dieses Mal hielten die Ergebnisse der Überprüfung stand, und der ansonsten als zurückhaltend beschriebene zur Hausen holte den Cognac aus dem Schrank: »Das ist ein Grund zum Feiern.«[170]

Im Anschluss wurde in zur Hausens Labor auch noch das HPV (Humanes Papillomvirus) Numero 16 in Tumorproben identifiziert. Nun stellte sich die entscheidende Frage, wie die Erreger Krebs auslösten. Bei der Beantwortung konnten die Forscher in Freiburg schließlich die Früchte ihrer Fehlversuche ernten. Sie brauchten einfach nur herauszufinden, was im Erbmaterial von HPV 16 und 18 anders war als in anderen Papillomviren. Auf diese Weise konnten sie das entscheidende Merkmal erkennen, das den Unterschied zwischen der gesunden und der Krebszelle ausmachte.

Ganz einfach war und ist in der Molekularbiologie natürlich nichts, dennoch brachte die explosionsartige Entwicklung des Fachgebiets auch immer effizientere Methoden mit sich. Beispielsweise entwickelten die US-amerikanischen Biochemiker Allan Maxam (*1942) und Walter Gilbert (*1932) eine Methode, um die DNA zu analysieren. Das Verfahren erlaubt mithilfe radioaktiver Markierung und chemischer Auftrennung die Bestimmung der einzelnen Sequenzen der DNA, also der Abfolge der Nukleotide in dem Molekül. Diese Nukleotide bestehen jeweils aus einem Zuckermolekül, einer Phosphatgruppe und einer Base. Charakteristisch für die DNA ist die Reihenfolge der Basen. Mithilfe des Maxam-Gilbert-Verfahrens wurde an zur Hausens Laboratorium zuerst das Papillomvirus 6 sequenziert. Es besteht aus insgesamt 7902 Basen. Auf dieser Grundlage stellten die Forscher dann Vergleiche mit bestimmten Abschnitten des Papillomvirus 18 an und konnten tatsächlich die krebsauslösenden Gene identifizieren. Zur Hausens Mitarbeiterin Elisabeth Schwarz berichtet von dem Erfolg: »Bald sahen wir, dass es sich dabei um die Gene E6 und E7 handelte, und das Gleiche bestätigte sich dann auch für das Papillomvirus 16.«[171]

Nun konnten die Forscher um zur Hausen nachverfolgen, wie genau diese Gene ihre Wirte zu Krebszellen umprogrammierten, indem sie E6 und E7 in Gewebekulturen gesunder Zellen gaben. Die beiden Gene legten genau jene Eiweiße lahm, die ansonsten die Vermehrung der Wirtszelle des Papillomvirus regeln. Ohne diese Proteine teilt sich die Zelle unablässig, und der Tumor wächst. Wurden die Gene hingegen wieder unterdrückt, entstanden keine weiteren Krebszellen.

Die Hartnäckigkeit von Harald zur Hausen zahlte sich also aus, und der Nachweis, dass DNA-Viren Krebs verursachen können, glückte anhand der Papillomviren. Gleich stellte sich die nächste Idee ein: Wenn der Gebärmutterhalskrebs durch den Einbau der Viren-DNA in das Erbgut der Zelle entstand, dann könnte man Frauen vielleicht durch eine Vakzine gegen den Erreger vor dem Tumor bewahren. Möglicherweise würde es sogar gelingen, die Papillomviren durch eine flächendeckende Präventionsimpfung auszurotten? Zur Hausen nahm Kontakt zur pharmazeutischen Industrie auf, allerdings fand er dort keine offenen Türen vor. Einerseits verflog die lange gehegte Skepsis gegen die These, dass Viren Krebs erzeugen können, nicht sogleich mit der Publikation der Entdeckung. Andererseits verdiente die Pharmaindustrie mit den Produkten für die Chemotherapie hervorragend. Genau diese Einnahmequelle aber würde versiegen, wenn man präventive Strategien gegen Krebs verfolgte.

Doch zur Hausen zeigte sich auch hier beharrlich und verfolgte das Projekt der Impfung weiter. Sogar dann noch, als sich herausstellte, dass die Herstellung eines Lebendimpfstoffes nicht möglich sein würde, da das Virus nicht in Zellkulturen vermehrt und schrittweise deaktiviert werden konnte, wie es Sabin bei der Poliovakzine gelungen war. Ein anderer Weg musste her. Ein gerade im Entstehen begriffener Zweig der angewandten Wissenschaft gab Anlass zur Hoffnung. Unter dem Label Biotechnologie sammelten sich interdisziplinäre Impulse aus der Molekularbiologie, der Genetik, der Bioinformatik und der Verfahrenstechnik, um genau das zu tun, was der Name versprach: mit technologischen Mitteln in die Kernbereiche des Lebens einzudringen, um natürliche Prozesse (um)zusteuern. So gelang es, mithilfe gentechnischer Verfahren ganz bestimmte Proteine des Virus herzustellen, »die zwar eine Immunreaktion, jedoch keine Infektion mehr hervorrufen, da sie kein Erbgut … enthalten«.[172] Dem Immunsystem wird also ein ungefährliches Virus vorgesetzt, an dem es die entsprechenden Gegenreaktionen trainieren kann, ohne dabei Gefahr zu laufen, überrumpelt zu werden. Diese Strategie erinnert ein wenig an Militärmanöver, bei denen die Verteidigung eines feindlichen Angriffs ohne scharfe Munition geprobt wird.

Von 1983 an betrieb zur Hausen als Chef des Deutschen Krebsforschungszentrums in Heidelberg die Entwicklung der mithilfe von Gentechnik hergestellten Schutzimpfung. Trotzdem sollte die Zulassung noch bis ins Jahr 2006 dauern. Seit 2018 erst übernehmen die gesetzlichen Krankenkassen die Kosten der Impfung bei neun- bis siebzehnjährigen Mädchen. Ebenso bei Jungen, die ihre späteren Partnerinnen nicht anstecken wollen und auf Beschneidung oder die Benutzung von Kondomen verzichten möchten. Für seine Entdeckung der krebserzeugenden Papillomviren wird Harald zur Hausen 2008 mit dem Nobelpreis für Medizin ausgezeichnet. Die andere Hälfte des Preises geht an die französischen Forscher Luc Montagnier (*1932) und Françoise Barré-Sinoussi (*1947), ebenfalls für die Entdeckung eines Virus. Allerdings kein DNA-, sondern ein Retrovirus, das vor allem unter homosexuellen Männer grassiert und deren Immunsystem außer Kraft setzt.

HIV oder:
viel Streit um viel Ruhm und viel Geld

Doch Robert Gallo sollte ebenfalls recht behalten. Wenn auch nicht mit seiner polemischen These, dass die Ergebnisse aus Harald zur Hausens Institut reiner Unsinn seien, so doch mit seiner wissenschaftlichen Entdeckung, die da lautete: Retroviren sind aufgrund ihrer eigenwilligen Vermehrungsstrategie geradezu dafür prädestiniert, Krebs zu erzeugen. Indem sie ihre Gene in die Wirts-DNA integrieren, bilden sie getreu der Vorhersage von Todaro und Huebner sogenannte Onkogene, die nur auf eine Gelegenheit warten, vormals gesunde Zellen bösartig werden zu lassen.

Die Geduld von Gallo wurde ebenfalls auf eine harte Probe gestellt. Hohn und Spott der Kollegen setzten ihm über die Jahre zu. Auf Kongressen lautete eine oft gebrauchte, gehässige Nachfrage, wenn er von seiner Arbeit erzählte: »Menschliches Tumorvirus? Oder menschliches Humorvirus?«[173] Allerdings war Gallo seinerseits nicht frei von niederen Charakterzügen und bekam sicherlich wiederholt die Quittung für eigene Sticheleien. Jedenfalls brauchte er eine Erfolgsmeldung, die seine Kollegen zum Schweigen bringen würde. Doch das dauerte. Da Retroviren bei Mäusen und mittlerweile auch bei Rindern für Leukämie verantwortlich gemacht wurden, konzentrierte sich Gallo auf die Untersuchung von Proben menschlicher Blutkrebspatienten. Im Jahr 1979 fand er dann endlich, wonach er so lange gesucht hatte, und konnte in einer Nährlösung die Aktivität einer Reversen Transkriptase nachweisen. Das war zumindest eine heiße Spur. Als in der elektronenmikroskopischen Untersuchung Retroviruspartikel gefunden wurden, verdichtete sich die Ahnung zu einem ernst zu nehmenden Befund. Allerdings musste Gallo mit seinem Team noch die Nachweise dafür erbringen, dass es sich bei dem Retrovirus wirklich um einen Erreger handelte, der menschliche Zellen befallen konnte, und dass sich seine DNA in das Erbgut der Wirtszelle einnistete. Innerhalb des folgenden Jahres glückten die entsprechenden Versuche. Mit einer Genanalyse wurden Sequenzen des Viruserbguts in der Wirtszelle nachgewiesen. Auch fand Gallo spezifische Antikörper gegen das Virus im Blut verschiedener Patienten. Als er schließlich mit dem Erreger im Reagenzglas auch die für die Immunreaktion verantwortlichen weißen Blutzellen, genauer die sogenannten T-Zellen, infizieren konnte, gab Gallo seine bis zuletzt gehegte Befürchtung auf, der Erfolg könnte auf eine Verunreinigung der Probe zurückgehen. Er nannte das erste beim Menschen gefundene krebsauslösende Retrovirus *Human T-cell Lymphotropic Virus type 1*, zu Deutsch: Humanes T-Zell-Leukämie-Virus 1, kurz HTLV-1.

Bei der Veröffentlichung seiner Entdeckung stieß Gallo Anfang der 1980er-Jahre noch immer auf dieselben Vorbehalte wie zehn Jahre zuvor. Veranstalter von Kongressen reagierten »mit vorsichtigem Interesse, einige auch mit einem Kichern«.[174] Letztere mochten vielleicht an das Bonmot vom Humorvirus gedacht haben. Der Herausgeber einer Fachzeitschrift für Virologie jedenfalls machte aus seiner Meinung keinen Hehl, als Gallo ein zusammen mit einem Mitarbeiter erstelltes Paper einreichte. Er könne das Manuskript »in keiner Form berücksichtigen, denn es heize die Kontroverse um die Existenz menschlicher Retroviren wieder an, und das sei von keinerlei Nutzen«.[175] Doch spätestens als Gallo 1981 mit dem Haarzell-Leukämie-Virus das zweite menschliche Retrovirus fand, setzten sich seine Erkenntnisse durch, und die alte Kontroverse wurde nicht angeheizt, sondern beendet.

Eine Impfung gegen die beiden Viren gibt es bislang nicht. Schätzungsweise tragen etwa zwanzig Millionen Menschen weltweit das HTLV-1 in sich. Zumeist verläuft die Infektion asymptomatisch, vier bis fünf Prozent der Betroffenen allerdings erkranken an einer aggressiven Leukämie, die in der Regel innerhalb eines Dreivierteljahres zum Tod führt. In einem offenen Brief an die Weltgesundheitsorganisation forderten im Mai 2018 denn auch sechzig Wissenschaftler und Ärzte aus aller Welt: »Es ist an der Zeit, das HTLV-1 auszurotten.«[176] Da das Virus unter anderem durch Stillen übertragen wird, sei eine Impfung nicht unbedingt nötig. Ein flächendeckendes Screening könnte bereits genügen, um betroffene Mütter davon abzuhalten, das HTLV-1 an ihre Säuglinge weiterzugeben. In Japan werde diese Methode bereits praktiziert, und dort könne die Übertragungsrate von zwanzig auf 2,5 Prozent gesenkt werden. Robert Gallo gehörte zu den Mitunterzeichnern des Briefes. Anders als zur Hausen bekam er keinen Nobelpreis für seine Forschungsergebnisse. Dabei bot sich ihm sogar noch eine zweite Chance, mit einem menschlichen Retrovirus zu wissenschaftlichem Ruhm zu gelangen.

Im März 1981 wurde ein 33-jähriger Mann in ein Krankenhaus von Los Angeles eingeliefert. Er befand sich in einem guten körperlichen Allgemeinzustand, allerdings litt er schon zwei Monate unter Fieberanfällen und hatte nun eine schwere Lungenentzündung entwickelt. Als Erreger fanden die behandelnden Ärzte den Mikroorganismus *Pneumocystis carinii*, den man damals den Protozoen, mittlerweile jedoch den Schlauchpilzen zuordnet. Ein verwunderlicher Umstand, denn eigentlich war dieser Keim für den Menschen harmlos, also ein sogenannter opportunistischer Krankheitserreger, der in der Regel mühelos vom Immunsystem in Schach gehalten wurde. Nur bei Säuglingen und stark geschwächten Personen löste er Krankheiten aus. Trotzdem konnte man dem Patienten nicht mehr helfen. Er starb im Mai 1981. Als noch vier weitere Männer im Alter zwischen 29 und 36 Jahren mit vergleichbaren Symptomen in verschiedene Krankenhäuser von Los Angeles eingeliefert wurden, fasste der US-amerikanische Immunologe Michael Stuart Gottlieb (*1947) die Fälle für das wöchentliche Bulletin der Staatlichen Gesundheitsbehörde zusammen. Abschließend riet er dazu, in nächster Zeit vermehrt nach ähnlichen Krankheitsbildern unter »zuvor gesunden homosexuellen Männern

Ausschau zu halten«.[177] Denn neben den Symptomen hatten die fünf Patienten alle dieselbe sexuelle Orientierung. Aus New York kamen nun auch Berichte über die Häufung des sogenannten Kaposi-Sarkoms bei Homosexuellen, das bläuliche Hautflecken verursacht. Außerdem traten immer mehr Fälle von Lymphdrüsenkrebs auf.

Anfang 1982 mehrten sich dann Hinweise, dass Patienten, die zuvor eine Bluttransfusion bekommen hatten, ebenfalls von diesem vielschichtigen Krankheitsbild betroffen sein können. Damit schien es naheliegend, einen mikrobiellen Erreger als Krankheitsursache anzunehmen. Als Robert Gallo von den möglichen Übertragungswegen hörte, fiel ihm eine deutliche Parallele zu den von ihm entdeckten HTLV-Viren auf. Sie konnten ebenfalls durch Körperflüssigkeiten weitergegeben werden. Außerdem griffen auch sie die für das Immunsystem äußerst wichtigen T-Zellen an. Vielleicht handelte es sich bei dem Erreger ja um eine Variante von HTLV oder um ein ganz neues Retrovirus?

Gallo äußerte diese Hypothese öffentlich und begann an seinem Tumorzellbiologielabor in Maryland 1982 mit der Suche nach dem Auslöser der Immunschwächekrankheit, die unter der Bezeichnung AIDS in die Geschichte der Pandemien eingehen sollte. Die Abkürzung steht für Acquired Immune Deficiency Syndrom (erworbenes Immunschwäche-Syndrom). Etwa zeitgleich nahmen auch die beiden französischen Virologen Luc Montagnier und Françoise Barré-Sinoussi ihre Forschungen am Pariser Institut Pasteur auf. Was im Nachhinein wie eine unsauber geführte wissenschaftliche Auseinandersetzung zwischen den beiden Forschergruppen aussehen mag, trug lange Zeit einen freundschaftlich-kollegialen Charakter.

Das Labor von Robert Gallo war durch die Entdeckung der beiden menschlichen Retroviren bestens auf die Suche nach dem AIDS-Erreger vorbereitet – vorausgesetzt natürlich, dass es sich dabei tatsächlich um ein Virus aus der Baltimore-Gruppe 6 handeln sollte. Diese Hypothese galt allerdings als ebenso umstritten wie jene vom menschlichen Tumorvirus. Unter Medizinern und Mikrobiologen kursierten mehrere alternative Erklärungsversuche für die Ursache der Immunschwächekrankheit, die nicht von einem Infektionsgeschehen ausgingen. So glaubten die Vertreter der sogenannten Spermatheorie daran, dass die Erkrankten Antikörper gegen das fremde Sperma bildeten, die sich dann schließlich gegen das eigene Immunsystem richteten. Die Einwände gegen diese Sichtweise lagen auf der Hand. Frauen hatten schon seit Menschengedenken mit fremdem Sperma zu tun, bislang jedoch keine Immunschwäche dagegen entwickelt. Außerdem hatten die Patienten, die nach einer Bluttransfusion erkrankt waren, ganz ohne Kontakt zu männlichem Samen AIDS entwickelt. Von ihrem Gestus her trug die Spermatheorie homophobe Züge. Sie ging im Kern von der Verwerflichkeit der Geschlechtspraktiken unter Männern aus, die nun mit einer mikrobiologischen Reaktion für ihre Taten bestraft wurden. In eine ähnliche Richtung wies die These der Antigen-Überlastung. Ihr zufolge werde das Immunsystem der Erkrankten einfach durch zu viele verschiedene Keime im Körper lahmgelegt. Dementsprechend könne eine Änderung des Lebensstils helfen. Solche leicht zu widerlegenden Mutmaßungen bestimmten selbst noch die erste AIDS-Konferenz Anfang 1983. Die These von einem Virus als Ursache hingegen besaß keine große Lobby. Doch weder Robert Gallo noch Luc Montagnier ließen sich von ihrer Idee abbringen.

Die Forscher in Maryland beschafften sich für ihre Untersuchungen zunächst Blutproben verschiedener Provenienz: von AIDS-Kranken, von symptomfreien Personen aus der Risikogruppe der Homosexuellen sowie von gesunden Heterosexuellen. Dieses Material wurde nun im nächsten Schritt auf DNA untersucht, die jener der beiden damals bekannten menschlichen Retroviren HTLV-1 und -2 ähnelte. Dazu verwendeten Gallo und sein Team sogenannte Molekülsonden, die mit DNA-Abschnitten von HTLV arbeiteten. Sie hofften, auf diese Weise bestimmte DNA-Sequenzen in infizierten Zellen zu entdecken, die auch in HTLV vorkamen. Im Erfolgsfall konnten so Aussagen darüber getroffen werden, ob sich in den Proben Varianten der bislang bekannten menschlichen Retroviren befanden. Dabei kam mit den Restriktionsenzymen eine weitere neue Errungenschaft der molekularbiologischen Virologie zum Einsatz, für deren Entdeckung der Schweizer Genetiker Werner Arber (*1929) sowie die US-amerikanischen Biochemiker Daniel Nathans (1928–1999) und Hamilton Othanel Smith (*1931) im Jahr 1978 mit dem Nobelpreis geehrt wurden. Die Restriktionsenzyme, so heißt es in der Laudatio, »liefern die chemischen Messer, um DNA in bestimmte Teile zu zerschneiden. Dadurch wird es (1) möglich, die Reihenfolge der Gene auf den Chromosomen zu bestimmen, (2) die chemische Struktur von Genen zu analysieren und (3) neue Kombinationen von Genen herzustellen.«[178]

Letzteres markierte nicht weniger als den Startpunkt der Gentechnik. Entdeckt wurden die Restriktionsenzyme in Bakterien, die sich mit ihrer Hilfe gegen das Eindringen von Viren schützen. Sie agieren ähnlich wie die Geheimpolizei autoritärer Staaten, indem sie die Feinde im Inneren aufspüren und vernichten. Die Restriktionsenzyme suchen im Bakterium nach fremder DNA, die sie anhand der entsprechenden Sequenz erkennen. Sobald eine solche dingfest gemacht ist, lösen die Enzyme eine Art Waterboarding aus, das im zellulären Kontext tödlich endet und Hydrolyse genannt wird. Aus den in der Zelle befindlichen H_2O-Molekülen wird in der Nähe der Erkennungsstelle jeweils ein Wasserstoffatom (H-) und die übrige Sauerstoff-Wasserstoff-Verbindung (Hydroxylrest, -OH) abgegeben. Die fremde DNA reagiert mit dem aufgespaltenen Wassermolekül und bricht daraufhin auseinander. Dieses Prozedere macht sich Gallos Team zunutze und lässt Restriktionsenzyme auf die verschiedenen Proben los. Sobald sie Sequenzen erkennen, die auch in HTVL-1 oder -2 vorkommen, setzen sie zum Schnitt an, und die Forscher können die Schnipsel auf Ähnlichkeiten mit den beiden von ihnen bereits entdeckten menschlichen Retroviren prüfen.

Gallo lässt seine Mitarbeiter noch auf einem anderen Weg nach dem AIDS-Virus suchen. Alle verfügbaren Proben werden auf die Reverse Transkriptase geprüft. Auf diese Weise soll der grundsätzliche Nachweis erbracht werden, dass ein Retrovirus die Immunschwächekrankheit verursacht. Die Ergebnisse geben jedoch nicht gerade zu Euphorie Anlass. Gallo schreibt: »Gelegentlich fanden wir eine schwache Aktivität, aber in den meisten Gewebeproben fanden wir keinerlei Anzeichen für Reverse Transkriptase, und besonders hohe Werte ergaben sich nirgends.«[179]

Die inhaltliche Ausrichtung der zweiten bedeutenden Forschergruppe, die sich am Institut Pasteur der Suche nach dem Erreger von AIDS verschrieben hat, ähnelt jener von Gallo. Darüber hinaus gibt es auch personelle Verflechtungen. So haben der Retrovirusforscher Jean-Claude Chermann (*1939) und die Virologin Françoise Barré-Sinoussi Forschungsaufenthalte im Labor von Robert Gallo verbracht und hegen freundschaftliche Beziehungen zu ihm. Auch der Chef, Luc Montagnier, pflegt regen Austausch mit Gallo.

Anfang 1983 trifft im Pariser Labor eine Gewebeprobe aus dem Salpêtrière-Krankenhaus ein. Sie gehört dem jungen homosexuellen Patienten Frederic B. und wurde aus seinen geschwollenen Lymphdrüsen entnommen. Da dieses Symptom als erstes Anzeichen für AIDS gilt, untersuchen die Forschergruppe um Montagnier die Probe, die mit dem (Nach-)Namenskürzel des Patienten als BRU bezeichnet wird. Sie schien ihnen besonders Erfolg versprechend für ihre Arbeit, weil ein Patient im Frühstadium der Erkrankung noch über ein relativ intaktes Immunsystem verfügt und somit noch nicht mit weiteren (opportunistischen) Erregern infiziert ist. Der Test auf die Reverse Transkriptase bleibt zunächst zwei Wochen lang negativ, dann aber schlägt er um und zeigt ein positives Resultat. Es handelt sich also tatsächlich um ein Retrovirus. Das erste Problem ist gelöst, das nächste stellt sich sogleich: Mit welchem Virus haben es die Forscher und die AIDS-Kranken zu tun?

Mit entsprechenden Reagenzien, die Robert Gallo aus Übersee rasch zur Verfügung stellt, wird die Probe BRU auf HTLV-1 und -2 geprüft. Allerdings ohne Erfolg. Auch in elektronenmikroskopischen Aufnahmen sieht der Erreger anders aus als die beiden von Gallo gefundenen menschlichen Retroviren. Außerdem lässt sich das Protein p25 nachweisen, das weder bei HTLV-1 noch bei HTLV-2 vorkommt. Die Forscher des Institut Pasteur taufen den Erreger LAV/BRU, was so viel wie »mit Lymphadenopathie (Lymphknotenerkrankung) assoziiertes Virus beim Patienten BRU« bedeutet.

Ein rasch entwickelter Antikörpertest bringt allerdings keine Gewissheit, denn er schlägt nur bei etwa vierzig Prozent der Proben von AIDS-Erkrankten an. Derweil legt Gallo Befunde vor, die zeigen, dass zumindest einige Patienten mit HTLV-Viren infiziert sind. Das aber kann noch nicht als Beweis für die Verursachung der AIDS-Erkrankung gelten, da diese Viren auch erst infolge des geschwächten Immunsystems als opportunistische Erreger in den Körper eingedrungen sein konnten.

Als hinderlich für die weitere Erforschung von LAV erweist sich, dass es Montagnier nicht gelingt, den Erreger in Dauer-Zelllinien anzulegen. Dadurch hat er das Virus nicht in der Anzahl vorrätig, die nötig wäre, um weitergehende Versuche anzustellen. Die Hoffnungen ruhen nun wiederum auf Gallo, dessen Labor schon bei HTLV viele Erfahrungen bei der Anzucht gesammelt hat. Das Virus wird nach Maryland verschickt, wo es unter anderem durch die Verwendung menschlicher Lymphozyten »aus dem Nabelschnurblut eines Neugeborenen«[180] tatsächlich glückt, den Erreger zu kultivieren und in Massen herzustellen. Für die Züchtung wird in Gallos Labor jedoch nicht nur auf das Virus aus Frankreich zurückgegriffen. Insgesamt treiben Viren aus mehr als zehn verschiedenen Proben in der Kultur ihr zerstörerisches Werk.

Mithilfe des nunmehr reichhaltigen Materials kann Gallo mit seinen Kollegen neue Nachweisverfahren entwickeln und entsprechende Präparate herstellen. Dazu nutzen sie das Prinzip des ELISA-Tests, der Anfang der 1970er-Jahre von einer Arbeitsgruppe um den schwedischen Immunologen Peter Perlmann (1919–2005) erfunden wurde und sich die Eigenschaft des Immunsystems, bei Virenbefall Antikörper auszubilden, zunutze macht. Die Abkürzung steht für *Enzyme-Linked Immunosorbent Assay* – zu Deutsch etwa: enzymgekoppelter

Immunantwort-Test. Dabei werden charakteristische Proteine des Virus, nach dem man fahnden möchte, auf eine Mikrotestplatte aufgebracht. Dann gibt man das zu testende Material hinzu und stellt das Ganze in den Brutschrank. Wenn die Probe entsprechende Antikörper enthält, binden sie natürlicherweise an die Virusproteine. Diese Reaktion wird durch ein spezielles Enzym angezeigt. Es kommt zu einem Farbumschlag, der mit einem geeigneten Instrument beobachtet werden kann und nach Eichung sogar Aufschluss darüber gibt, wie viele Viren der Patient in sich trägt.

Als Gallo die in seinem Labor aufbewahrten Proben von AIDS-Patienten durchprüft, kann er durchschlagenden Erfolg melden. Überall findet er das neue Virus, das er gemäß seiner zurückliegenden Entdeckungen HTLV-3 nennt. Nun bittet er das amerikanische Gesundheitsministerium um Proben. Die zuständige Stelle im Center for Disease Control (CDC) schickt ihm verschiedene Blutseren in Reagenzgläsern zu. Das sind Proben mit und ohne AIDS-Erreger, die nur mit einem Code gekennzeichnet sind. Gallo testet sie durch. Als im Beisein von James W. Curran, des Leiters der Task Force des CDC zur AIDS-Bekämpfung, die Codes entschlüsselt werden, liegt das Ergebnis schwarz auf weiß vor: Alle Ergebnisse sind richtig. Der von Gallo entwickelte Test funktioniert also fehlerfrei. In der Folge wird das Virus bei fast allen AIDS-Kranken und bei Menschen, die verseuchte Bluttransfusionen erhalten haben, gefunden, »hingegen nicht bei gesunden Heterosexuellen. Damit war die Ursache von AIDS schlüssig nachgewiesen.«[181]

Das HTLV-3 Virus löst AIDS aus, sagt Gallo. Montagnier ist da anderer Meinung. Er meint, das LAV-Virus verursacht AIDS. Wer hat recht? Beide! Denn alsbald stellt sich heraus, dass HTLV-3 und LAV identisch sind. Da geht der Streit los. Das Institut Pasteur reklamiert die Erstentdeckung für sich. Gallo startet eine Offensive und erklärt auf einer Pressekonferenz mit der US-amerikanischen Gesundheitsministerin Margaret Mary O'Shaughnessy Heckler (1931–2018) am 23. April 1984, er habe das AIDS-Virus entdeckt. Zugleich macht tags zuvor die *New York Times* mit der Titelmeldung auf, man glaube, die Ursache von AIDS gefunden zu haben.[182] Der entsprechende Artikel berichtet allerdings von der Entdeckung des LAV am Pariser Institut Pasteur durch Luc Montagnier. Zwar vergällt diese Nachricht die Euphorie des US-amerikanischen Erfolgs, gleichwohl gibt die Ministerin bekannt, dass Robert Gallo einen Nachweistest entwickelt habe, und fügt hinzu: »Das Patent haben wir heute angemeldet.«[183]

In einem beispiellosen medialen Feldzug wird Gallo in der Folge dies- und jenseits des Atlantiks vorgeworfen, »er habe das AIDS-Virus entweder unterschlagen oder gestohlen«.[184] Er muss einräumen, dass Montagnier ihm Virusmaterial zugesandt hat, allerdings sei ihm die Isolierung des Erregers auch selbst gelungen und für die an seinem Labor verwendete Mischprobe sei die Beigabe aus Paris nicht von entscheidender Bedeutung gewesen. Er selbst habe das Pariser Virus niemals wissentlich verwendet, möglicherweise habe »seine Laborantin da etwas verwechselt«.[185]

Die Auseinandersetzung zwischen den beiden Forschern wechselt letztlich nicht nur vom Labor in die Medienwelt, sondern sogar noch vor Gericht. Zermürbende transnationale Prozesse über die Tantiemenverteilung aus den AIDS-Tests werden geführt. Dabei steht immer die Urheberschaft der Entdeckung des Virus mit zur Verhandlung. Ein Urteil gibt es nicht so rasch. Wie auch sollen Gerichte entscheiden, was wissenschaftlich strittig ist?

Was Hintertürendiplomatie und Anwaltsgeschick nicht leisten können, gelingt einem Mann mit tadelloser Reputation in Wissenschaft und Gesellschaft gleichermaßen. Auch er hat lange Jahre eine harte Konkurrenzsituation mit einem Kollegen erlebt, jedoch ohne dass es zu Skandalen kam. Mit seiner Haltung zur Patentierung wissenschaftlicher Erkenntnisse setzte er moralische Maßstäbe. Die Rede ist von Jonas Salk, der auf die Frage, ob er das Patent an der von ihm entwickelten Polioimpfung halte, verneint und verwundert zurückgefragt hatte, ob man denn die Sonne patentieren lassen könne. Derselbe Salk, der mittlerweile einem von ihm gegründeten Institut in Kalifornien vorstand, zeigte sich stark am AIDS-Virus interessiert und bemühte sich später auch um eine Impfung, mit der die Immunantwort des Infizierten erhöht werden sollte. Mitte der 1980er-Jahre ließ er keine Gelegenheit aus, Montagnier und Gallo zusammenzubringen: in plüschigen Zimmern des Ritz Carlton in Washington ebenso wie in legendären Cafés in Paris »oder in den barackenartigen Nebenzimmern wissenschaftlicher Tagungen fast überall auf der Welt«.[186] Salk erreichte mit seiner Autorität und Hartnäckigkeit wiederholte Aussprachen und eine vorsichtige Annäherung von Gallo und Montagnier. Schließlich brachte er sie sogar dazu, einen gemeinsamen Artikel über die Entdeckung des AIDS-Virus zu schreiben. Möglicherweise köderte er sie mit der Aussicht auf einen Nobelpreis, der für ihre wissenschaftliche Leistung nur vergeben werden würde, wenn die Urheberschaft unumstritten wäre. Für diesen Zweck sei eine Darstellung aus allererster Hand sicherlich am geeignetsten.

Tatsächlich raufen sich die beiden Kombattanten zusammen und schreiben eine Chronologie der Entdeckung für die Zeitschrift *Nature*, in der sie – möglicherweise in Richtung Nobelpreiskomitee – zu dem Schluss kommen: »Unsere beiden Labors hatten also zu ungefähr gleichen Teilen zu dem Nachweis beigetragen, daß ein neues menschliches Retrovirus die Ursache von AIDS ist.«[187] Montagnier und Gallo einigen sich außerdem darauf, von LAV und HTLV Abschied zu nehmen und für den Erreger nur noch die bereits von mehreren Forschern vorgeschlagene Bezeichnung HIV (Humanes Immundefizienz-Virus) zu verwenden.

Bei einem Gipfeltreffen zwischen dem US-amerikanischen Präsidenten Ronald Reagan (1911–2004) und dem französischen Premierminister Jacques Chirac (1932–2019) verkünden die beiden Staatsmänner 1987, dass der Streit zwischen Gallo und Montagnier gütlich beigelegt und beide Forscher als Entdecker des AIDS-Erregers anzusehen seien. Dementsprechend würden von nun an die durch die Tests erzielten Einnahmen geteilt und ein fester Prozentsatz sollte in die Forschungsbudgets der beiden Labore fließen.

Mit dem Nobelpreis klappt es dann auch noch. Mehr als zwanzig Jahre später wird die Teilung der begehrten Auszeichnung verkündet. Die eine Hälfte geht an Harald zur Hausen, mit je einem Viertel wird die Entdeckung des HI-Virus geehrt. Preisträger sind Luc Montagnier und – nicht Robert Gallo, sondern Françoise Barré-Sinoussi. Was für eine herbe Enttäuschung für Gallo, an seiner statt nun sogar drei seiner Konkurrenten bedacht zu wissen! Denn mit zur Hausen hatte er bei der Forschung an krebserzeugenden Viren ja ebenfalls die Klingen gekreuzt. Nachdem er sich in Interviews Luft gemacht hat, kommt aus Schweden eine kühle Reaktion. Bo Angelin, Medizinprofessor am Karolinska Institut in Stockholm und Sprecher des Nobelkomitees, sagt: »Hätten wir den geringsten Zweifel gehabt, ob mehr Wissenschaftler entscheidend an dieser Entdeckung beteiligt waren, hätten wir ganz bestimmt niemanden ausgeschlossen.« Abschließend fügt er hinzu: »Im Übrigen kommentieren wir prinzipiell nie Personen, die den Nobelpreis nicht bekommen haben.«[188] Diese für das Komitee geradezu offensive Äußerung verwundert, hätte es doch auch ein Verweis auf die von Alfred Nobel verfügten Statuten getan, die vorschreiben, pro Sparte nie mehr als drei Preisträger zu küren. Gallo tröstet sich trotzig über diesen Misserfolg hinweg und schmeißt ein Riesenfest, »eine Party zum nicht erhaltenen Nobelpreis, die auch mit Nobelpreis nicht größer hätte ausfallen können, mit einer Kennedy als Eventmanagerin«.[189]

Mit der Identifizierung des AIDS-auslösenden Virus und der Möglichkeit seines Nachweises sind die ersten großen Schritte zur Bekämpfung der HIV-Pandemie getan. In der Folge kann auch der zelluläre Infektionsmechanismus lückenlos aufgeklärt werden. Nachdem das Virus in menschliche Immunzellen eingedrungen ist, verwandelt es seine in RNA vorliegende Erbsubstanz mithilfe der Reversen Transkriptase in DNA, die sich dann in das Wirtsgenom integriert. Von dort wird der Befehl für die Produktion der RNA und der Proteine des Virus gegeben. Ein Enzym veranlasst schließlich den Zusammenbau neuer HI-Viruspartikel, die durch Knospung die Zelle verlassen.

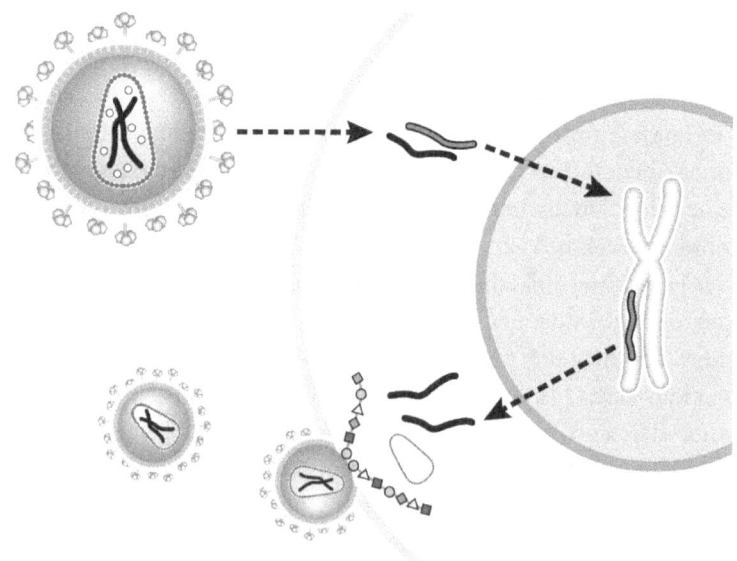

Infektion einer Immunzelle durch das HI-Virus

Besonders perfide beim HIV ist die lange Latenzzeit von bis zu fünfzehn Jahren, die nahezu asymptomatisch verläuft. Trotzdem sind die Infizierten in dieser Zeit zumeist infektiös und können das Virus weitergeben. Bei der Sequenzierung des Erbguts von HIV fiel das sogenannte *tat*-Gen auf. Diese Abkürzung steht für *trans-activator of transcription*. Genau das ist seine Funktion: Das Gen löst die Produktion eines Proteins aus, das die explosionsartige Vermehrung des Virus initiiert. Wird es angeschaltet, bedeutet das ein schlagartiges Ende der Latenzzeit. Die gekaperten T-Zellen gehen nach einem enormen Virenausstoß kaputt. Am Ende kollabiert das Immunsystem, und opportunistische Keime setzen dem Organismus zu.

Weltweit forderte AIDS bislang etwa 39 Millionen Opfer, fast genauso viele Menschen sind derzeit mit dem HI-Virus infiziert. Durch die sogenannte Kombinationstherapie, die auf verschiedenen Ebenen die Virusvermehrung hemmt, hat die Krankheit heute einen Großteil ihres Schreckens verloren. Zumindest für diejenigen, die sich die Medikamente leisten können. Zwei Drittel aller Infizierten leben allerdings in Afrika südlich der Sahara. Die Hälfte von ihnen hat noch immer keinen Zugang zur antiretroviralen Therapie.

Luc Montagnier machte zu Beginn der Corona-Pandemie noch einmal von sich reden, als er im französischen Fernsehen behauptete, das COVID-19 verursachende Virus sei menschengemacht, denn seine RNA enthalte Sequenzen von HIV. Die könnten nicht auf natürlichem Wege dorthin gekommen sein. Nur Virenforscher seien dazu in der Lage. Erster Kandidat für eine solche Virenmischerei sei das Wuhan-Lab. Im virologischen Hochsicherheitslabor habe man nämlich an einer HIV-Impfung gearbeitet und dafür bestimmte Informationen aus dem HI-Virus in Coronaviren von Fledermäusen eingebracht. Damit diese dann auch in menschliche Zellen eindringen können, sei in Wuhan noch weiter an den gentechnisch erzeugten Hybridviren herumgeschraubt worden. Und zwar seien die Spikes verändert worden, also jene für den Eintritt in die Zelle entscheidenden Proteine, die dem Virus seinen Namen gaben, weil sie wie Zacken einer Krone aus der Oberfläche herausragen. Montagnier bezog sich dabei auf eine vom Wuhan-Lab bei der Fachzeitschrift *Nature Medicine* eingereichte Arbeit über ihre Experimente mit den Spike-Proteinen und äußerte seine Vermutung, dass bei den Versuchen ein gentechnisch manipuliertes Coronavirus ins Freie gelangte. Möglicherweise über einen infizierten Mitarbeiter. Die räumliche Nähe des Labors zum ersten Ausbruchsherd von COVID-19 lege ein solches Szenario nahe. Diese Äußerungen heizte die Paranoia an. Gestützt auf die Autorität des Nobelpreisträgers, kursierten rasch Verschwörungsszenarien. Das Virus könne absichtlich in Umlauf gebracht worden sein, um die Überlegenheit der chinesischen Staatsform in Krisensituationen gegenüber den westlichen Demokratien deutlich zu machen. Tatsächlich hat China als einziges Land der Welt das Coronavirus seit Anfang März 2020 unter Kontrolle. Während die Fallzahlen seit den Lockerungen im Juli und August 2020 allerorten teils dramatisch stiegen, sanken sie in

China kontinuierlich. An den meisten Tagen meldete das Land mit seinen 1,4 Milliarden Einwohnern lediglich eine ein- oder zweistellige Zahl von Neuinfizierten, und die Wirtschaft wuchs wieder. Der mit der Krisenbewältigung völlig überforderte damalige amerikanische Präsident Trump witterte denn auch Morgenluft, weil er hoffte, von seinem Versagen bei der Pandemiebekämpfung durch die Identifizierung eines Schuldigen ablenken zu können, und kündigte eine Untersuchung sowie die Prüfung von Schadensersatzklagen an.

Die große Mehrheit der internationalen Wissenschaftlergemeinde widerspricht Montagnier jedoch. Seine These sei nicht stichhaltig, da die Ähnlichkeiten mit den HIV-Sequenzen viel zu gering ausfielen, um eine gentechnische Manipulation anzunehmen. Deshalb zog schließlich auch ein indisches Forscherteam sein Paper zurück, das die Theorie vom menschengemachten Coronavirus vertrat. Die Zeitschrift *Nature* fügte schließlich einen redaktionellen Kommentar zu jenem Artikel der Forscher aus Wuhan hinzu, auf den sich Montagnier bezog: »Unserer Aufmerksamkeit ist nicht entgangen, dass dieser Artikel als Basis für nicht verifizierte Theorien dient, die behaupten, das neue Coronavirus sei im Labor hergestellt worden. Es gibt keinen Beweis für die Wahrheit dieser Behauptung. Wissenschaftler vermuten, dass ein Tier die Quelle des Coronavirus ist.«[190]

VI.
CORONA UND CO.

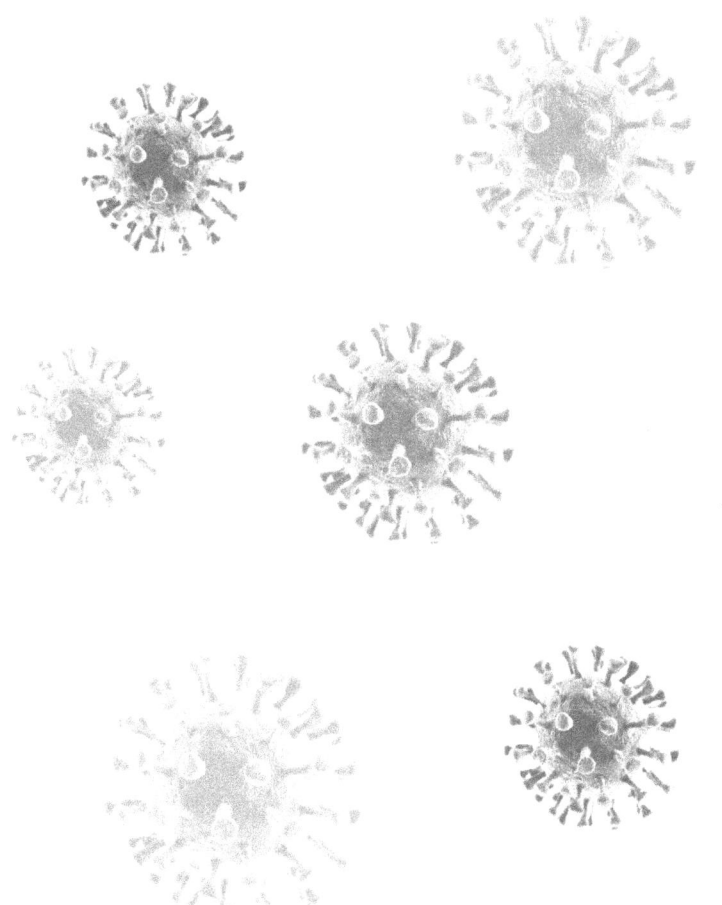

Die PCR oder: wie man Nummernschilder vom Mond aus sehen kann

Was für ein Jahrhundert! Ein Jahrhundert der Wissenschaft, der Technologie – und nicht zuletzt der Virologie. Um 1900 beginnen die Forscher überhaupt erst in einem konzeptionellen Sinn von Viren zu reden. Obwohl erste Nachweise von Viren als Krankheitsauslöser gelingen, weiß man noch so gut wie nichts über diese anscheinend unsichtbaren Partikel. Nicht einmal, ob es sich tatsächlich um Partikel handelt oder vielmehr um ein flüssiges Gift, kann mit Bestimmtheit gesagt werden. Nach und nach nehmen die Indizien zu, die nahelegen, dass es sich bei Viren um infektiöse Keime handeln muss, da die entsprechenden Krankheitsverläufe einer relativ einheitlichen Logik folgen und immer mehr Ansteckungswege identifiziert und Infektionen geplant provoziert werden können. Kein Bereich des Lebendigen scheint vor Viren gefeit zu sein. Weder Pflanzen noch Tiere, noch Menschen, ja nicht einmal Bakterien. Vielleicht ist es nicht mehr als eine zeitliche Koinzidenz, doch von dem Moment an, wo auf einem internationalen Kongress im Jahr 1938 die ersten, mithilfe eines Elektronenmikroskops entstandenen Bilder von einem Virus präsentiert werden, nimmt dessen Erforschung so richtig Fahrt auf. Als würde die konkrete Erscheinung die Fantasie verschiedener Fachrichtungen entfesseln, gelingt innerhalb zweier Jahrzehnte die biochemische Analyse der winzigen Erreger, die Identifizierung ihrer Erbanlagen im Nukleinsäureanteil und die prinzipielle Aufklärung des Infektionsvorgangs auf zellulärer Ebene. Auch die Kultivierung von Viren in Zellkulturen glückt, womit die Laborarbeit intensiviert und eine entscheidende Voraussetzung für die Entwicklung von Vakzinen geschaffen wird. Die weltweite Ausrottung der Kinderlähmung durch den Polio-Impfstoff avanciert zu einer Sternstunde der Virologie. Die enormen Fortschritte in der Molekulargenetik erlauben schließlich die Aufdeckung der in der Wirts-DNA ausgelösten Prozesse und erste Einsichten in den Zusammenhang von Virusinfektionen und Krebs. Mit der Reversen Transkriptase wird bei den sogenannten Retroviren ein Enzym entdeckt, das den gewöhnlichen Informationsfluss von DNA zur RNA umzukehren vermag. Die auf diesem (Um-)Weg vollzogene Einlagerung ihrer Erbinformationen in die DNA der Zelle macht die Viren zu tickenden Zeitbomben. Auf welche Dauer der Zünder eingestellt wird, bleibt unklar. Beim HI-Virus vergehen bis zu fünfzehn Jahre zwischen Infektion und Krankheitsausbruch, ein Papillomvirus kann lebenslang in der Wirtszelle schlummern, ohne je aktiviert zu werden.

Der transnationale Streit um die Rechte am HIV-Test zwischen Robert Gallo und Luc Montagnier kündet vom Anbruch einer neuen Epoche. Was dem Erfinder des ersten Polio-Impfstoffes, Jonas Salk, noch unvorstellbar schien, wird zur neuen Normalität. Patente bekommen in der Wissenschaft eine immense Bedeutung. Jede Einsicht wird daraufhin abgeklopft, ob sie nicht Gewinn abwerfen könnte. Dieser Trend spiegelt einen gesellschaftlichen Wandel in der westlichen Welt wider, der gemeinhin unter dem Label »Neoliberalismus« firmiert. Im Lauf der Achtzigerjahre des 20. Jahrhunderts etabliert sich unter Ronald Reagan in den USA, Margaret Thatcher (1925–2013) in Großbritannien und Roger Douglas (*1937) in Neuseeland eine neue Wirtschaftspolitik. Das Mantra der neoliberalen Ordnung heißt: Der Markt regelt alles. Deshalb sollte er möglichst uneingeschränkt agieren können. Dementsprechend zieht sich der Staat möglichst weit zurück, privatisiert die meisten seiner Verantwortungsbereiche und dereguliert die Finanzströme. Konsequenz dieser Strategie ist die Durchökonomisierung so gut wie aller Bereiche der Gesellschaft. Von der Energieversorgung bis zur Telekommunikation und von der Post bis zum Gesundheitswesen. Nicht nur die Medizin, auch die

Wissenschaft gerät nun unter Druck. Die Freiheit der Forschung steht immer mehr unter dem Vorbehalt der Ökonomie.

In dieser Situation fällt in den USA eine folgenschwere Entscheidung. Am 12. April 1988 wird unter der Nummer US4736866 das erste Patent für ein gentechnisch verändertes Säugetier vergeben. Die Molekularbiologen Philip Leder (1934–2020) und Timothy Stewart (*1952) von der Harvard University hatten in ihrem Labor die »OncoMouse« (»Krebsmaus«) kreiert. Das Tier trägt den Namen nicht von ungefähr, denn nach genetischer Manipulation neigt es dazu, noch vor seiner sechsten Lebenswoche an Krebs zu erkranken. Der Pharmakonzern DuPont, der diese Forschung finanziell unterstützt hatte, meldet das Patent an dem menschengeschaffenen Wesen an und vertreibt OncoMouse^{TM} weltweit an Krebsforscher. Damit ist das Tor in eine neue Welt aufgestoßen, in der Wissenschaftler Gott spielen und Unternehmen mit gentechnisch veränderten Organismen Kasse machen. Die Virologie steht dabei mit in der ersten Reihe, denn die patentwürdige Meisterleistung gelang Leder und Stewart, indem sie menschliche Brustkrebsgene an Mäuseembryonen übertrugen. Wie? Mithilfe von eigens präparierten Retroviren.

Man hätte es wissen können. Nachdem David Baltimore und Howard Temin im Jahr 1970 durch die Entdeckung der Reversen Transkriptase die ungemein clevere Vermehrungsstrategie der Retroviren entschlüsselt hatten, war es nur eine Frage der Zeit, bis die Idee aufkam, aus dieser Erkenntnis Kapital zu schlagen. Nicht einmal zwanzig Jahre vergingen zwischen der Entdeckung in der Grundlagenforschung und der patentierten Anwendung. Die Gentechniker erkannten rasch das Potenzial von Viren, da diese von Natur aus, also gleichsam ohne viel Aufhebens, eine Arbeit erledigten, die anders kaum zu bewältigen war: Sie brachten Informationen zielsicher in jede Zelle. Retro- und DNA-Viren vermochten sogar bis in den Kern vorzudringen, um dort spezifische Gensequenzen einzulagern, die das Programm der Zelle umschrieben und von Generation zu Generation vererbt wurden. Wenn ihnen das in eigener Sache gelang, warum dann nicht auch im Dienste der Gentechnik? Man brauchte lediglich das Virus ein wenig umzuprogrammieren, und schon transportierte es die gewünschten Gene in den Organismus. So konnte der Lebenscode eines gesunden Mäuse-Embryos in den eines Mäuschens umgeschrieben werden, das geboren wird, um in Bälde an Krebs zugrunde zu gehen.

Für das Umprogrammieren der Viren können die Gentechniker auf verschiedene Werkzeuge zurückgreifen. Zum einen machen sie sich die von Nathans und Smith entdeckten Restriktionsenzyme zunutze. Mit deren Hilfe gelingt es, das Erbgut fast nach Belieben zu zerschneiden und unerwünschte Abschnitte zu beseitigen. Denn die gentechnisch veränderten Viren sollen den Organismus ja nicht krank machen – zumindest nicht in dem Sinne, in dem sie es natürlicherweise tun würden. Ihre zentrale Aufgabe besteht darin, die von den Forschern gewünschten Informationen in die Zellen zu bringen, weswegen diese Viren als »Genfähren« oder »virale Vektoren« bezeichnet werden. Nachdem die zu transportierenden Gensequenzen ebenfalls passend geschnitten sind, werden sie vervielfältigt. Auch dafür gibt es seit Anfang der 1980er-Jahre eine entsprechende Technik, deren Name in Zeiten der Corona-Pandemie in den allgemeinen Sprachgebrauch Eingang gefunden hat. Gemeint ist die Polymerase-Ketten-Reaktion, kurz PCR. Das C steht dabei für das englische *chain*.

Erfunden hat die molekulare Vervielfältigungstechnik einer der großen Exzentriker der kalifornischen Wissenschaftlergemeinde. Der Biochemiker Kary Mullis (1944–2019) macht für seinen Geistesblitz unter anderem den Konsum von LSD verantwortlich. Über seine Drogenerfahrungen schreibt er freimütig in seiner Autobiografie mit dem bezeichnenden Titel *Dancing Naked in the Mind Field*. In der Tat erinnern seine Schilderungen der nächtlichen Begegnung mit einem leuchtenden Waschbären an Berichte über halluzinogene Drogenerfahrungen: »Ich war kein bisschen ängstlich. Der Waschbär sagte zu mir: Guten Abend, Doktor!«[191] Gern hätte Mullis über sprachmächtige funkelnde Waschbären ein wissenschaftliches Paper geschrieben, um die Skeptiker in ihre Schranken zu weisen. Leider stünden solch besondere Waschbären jedoch nicht für Experimente zur Verfügung. »So bleibt diese Begegnung genau das, was die Wissenschaft einen ›Einzelbericht‹ nennt, von einem Ereignis, das man nicht reproduzieren kann. Trotzdem hat es stattgefunden.«[192]

Wo immer Mullis eine Möglichkeit sieht, ausgefallene Meinungen zu vertreten, tut er es. Mit Lust an der Provokation und der Geste eines Popstars. Das Cover seiner Autobiografie zeigt ihn mit freiem, markant behaartem Oberkörper als Surferboy am Pazifik mit Board unter dem Arm. Neben den eher harmlosen Berichten von bewusstseinserweiternden Drogen, Begegnungen mit leuchtenden Waschbären und Außerirdischen sind andere Provokationen von Mullis geradezu verantwortungslos zu nennen. So zog er die Existenz des Ozonlochs in Zweifel und bestritt die wissenschaftliche Evidenz des menschengemachten Klimawandels. Doch auch in der Virologie sorgte er für Aufsehen. Gemeinsam mit dem im kalifornischen Berkeley lehrenden deutschen Virologen Peter Heinz Hermann Duesberg (*1936) gehörte er zu den AIDS-Leugnern. Duesberg bestritt dabei nicht die Existenz des HI-Virus, allerdings verursache es nicht die AIDS-Krankheit. Entgegen aller wissenschaftlichen Evidenz behauptete Duesberg, die Immunschwäche werde vielmehr durch schädigende Faktoren wie langjährigen Drogenkonsum ausgelöst. Die Krone setzte Duesberg seiner Argumentation auf, als er die AIDS-Medikamente selbst für den Ausbruch der Krankheit verantwortlich machte. Besonders Zidovudin, ein Mittel, das in der Lage ist, die für Retroviren so eminent wichtige Reverse Transkriptase zu unterdrücken, und das bis heute unverzichtbarer Bestandteil der Kombinationstherapie ist. Als Thabo Mvuyelwa Mbeki (*1942) im Jahr 1999 Präsident Südafrikas wurde, entpuppte sich dieser ausgerechnet in dem damals am schlimmsten von HIV heimgesuchten Land als AIDS-Leugner. Obwohl unglaubliche zwanzig Prozent der Bevölkerung HIV-positiv waren, stoppte er unter Berufung auf die Sichtweise von Wissenschaftlern wie Duesberg und

Mullis Einfuhr und Vertrieb antiretroviraler Medikamente. Immerhin umgab Duesberg der Nimbus des Berkeley-Professors für Molekular- und Zellbiologie und Mullis unterdessen der des Nobelpreisträgers. Mehrere Hunderttausend Menschen hat die Entscheidung von Mbeki das Leben gekostet, bis sich Betroffene schließlich vor Gericht das Recht auf fachgerechte Behandlung erstritten. Der Präsident empfahl den Erkrankten lediglich den erhöhten Verzehr von Knoblauch und Roter Bete.

So umstritten manche Eingebungen von Kary Mullis auch waren, an einem heißen Maienabend im Jahr 1983 durchfuhr ihn ein Geistesblitz, der die Virologie, ja die gesamte DNA-Biologie revolutionieren sollte. Während er mit seinem silberfarbenen Honda durch die Berge von Mendocino County nördlich von San Francisco fährt und seine Freundin Jennifer auf dem Beifahrersitz schläft, wandern Mullis' Gedanken zurück ins Labor, genauer zur DNA, »the big one«.[193] Im Labor der Biotech-Firma Cetus, bei der Mullis zu dieser Zeit arbeitet, beschäftigt er sich mit kurzen, synthetisch hergestellten DNA-Sequenzen. Was wäre, wenn er mithilfe dieser kleinen Abschnitte die gesamte DNA durchsuchen könnte? So wie sein Computer mit dem Befehl »FIND«? Dort braucht er nur ein einziges Wort einzugeben, und ein ganzer Text wird nach genau dieser Kombination von einigen wenigen Buchstaben durchsucht. Mullis kommt ins Schwärmen: »Als könnte man ein einzelnes Nummernschild nachts auf der Interstate 5 vom Mond aus identifizieren.«[194] Nun springt seine Fantasie so richtig an. Eine zweite kurze DNA-Sequenz, gewissermaßen ein zweites Nummernschild, könnte benutzt werden, um einen spezifischen Bereich auf der DNA zu markieren. Im nächsten Schritt könnte sich Mullis die natürliche Eigenschaft der DNA, sich selbst zu kopieren, zunutze machen, um genau den Abschnitt, den er mit seinen beiden Nummernschildern definiert hatte, zu vervielfältigen. Die Nummernschilder wird Mullis später treffend als »Primer« bezeichnen. Im nächsten Schritt müsste Mullis das Biomolekül lediglich zur Vervielfältigung anregen. Das könnte durch Erhitzen geschehen. Bei etwa neunzig Grad Celsius trennen sich die beiden in der Doppelhelix verschlungenen DNA-Stränge auf, so wie sie es ansonsten im Prozess der Zellteilung tun. Durch Zugabe des entsprechenden Enzyms Polymerase vervollständigen sich die Stränge dann wieder, sodass aus zwei Strängen vier entstehen. Lässt man den Prozess weiterlaufen, kommt es bei jedem neuen Durchlauf zu einer Verdopplung. Das heißt aus zwei werden vier, werden acht, werden sechzehn DNA-Abschnitte. Eine Kettenreaktion! Schon mit zehn Zyklen, so glaubt sich Mullis aus der Mathematik zu erinnern, würde man auf ungefähr eintausend kommen. Tatsächlich, 2^{10} ergibt 1024! Als ihm die Dimensionen seiner Eingebung klar werden, muss Mullis den Honda an den Straßenrand manövrieren. Er hat eine Methode zur gleichsam beliebigen Vervielfältigung eines selbst definierten DNA-Abschnitts erfunden: »Holy shit!«[195] Dieses Verfahren würde in jedem biologischen Labor der Welt Anwendung finden, bald würde es jeder Student der Biochemie kennen. Von Zambia bis Alice Springs, und sein Name wäre untrennbar mit der Polymerase-Kettenreaktion verbunden: »Ich werde berühmt! Ich bekomme den Nobelpreis!«[196]

Genau so kam es auch. Die höchste wissenschaftliche Auszeichnung durfte er bereits 1993 aus den Händen des schwedischen Königs entgegennehmen. Darüber hinaus trug jedoch auch seine Erfindung selbst zu seiner Berühmtheit bei. Denn wie sich bald herausstellen sollte, war die PCR weit mehr als ein hocheffizientes Kopiersystem. Man kann das Verfahren zum einen auf qualitativer Ebene einsetzen. Dabei wird geprüft, ob eine bestimmte DNA-Sequenz in der untersuchten Probe zu finden ist. Nach dem von Mullis im abendlichen (Erfindungs-)Rausch geprägten Vergleich geht es hier vorrangig darum, das Nummernschild eines einzigen Autos auf der Interstate 5 zu finden. Auf diese Weise kann nach Erbkrankheiten gesucht werden, die sich durch bestimmte DNA-Sequenzen verraten, außerdem wird es möglich, das Auftreten von Mutationen abzuklären. Auch die Neigung zu bestimmten genetisch verursachten Krankheiten ist auf diese Weise herauszufinden. Schließlich führt das Verfahren zur Entstehung eines neuen Zweigs der Verbrechensverfolgung. Die sogenannte molekulare Kriminalistik kann mit der PCR kleinste genetische Spuren vervielfachen und einen gerichtstauglichen genetischen Fingerabdruck des Täters erstellen.

Auf qualitativ-quantitativer Ebene kommt die PCR bei der Diagnostik von Virusinfektionen zum Einsatz. Sobald das Erbgut eines krankheitsauslösenden Virus, wie etwa SARS-CoV-2, identifiziert ist, können geeignete Proben nach dem Nummernschild-Prinzip durchsucht werden. Zugleich aber gelingt es mithilfe der PCR auch, die tatsächliche Viruslast zu bestimmen. Als Maß dafür nimmt man die Anzahl der PCR-Zyklen, die man braucht, um die charakteristische DNA-Sequenz so weit zu vermehren, dass man das Virus nachweisen kann. Wenn, um noch einmal den Mullis-Vergleich zu bemühen, nicht nur ein einziges, sondern zehn oder noch mehr Nummernschilder mit der gesuchten Kombination auf der Interstate unterwegs sind, wird die Kettenreaktion bereits mit wenigen Wiederholungen zu einem bestimmten Schwellenwert gelangen. Insofern gibt die Anzahl der Zyklen Auskunft über die tatsächlich in der Probe beziehungsweise im Patienten vorhandene Viruslast. Labortechnisch wird diese Vergleichsgröße im CT-Wert ausgedrückt, was im Englischen als Abkürzung für *cycle threshold*, also Schwellenwert-Zyklus, steht.

Wie epochal die Erfindung der PCR für Virologie und Genforschung ist, zeigt sich in Zeiten der neoliberalen Durchökonomisierung wiederum in der klingenden Münze. Natürlich meldet Cetus die Kettenreaktion, die Kary Mullis in ihren Laboratorien entwickelt hat, 1987 zum Patent an. Nur vier Jahre später verkauft das Biotech-Unternehmen seine Ansprüche an der PCR für 300 Millionen Dollar an den Pharmariesen Hoffmann-La Roche. Mullis selbst hatte für seine Erleuchtung eine vergleichsweise bescheidene Gratifikation von 10 000 Dollar erhalten. Und natürlich die Zuwendung aus Stockholm, die – selbst nachdem er den Preis mit dem kanadischen Chemiker Michael Smith (1932–2000) geteilt hatte – noch ein recht erkleckliches sechsstelliges Sümmchen betrug.

Viren in der Biotechnologie oder: die Büchse der Pandora ist geöffnet

Durch das Gipfeltreffen mit der Virologie läuft die Gentechnologie zu ganz großer Form auf. Die Fähigkeit der Viren, in die DNA der Zielzellen einzugreifen und dort dauerhaft Gene zu platzieren, spannt einen gewaltigen Horizont auf. Neben Krebs entwickelnden Onkomäusen, nicht faulenden Tomaten und im Dunkeln leuchtenden Schafen entwickelt die Gentechnik auch Methoden zum Eingriff in den menschlichen Körper. Besonders Erbkrankheiten stehen im Fokus. Die Idee dahinter ist ebenso naheliegend wie einfach: Wenn ein Gendefekt für eine bestimmte Krankheit verantwortlich gemacht werden kann, muss man das beschädigte oder gar fehlende Gen lediglich durch ein funktionsfähiges ersetzen, und der Patient gesundet. Wirklich so einfach?

Für den US-Amerikaner Jesse Gelsinger (1981–1999) aus Arizona klingt das plausibel. Er leidet seit Geburt an einer erblichen Lebererkrankung, die zu einer Stoffwechselstörung im Körper führt und schwere Hirnschäden zur Folge haben kann. Mit einer strikten Diät und speziellen Medikamenten hat Gelsinger die durch den Gendefekt verursachte Krankheit allerdings im Griff. Er führt ein ganz normales Leben und arbeitet in einem Supermarkt. Als er davon hört, dass Freiwillige für eine klinischen Studie gesucht werden, die genau jenen Gendefekt in sich tragen, stellt er sich im Institut für menschliche Gentherapie in Philadelphia vor. Die Ärzte dort erklären ihm, was sie vorhaben. Mithilfe von unschädlich gemachten Viren soll das fehlende Gen in die Leberzellen transportiert werden. Man will beobachten, ob die von außen zugeführte Erbinformation dort wunschgemäß integriert wird. In den Tierversuchen gelang das ohne Probleme. Für die anlaufende Phase-1-Studie, die unter der Leitung des Biomediziners James M. Wilson durchgeführt wird, hat man gezielt Probanden wie ihn gesucht. Bislang sind bei keinem Komplikationen aufgetreten.

Wäre denn, wenn alles gut ginge, sein Defekt behoben, sodass er jederzeit alles essen könne, was er wolle? Leider nicht, aber durch die Studie will man wertvolle Rückschlüsse für den Einsatz der Methode bei Neugeborenen erhalten, bei denen eine ähnliche Therapie möglicherweise zur gänzlichen Ausheilung führen könnte. Insofern würde er durch seine Teilnahme kommenden Generationen helfen und der Wissenschaft einen unschätzbaren Dienst erweisen.

Aber Viren? Kein Problem! Man werde ihm umgebaute Adenoviren geben, die seien nicht mehr infektiös. Mit diesen Viren habe man langjährige Erfahrungen. Sie sind in der Hand von Experten ungefährlich.

Jesse Gelsinger sagt schließlich zu und reicht bei seinem Arbeitgeber unbezahlten Urlaub ein. In der Klinik wird alles vorbereitet. Am 13. September 1999 ist es dann so weit. Dem Probanden werden 380 Billionen zu Genfähren für den Transport des OTC-Gens umfunktionierte Adenoviruspartikel direkt in die zur Leber führende Pfortader injiziert. Am nächsten Tag bekommt er Fieber und Übelkeit. Die Ärzte beruhigen ihn. Doch dann entwickelt Jesse Gelsinger Symptome einer Gelbsucht. Offensichtlich hat seine Leber doch stärker mit den Viren zu kämpfen, als die Experten gedacht hatten. Am 17. September spielt sein Immunsystem komplett verrückt. Sein Blut erstarrt plötzlich zu einer gallertartigen Masse und verstopft die Gefäße; Leber, Niere, Lunge und Gehirn versagen. Jesse Gelsinger stirbt im Alter von achtzehn Jahren.

Die nachfolgende Untersuchung des Vorgangs ergab Folgendes: Dem Studienteam war durchaus bekannt gewesen, dass Adenoviren heftige Immunreaktionen auslösen können. Mehrere Affen waren in den Vorversuchen auf ähnliche Weise zugrunde gegangen wie der jugendliche Proband. In der Einverständniserklärung, die Jesse Gelsinger unterschrieben hatte, fand sich keinerlei Erwähnung dieses Risikos.

Außerdem lagen die Leberwerte vor Beginn des Experiments außerhalb des Bereiches, für den die zuständige Aufsichtsbehörde FDA die Studie zugelassen hatte. Der Virologe und Direktor des Instituts für Medizinische Mikrobiologie an der Martin-Luther-Universität Halle-Wittenberg, Alexander Kekulé (*1958), kam denn auch zu folgender Einschätzung: »Bei vorschriftsmäßiger Meldung wäre die Studie, die von Anfang an ethisch umstritten war, wahrscheinlich abgebrochen worden. Dies ist jedoch nicht geschehen.«[197] Letztlich aber wurde niemand zur Verantwortung gezogen. Paul Gelsinger, Jesses Vater, sagte 2016 im Rückblick auf den Tod seines Sohnes: »Erst viel später fand ich heraus, dass Ärzte und Entscheidungsträger Einflüssen ausgesetzt waren, die sie blind vor Ehrgeiz gemacht haben. Das ist das wahrhaft Tragische an dieser Geschichte.«[198]

Tatsächlich spielt auch in der Gentechnologiebranche das Gewinnstreben eine unrühmliche Rolle. Wie sich herausstellte, waren die US-Behörden bereits Jahre vor dem tödlich endenden Menschenversuch mit dem jungen Jesse Gelsinger einem dringenden Wunsch der Biotech-Firmen nachgekommen. Das Genehmigungsverfahren für derartige Studien wurde aus den Händen des Nationalen Gesundheitsinstituts NIH genommen und in jene der Arzneimittelbehörde FDA gelegt. Damit war eine entscheidende, für die öffentliche Reputation der Gentechnik und der mit ihr verdienenden Firmen immens wichtige Änderung verbunden. Denn während das Nationale Gesundheitsinstitut alle während der Studien auftretenden Komplikationen sofort veröffentlicht, behandelt die FDA den gesamten Prozess bis zur Zulassung eines bestimmten Produkts als Betriebsgeheimnis. Somit unterliegen auch alle unerwünschten Effekte der Schweigepflicht, und der Öffentlichkeit bieten sich kaum Möglichkeiten, den Forschern in den Biotech-Laboren auf die Finger zu schauen. Ein Grund für Paul Gelsinger, sich im Vorstand von Circare – Citizens for Responsible Care and Research (Bürger für verantwortliche Behandlung und Forschung) – zu engagieren. Für die Ökonomisierung von Gesundheitswesen und Wissenschaft hat er aus nachvollziehbaren Gründen wenig übrig: »Der finanzielle Einfluss, dem Mediziner und Forscher unterliegen, kann das Wichtigste zur Nebensache werden lassen, nämlich den Patienten.«[199]

Unterdessen gibt es einige zugelassene gentherapeutische Medikamente, mit denen seltene Erbkrankheiten behandelt werden können. Dabei kommen vor allem Retroviren und die von doppelsträngiger DNA instruierten Adenoviren als Genfähren zum Einsatz. Der große Durchbruch, der nach der Entzifferung der letztlich überraschend geringen Anzahl von 20 000 menschlichen Genen (der Wasserfloh besitzt 31 000 und bestimmte Kohlpflanzen 100 000 Gene) Anfang des 21. Jahrhunderts erwartet wurde, steht jedoch noch immer aus. Was einfach klingt, erweist sich in der Praxis als schwierig und riskant. In die Grundstruktur, die Matrix des Lebendigen einzudringen zeitigt wiederholt den Zauberlehrling-Effekt. Biologische Systeme im Allgemeinen und das menschliche ganz besonders sind hochkomplex. Sie zeichnen sich durch eine Eigenschaft aus, die der österreichisch-amerikanische Kybernetiker und Philosoph Heinz von Foerster (1911–2002) »Nichttrivialität«[200] nannte. Mit dieser Formulierung wies er auf den Umstand hin, dass solche Systeme selbstgesteuert funktionieren, das heißt, sie verarbeiten jede Form der Intervention nach ihren eigenen Gesetzen. Zwar können Wissenschaftler und Mediziner in den Organismus eingreifen, doch was danach geschieht, folgt der Eigenlogik des biologischen Systems und nicht der des Behandlers. Nicht von ungefähr ist die Liste möglicher Nebenwirkungen auf den Beipackzetteln vieler Medikamente in der Regel länger als die der Behandlungsziele. Je tiefer man in die Grundstruktur des Lebendigen eindringt und am Ende sogar die Erbanlagen umschreibt, desto unberechenbarer werden die möglichen Folgen. Wenn nicht im ersten, dann im zweiten, dritten oder einhundertsten Schritt.

Umso problematischer stellt sich die Schöpfungsattitüde der Biotechnologie dar, die mit immer neuen genveränderten Organismen aufwartet. Neben Genmais und Tomaten mit manipuliertem Erbgut stehen auch Insekten hoch im Kurs. Das CRISPR/Cas9-Verfahren, für dessen Erfindung die in Berlin forschende französische Mikrobiologin Emmanuelle Charpentier (*1968) im Dezember 2020 mit dem Nobelpreis geehrt wurde, macht sogenannte *gene drives* möglich, die das *Deutsche Ärzteblatt* mit dem bildhaften deutschen Begriff »Vererbungsturbos«[201] beschrieb. Dafür wird die umgangssprachlich »Genschere« genannte Erfindung zusammen mit dem gewünschten neuen oder veränderten Gen in das Zielchromosom eingebaut, das anschließend die Genschere produziert. Diese wiederum zerschneidet das Schwesterchromosom an der gleichen (homologen) Stelle, und das zelleigene Reparatursystem füllt die entstandene Lücke, wobei es das erste Chromosom als Vorlage nutzt. Auf diese Weise entstehen zwei neue, identische künstliche Gene (Allele) auf den beiden Schwesterchromosomen. Die Biotechnologie stellt hiermit also die Mendel'schen Gesetze auf den Kopf, und das durch die Genmanipulation erzeugte neue Merkmal liegt reinerbig vor. Durch diesen gentechnischen Trick breitet es sich in natürlichen Populationen rasend schnell aus.

Oder eine andere Variante: Unter dem Handelsnamen OX513A kreierte das britische Biotech-Unternehmen Oxitec Limited eine männliche transgene Mücke. Ein von Viren eingebrachtes fremdes Gen in ihrem Erbgut veranlasste die Produktion eines speziellen Proteins, das seinerseits die Zellentwicklung behinderte. Die Mücken konnten nur unter Dauergabe eines Antibiotikums überleben, das dieses Protein abbaut. 2009 startete mit der finanziellen Unterstützung der Bill-und-Melinda-Gates-Stiftung ein erster Feldversuch. Auf den Kaiman-Inseln setzte das Biotech-Unternehmen über drei Millionen seiner genveränderten Gelbfiebermückenmännchen aus. Diese paarten sich mit den dort ansässigen Weibchen. Die Antibiotikaabhängigkeit wurde in die nächste Generation vererbt, und die gemeinsamen Nachkommen starben. Auf diese Weise dezimierten die menschengemachten Wesen den Bestand an Gelbfiebermücken innerhalb eines Vierteljahres um achtzig Prozent. In den 2010er-Jahren wurden in Brasilien und Teilen Afrikas ebenfalls genmanipulierte Insekten zur Bekämpfung von Malaria und Zika ausgesetzt.

Auch die durch die industrialisierte und pharmazeutisch hochgezüchtete Landwirtschaft bedrohten Bienen werden im Labor bereits gentechnisch verändert. Über Modifizierung ihres Erbguts sollen sie resistenter gegen die vielen in die Umwelt eingebrachten Gifte werden. Einige Biotechnologen träumen bereits von der kompletten Funktionalisierung der Bienen, damit sie, wie es heißt, »durch gezieltes Ein- und Ausschalten von Genen zur Bestäubung auf ausgewählte Felder gelenkt werden können«.[202]

So feuert die durch den Einsatz von Viren als Genfähren wirkmächtig gewordene Biotechnologie die menschliche Hybris gewaltig an. Alle Bereiche des Lebendigen werden mehr und mehr dem Effizienzprinzip und der Gewinnmaximierung unterworfen. Die Biotechnologie gibt Mittel und Möglichkeiten an die Hand, die Vergiftung von Böden, Pflanzen und Tieren durch die industrielle Landwirtschaft fortzusetzen, indem transgene Organismen kreiert werden. Den im Labor zu künstlicher Resistenz verholfenen Wesen wird durch die Genschere CRISPR/Cas9 ein zusätzlicher Evolutionsvorteil gegenüber den natürlichen Arten mit auf den Weg gegeben. Sie stehen zumindest bei den Merkmalen, die vom Menschen verändert wurden, über dem evolutionären Prinzip der natürlichen Auslese. Mit völlig unabsehbaren Folgen. Rückholbar sind solche transgenen Organismen höchstens durch den Einsatz von noch mehr Biotechnologie, der ebenfalls nicht ohne Folgen bleiben wird. So warnt der US-amerikanische Biologe Kevin Esvelt (*1983), der als Gentechniker vom Massachusetts Institut of Technology maßgeblich die Methode des *gene drives* mitentwickelt hat: »Ich habe die Büchse der Pandora geöffnet.«[203]

Die Büchse der mythischen Figur Pandora enthielt bekanntlich alle Übel, die der Menschheit bis zum schicksalsträchtigen Öffnen des Deckels unbekannt waren (unter anderem die Arbeit). Insofern steht uns noch einiges bevor, wenn man allein an die neuen Möglichkeiten biologischer Kriegsführung denkt. Die Forschungsbehörde des US-Verteidigungsministeriums DAPRA legte bereits 2016 das Projekt »Insect Allies« (Alliierte Insekten) auf. Dabei geht es um die Freisetzung genetisch veränderter Viren durch Insekten, wodurch Genmanipulationen bei Nutzpflanzen auch außerhalb des Labors möglich werden sollen.[204] Die Viren werden von Grashüpfern, Blattläusen und Weißen Fliegen verbreitet. Beim Kontakt mit den Pflanzen schleusen sie die entsprechenden genetischen Informationen ins Erbgut der Zellen ein. Daraufhin wird je ein spezifisches Programm abgespult, mit dem die Pflanzen auf Störfaktoren wie Trockenheit oder spezifischen Schädlingsbefall reagieren sollen.

Wie kurz der Weg von hier zu einer völlig neuen Generation von Biowaffen ist, wird deutlich, wenn man sich vor Augen führt, dass die eingesetzten Viren nicht nur gegen Pflanzenschädlinge scharf geschaltet werden können. Gar nicht auszumalen, was geschieht, wenn solch eine Technologie in die falschen Hände gelangt, wobei dringlich zu fragen wäre, ob sie sich denn derzeit in den richtigen Händen befindet. Die Rechtswissenschaftlerin Silja Vöneky (*1969) von der Universität Freiburg ist sich da nicht so sicher. Als Mitglied des Ethikrates der Max-Planck-Gesellschaft erklärt sie: »Das Insect-Allies-Programm könnte das Übereinkommen über das Verbot biologischer Waffen verletzen, wenn die von DARPA geltend gemachten Ziele nicht plausibel sind. Dies gilt besonders vor dem Hintergrund, dass es hier um eine Technologie geht, die leicht zur biologischen Kriegsführung genutzt werden kann.«[205]

Durch die Methode der Biotechnologie, mithilfe von Viren gezielt Informationen in das Erbgut bestimmter Organismen einzubringen, wird auch bei der Impfstoffentwicklung ein völlig neues Kapitel aufgeschlagen. In der Corona-Pandemie zeigt sich die ganze Palette unterschiedlichster Strategien in aller Deutlichkeit. Denn plötzlich stehen für die entsprechenden Firmen schwindelerregende Summen bereit. Auf internationalen Geberkonferenzen kommen mehrstellige Milliardenbeträge zusammen. Im Zentrum stehen dabei die Impfinitiativen GAVI (Global Alliance for Vaccines and Immunisation) und CEPI (Coalition for Epidemic Preparedness Innovations). Beide folgen einem neuen ökonomischen Modell, abgekürzt PPP, was für *Public Private*

Partnership steht. In öffentlich-privater Partnerschaft werden Gelder eingesammelt, die zweckgebunden an Unternehmen ausgegeben werden. Umstritten ist dieses Modell, weil die anfallenden Gewinne dann nicht in die Initiative zurückfließen, sondern bei der jeweiligen Firma verbleiben. Insofern folgt das vergleichsweise neue Finanzmodell der alten kapitalistischen Regel: Verluste sozialisieren, Gewinne individualisieren.

Das Engagement der Bill-und-Melinda-Gates-Stiftung sowohl bei GAVI als auch bei CEPI heizt in der Corona-Pandemie die Paranoia an. Die Verschwörungsgläubigen erklärten den Microsoft-Gründer endgültig zur diabolischen Figur, als die Beteiligung von GAVI am Projekt ID 2020 ruchbar wird. Der Name ist hier Programm, denn diese Initiative arbeitet an Verfahren, bei denen mit dem Impfstoff sogleich ein kleiner Chip injiziert wird. Die Geimpften erhalten auf diese Weise einen digitalen Ausweis (ID), der jederzeit mit geeigneten Mitteln ausgelesen werden kann. Seit 2019 finden in Texas bereits Testläufe für dieses elektronische Identifizierungsverfahren bei Obdachlosen statt.[206] Während die Verantwortlichen von ID 2020 betonen, dass es ihnen lediglich darum geht, zu sehen, wer geimpft ist und wer nicht, ist für paranoische Geister klar, was hier eigentlich gespielt wird: Bill Gates (*1955) hat das Coronavirus in die Welt setzen lassen, um dann flächendeckende Zwangsimpfungen mit ID-Tracking zu erreichen. Mit den daraus resultierenden und für den Microsoft-Gründer spielend leicht zu verarbeitenden Informationen über alle Menschen auf dem Planeten strebt er die Weltherrschaft an. Als nächsten Schritt plane Gates dann noch die Dezimierung der Bevölkerung auf der Erde.

Skepsis sollte bei solchen Verschwörungsmythen spätestens angesagt sein, wenn die vermeintlichen Fakten allzu gut zusammenpassen. Denn so niedere Motive es unter uns Menschen auch geben mag, die Welt ist doch zu komplex für derlei einfache Erklärungen. Und wenn Bill Gates tatsächlich solch finstere Machenschaften im Schilde führen sollte, wäre er bei seinem Vorhaben insofern denkbar ungeschickt vorgegangen, als er nicht nur in den letzten Jahren immer wieder vor einer bevorstehenden Virus-Pandemie gewarnt, sondern seine Stiftung noch am 18. Oktober 2019 gemeinsam mit dem Johns-Hopkins-Zentrum für Gesundheitsschutz und dem Weltwirtschaftsforum das Event 201 veranstaltet hatte. Das war nicht weniger als eine »Pandemie-Übung auf hohem Niveau« (»high-level pandemic exercise«).[207] Das Szenario ging von einem Infektionsereignis in Brasilien aus. Dort würde ein bislang unbekanntes Coronavirus (sic!) von Fledermäusen zunächst auf Schweine und von diesen auf den Menschen überspringen. Das Virus breitete sich in dem Planspiel von Brasilien zunächst in die USA, Portugal und China aus und von dort in eigentlich alle Regionen der Welt. Trotz immenser Anstrengungen gab es innerhalb der ersten zwölf Monate keinen Impfstoff. Gleichwohl stand ein antivirales Medikament zur Verfügung, das manchen Erkrankten half, aber die pandemische Ausbreitung des Virus nicht eindämmen konnte. Erst nachdem etwa achtzig bis neunzig Prozent der Menschen Kontakt mit dem Virus hatten, klang die Pandemie ab. In dem beim Event 201 durchexerzierten Szenario forderte das Coronavirus 65 Millionen Todesopfer. Die Veranstalter betonen auf ihrer Website, wie wichtig im Pandemiefall die verantwortliche Zusammenarbeit verschiedener Industriezweige mit den nationalen Regierungen und den internationalen Schlüssel-Institutionen ist, um zu resümieren: »Die Experten stimmen darin überein, dass es lediglich eine Frage der Zeit ist, bis eine Epidemie ein globales Ausmaß erreicht und zu einer Pandemie mit katastrophalen Konsequenzen wird.«[208]

Anders als beim Event 201 gibt es in den ersten zwölf Monaten der realen Pandemie bereits einen einsatzfähigen Impfstoff gegen das aus China stammende Coronavirus SARS-CoV-2, das sich nur ein Vierteljahr nach dem Planspiel auszubreiten beginnt. Die Vakzine, die aller Orten Hoffnung verbreitet und eine Rallye an der Börse auslöst, heißt BNT162b2. Gehandelt wird der Impfstoff unter den Namen Comirnaty beziehungsweise Tozinameran. Es ist der erste Kassenschlager des 2008 gegründeten Start-ups Biontech, das seinen Sitz in

Mainz hat. Das Firmengebäude steht dort An der Goldgrube 12. Diese Adresse macht ihrem Namen alle Ehre, als Großbritannien die Notfallzulassung für den Wirkstoff am 2. Dezember 2020 erteilt. Bald darauf darf auch in den USA, Kanada, Bahrain, Mexiko und Saudi-Arabien gegen SARS-CoV-2 geimpft werden. Die Europäische Union lässt sich etwas länger Zeit, erteilt dann aber doch noch vor Weihnachten 2020 eine bedingte Zulassung. Gemeinsam mit seinem Kooperationspartner Pfizer schiebt Biontech die Produktion an und will in 2021 ein Volumen von 1,3 Milliarden Impfdosen auf den Markt bringen.

Die Zulassung eines Impfstoffs setzt nach internationalen Standards die erfolgreiche Absolvierung von drei klinischen Phasen voraus. In der entscheidenden dritten Phase wird der Wirkstoff an Zehntausenden Probanden aus verschiedenen Ländern erprobt, um das Erreichen des Behandlungsziels unter Beweis zu stellen und einen Überblick über mögliche Nebenwirkungen zu bekommen. In der Regel dauert allein diese Phase mehrere Jahre. Von der Entwicklung bis zur Zulassung des Impfstoffs gegen das Papillomvirus vergingen 23 Jahre.

Auch bei der SARS-CoV-2-Vakzine muss jede Abkürzung des Weges zur Genehmigung sehr gut überlegt sein. Tritt in der Phase-III-Erprobung bei tausend Probanden eine einzige Komplikation auf, dann liegt die Rate der zu erwartenden Nebenwirkungen im Promillebereich. Das klingt wenig, wird aber viel, wenn man die möglicherweise milliardenfache Anwendung der Impfung in Rechnung stellt. Denn bei einem Promille käme man bereits in die Dimension der Zahl der Todesopfer, die während der Coronavirus-Pandemie allein in den ersten zwölf Monaten weltweit zu beklagen waren. Doch nachdem die nichtpharmazeutischen Maßnahmen wie Abstandsregeln, verstärkte Hygiene und Maskentragen besonders in den westlichen Demokratien auf immer mehr Unwillen stießen, schien die Coronaimpfung alternativlos. Zudem lagen für den Biontech-Impfstoff beeindruckende Ergebnisse vor: An der Phase-III-Studie nahmen weltweit 43 500 Probanden teil. Von ihnen infizierten sich in der Zeit nach der Impfung 170 Personen mit dem Coronavirus. Davon gehörten

162 zur Kontrollgruppe, die lediglich ein Placebo bekommen hatte. Nur acht Personen erkrankten trotz der Schutzimpfung, womit der Vakzine eine Wirksamkeit von erstaunlichen 95 Prozent attestiert werden konnte. Diese auch für Fachleute überraschend hohe Quote gewinnt durch folgenden Vergleich noch weiter an Brisanz. Der neueste Kandidat für die HIV-Impfung HVTN 702 wurde an 5407 Probanden in Südafrika getestet. Anfang 2020 wurde die Phase-III-Studie ausgewertet. 249 Teilnehmer waren mittlerweile HIV positiv. 129 von ihnen hatten den Wirkstoff erhalten und 120 das Placebo. Es gab also mit der Impfung, die eigentlich zum Schutz dienen soll, statistisch gesehen sogar ein höheres Risiko, sich mit HIV zu infizieren. Die Studie wurde natürlich sofort abgebrochen, und so bleibt die Impfstoffforschung zum HI-Virus auch nach über dreißig Jahren ohne Erfolg.

BNT162b2 von Biontech gehört zu den genbasierten Impfstoffen. Sie bestehen aus synthetisch hergestellter Messenger-RNA (mRNA), die von den menschlichen Zellen direkt als Bauanweisung für charakteristische Proteine des Virus benutzt werden kann. Die produzierten Viruseiweiße rufen dann eine Immunreaktion hervor. Die mRNA wird für die Impfung in Nanopartikel verpackt. Der unbedingte Vorteil dieser Art der Impfstoffe besteht in seiner raschen Verfügbarkeit, da er relativ einfach in größeren Mengen herzustellen ist. Demgegenüber wiegen die Nachteile jedoch zumindest ebenso schwer. Denn bis zum 2. Dezember 2020 gab es weltweit noch keinen einzigen zugelassenen RNA-Impfstoff und somit auch keine Erfahrungen mit eventuellen Langzeitfolgen. Seit Anfang 2021 ist mit MRNA-1273 vom US-Biotechnologie-Unternehmen Moderna bereits ein zweiter mRNA-Impfstoff in verschiedenen Ländern zugelassen.

Für die Entwicklung einer Vakzine gegen SARS-CoV-2 werden noch drei weitere Prinzipien verwendet. Da wären zunächst die Vektor-Impfstoffe. Hierbei arbeitet man mit für den Menschen ungefährlichen Viren. Genutzt werden beispielsweise Erkältungsviren, in die Teile des SARS-CoV-2-Erbmaterials eingebaut sind, das in die Zielzellen im Menschen eingeschleust wird. Dort werden dann einige Proteine des Coronavirus produziert. Das Immunsystem erkennt diese als fremd und bildet Antikörper gegen sie aus. Sollte das leibhaftige Coronavirus dann in den Körper eindringen, stürzen sich die Antikörper darauf und neutralisieren es, so die Hoffnung. Dieses Prinzip wird beim aktuellen Impfstoff gegen das Ebolavirus angewendet.

Auch die in Russland entwickelte Vakzine funktioniert so. Hier bringen abgeschwächte Adenoviren Erbinformationen der Spikeproteine des Coronavirus in den Körper. Daraufhin werden lediglich die Zacken der Virus-»Krone«, mit denen sich SARS-CoV-2 im Falle einer Infektion in die Zelle bohrt, produziert, und das Immunsystem lernt daran die geeignete Abwehrreaktion. Als Wladimir Putin (*1952) den Impfstoff im August 2020 zuließ, gab es nur sehr spärliche Daten über Wirkung und Verträglichkeit. Insofern ging es hier wohl eher um Propaganda. Dafür sprach auch der Name des Impfstoffs: Sputnik V. Putin wollte der restlichen Welt wohl einen neuerlichen Sputnikschock verpassen, in Erinnerung an das Jahr 1957, als die Russen am 4. Oktober den ersten von Menschenhand geschaffenen Erdsatelliten in die Umlaufbahn schossen. International wurde die Nachricht vom russischen Impfstoff aufgrund der schleppenden Veröffentlichung von Erprobungsdaten jedoch mit großer Skepsis aufgenommen. So dominierte eher die Hoffnung, dass Sputnik V nicht noch zu einem Schock für die russische Bevölkerung wird. Nach demselben Prinzip entwickelte der britisch-schwedische Pharmakonzern Astrazeneca einen Impfstoff, der ab Januar 2021 unter anderem in Großbritannien, Indien und Argentinien eine Notfallzulassung erhielt. Zwar erweist sich die Wirksamkeit mit siebzig Prozent im Vergleich zum Produkt von Biontech als eher schwach, dafür aber liegt der Preis deutlich unter den mRNA-Impfstoffen, was bei der Eindämmung einer Pandemie ebenfalls ein gewichtiges Argument sein kann.

Eine weitere Gruppe bilden die proteinbasierten Wirkstoffe. Sie kommen ohne Viren aus. Stattdessen werden bestimmte Eiweiße von SARS-CoV-2 direkt gespritzt. Die Impfung gegen das humane Papillomvirus beruht ebenfalls auf diesem Prinzip. Um eine schützende Immunantwort zu erhalten, müssen die Wirkstoffe in der Regel verstärkt werden. Die dazu notwendigen Adjuvantien sind allerdings nicht unumstritten, da sie zum Teil selbst Entzündungsreaktionen hervorrufen können. Impfstoffe nach diesem Prinzip werden in den USA, China, Italien und Frankreich entwickelt.

Auch Totimpfstoffe sind zur Eindämmung der Corona-Pandemie Erfolg versprechend. Dabei werden abgetötete oder stark abgeschwächte SARS-CoV-2-Viren verwendet. Sie können sich im Körper des Menschen nicht mehr vermehren. Das aber »weiß« das Immunsystem nicht und reagiert mit der Produktion von Antikörpern. Ein solcher Impfstoff wurde in China entwickelt – unter anderem in einem gewissen Hochsicherheitslabor in Wuhan. Seit Ende August 2020 ist die Vakzine in der Volksrepublik zugelassen. Mit Covaxin wurde auch in Indien ein Totimpfstoff gegen das neuartige Coronavirus entwickelt und wird dort seit Anfang 2021 angewendet. Diese Art der Impfung hat sich in der Geschichte der Virenbekämpfung am häufigsten bewährt, reichen doch die ersten erfolgsgekrönten Versuche mit diesem Prinzip bis in die Zeiten von Edward Jenner und Louis Pasteur zurück.

Pandemien seit dem Jahr 2000 oder: sechzig Tage Zwangsurlaub für Virologen

Als sei inmitten der Corona-Pandemie eine kleine Ermutigung für die gesamte Fachrichtung angebracht, wurde der Nobelpreis für Medizin am 10. Dezember 2020 an drei Virologen verliehen. Der Brite Michael Houghton (*1949) und die US-Amerikaner Harvey James Alter (*1935) sowie Charles Moen Rice (*1952) erhielten die Auszeichnung für ihre Entdeckung des Hepatitis-C-Virus. Obwohl in den 1970er-Jahren neben dem durch verunreinigtes Trinkwasser oder Lebensmittel übertragenen A-Typ auch der mit Körperflüssigkeiten weitergegebene B-Typ des Virus bekannt war, kam es trotz der Testung von Blutkonserven nach Transfusionen immer wieder zu Erkrankungen, die zunächst als Non-A-non-B-Hepatitis bezeichnet wurden. Harvey James Alter gelang es dann Anfang der Achtzigerjahre, mit dem Serum von Erkrankten Infektionen bei Schimpansen auszulösen. Dabei zeigten sich Eigenschaften eines neuen Virus. Der erste Schritt war getan, doch das Virus ließ sich trotz der jahrzehntelangen Erfahrungen im Fach nicht finden. Erst Mitte der 1980er-Jahre gelang es Michael Houghton schließlich, durch eine aufwendige Gensequenzierung das Virus zu identifizieren. Bestätigt wurde sein Ergebnis, als im Blut der Erkrankten Antikörper gefunden wurden, die sich genau gegen dieses Virus richteten. Gemäß der alphabetischen Abfolge erhielt der Erreger mit seiner einzelsträngigen RNA ein C als Bezeichnungsmerkmal. Charles Rice erbrachte schließlich noch den Beweis, dass wirklich das HCV allein das Krankheitsbild verursachte, indem er Schimpansen die virusspezifische RNA in die Leber injizierte und sie daraufhin vergleichbare Krankheitssymptome zeigten. Auf Grundlage dieser Erkenntnisse konnten ein Testverfahren und schließlich antivirale Medikamente entwickelt werden, mit denen die Viruslast im Falle einer Infektion dauerhaft so niedrig gehalten werden kann, dass keine Hepatitis ausbricht.

Bis 2030 hat sich die WHO sogar die Ausrottung der viralen Hepatitis auf ihre Fahnen geschrieben. Dieses ehrgeizige Ziel scheint angesichts des stetig wachsenden Erkenntnisgewinns in Virologie, Biotechnik und Pharmazie durchaus realistisch. Allerdings sollte die Frage erlaubt sein, ob sich der an Höhepunkten reiche Siegeszug gegen virale Krankheitserreger nicht letztlich doch noch als Pyrrhussieg herausstellen könnte, als ein Sieg, der mit einer hohen Hypothek auf die Zukunft teuer erkauft wird. Ähnlich der eigenwilligen Dynamik der menschlichen Psyche könnte es nämlich auch bei der Bekämpfung der Viren einen Effekt geben, den man als »Wiederkehr des Verdrängten« bezeichnen könnte. So wie gerade das, was man am liebsten so rasch wie möglich und am besten für immer vergessen möchte, einem am hartnäckigsten erhalten bleibt und in verschiedenen Facetten wieder auftaucht, könnten uns auch die Viren weiter begleiten und uns immer neue unangenehme Überraschungen bereiten. Wenn man sich vergegenwärtigt, dass einem neuen SARS-Coronavirus kaum zwölf Monate Existenzrecht zugestanden werden, bevor es mit einem höheren Budget als dem zur Bekämpfung des Welthungers ausgelöscht – oder vornehm epidemiologisch ausgedrückt: eradiert – wird, sind Zweifel angebracht, ob diese Strategie auf lange Sicht aufgehen kann. Die Viren sind viel länger auf der Erde heimisch als wir Menschen, wahrscheinlich sogar länger als jede andere Form des Lebens. Mit ihrer großen Mutationsfreudigkeit sind sie zu Günstlingen der Evolution geworden. Menschliches Handeln aber bedroht ihre Entfaltungsräume. Nicht nur gezielt durch Vakzine, Medikamente und Desinfektion, sondern auch als Nebeneffekt der großzügigen Ausbringung von Giften in der Landwirtschaft, der konventionellen Energieproduktion, dem weitgehend ungezügelten Individualverkehr sowie den meisten exzessiv produzierenden Industriezweigen. Durch das Walten des Menschen wächst der evolutionäre Druck auf die Viren, die jedoch einfallsreicher reagieren als all die seit Beginn der Industrialisierung ausgerotteten Tier- und Pflanzenarten. So wie das Verdrängte in immer neuen Formen wiederkehrt, tun das auch die Viren. Die Biologin und Autorin Ina Knobloch (*1963) bringt diesen Zusammenhang auf den Punkt, wenn sie schreibt: »Der Mensch drängt die Natur in die Enge, verseucht die Erde, bastelt Killerviren und wundert sich über neue Seuchen.«[209] Tatsächlich nehmen Epidemien weltweit immens zu. Das Johns-Hopkins-Zentrum für Gesundheitsschutz in Baltimore publizierte 2019 folgende besorgniserregende Zahl: »Jährlich treten etwa 200 epidemische Ereignisse auf.«[210] Das heißt, etwa an jedem Arbeitstag des Jahres läuft irgendwo auf dieser Welt eine Epidemie an. Und manch eine hat pandemisches Potenzial, das bei geeigneten Bedingungen ausgereizt wird.

Dazu passend begann das neue Jahrhundert sogleich mit einer Pandemie. Ende 2002 erkranken mehrere Wildtier-Köche in der Provinz Guangdong im Süden China an einer untypischen Lungenentzündung und müssen ins Krankenhaus eingeliefert werden. Als unter dem medizinischen Personal ebenfalls neuartige Symptome auftreten, verdichten sich die Anzeichen für eine bislang unbekannte Infektionskrankheit. Auch der behandelnde Lungenspezialist Liu Jianlun (1938–2003) leidet bereits unter ersten Anzeichen des Schweren Akuten Respiratorischen Syndroms (SARS), als er im Februar 2003 nach Hongkong zu einer Hochzeit fährt, an der er um jeden Preis teilnehmen will. Der Preis ist hoch. Im Hotel steckt Jianlun zwölf andere Personen an, darunter Gäste aus Singapur, Kanada und den USA. Ein 26-jähriger Hongkonger infiziert sich ebenfalls und gibt die Infektion im Krankenhaus an Pfleger, Ärzte und andere Patienten weiter. Einer von ihnen bringt das Virus dann in eine 33-stöckige Wohnanlage, wo es sich rasend schnell ausbreitet. Mehr als 300 Bewohner stecken sich an. Als Liu Jianlun Anfang März verstirbt, gehen bereits 4000 Infektionen auf seinen Indexfall zurück, und so gilt er als erster Superspreader in der Medizingeschichte.

In Hongkong, Taiwan und Singapur werden Schulen, Universitäten und Büros geschlossen, Großveranstaltungen abgesagt und Zwangsquarantäne verordnet. Doch das Virus ist längst in der Welt unterwegs. In Europa, Nordamerika und Australien werden Menschen krank. Im April 2003 schlägt schließlich die WHO Pandemiealarm. Zuvor hat sie ein internationales Forschungsnetzwerk ins Leben gerufen, dem es in kurzer Zeit gelingt, das Virus zu identifizieren und zu charakterisieren. Maßgeblich beteiligt war auch das Hamburger Bernhard-Nocht-Institut. Bereits im Mai 2003 erscheinen im britischen *Journal of Medicine* die Arbeiten der drei als Entdecker geführten Wissenschaftler: Der aus Sri Lanka stammende Virologe Malik Peiris (*1949), Thomas Ksiazek von der University of Texas in Galveston und der deutsche Virologe Christian Drosten (*1972). Letzterer schreibt: »Ein neues Coronavirus konnte bei Patienten, die an SARS erkrankt waren, identifiziert werden. Es gelang, das Virus in einer Zellkultur zu isolieren und mithilfe einer Zufalls-PCR nachzuweisen.«[211] Zufalls-PCR klingt für die strengen Normen wissenschaftlichen Vorgehens erstaunlich entspannt. Allerdings hebt die Bezeichnung nur auf den Unterschied zwischen zwei Spielarten derselben Methode ab. Will man mit der PCR prüfen, ob bekannte Sequenzen in der Probe vorhanden sind, weiß man, wonach man sucht, und verwendet entsprechend die bekannten Primer – in Mullis' Metapher die bereits identifizierten Nummernschilder. Gibt es jedoch Neues zu entdecken, ist per definitionem noch nicht bekannt, wonach man sucht. Dann nimmt man mehr oder weniger zufällige Primer und schaut, ob die Vervielfältigung (Amplifikation) startet. In diesem Fall gelingt die Identifizierung. Ein cleveres Verfahren, für das der Experimentator allerdings etwas Geduld mitbringen muss, da »etwa 1 Million Genomkopien pro Nachweisreaktion notwendig sind, um ein Zufallsamplifikationsprodukt zu erzeugen«.[212]

In der Folge wird das Virus als SARS-CoV bezeichnet. Die anderen Viren der Corona-Familie lösten beim Menschen eher leichte Schnupfen- oder Durchfallerkrankungen aus. Das wahrscheinlich von einer asiatischen Schleichkatze auf den Menschen übergesprungene SARS-CoV hingegen schien nach einer Mutation deutlich gefährlicher geworden zu sein. Innerhalb eines Jahres infizieren sich weltweit mehr als 8000 Menschen, 774 sterben an der Krankheit. 2004 wird die Pandemie schließlich für beendet erklärt, nachdem eine Zeit lang keine weiteren Fälle auftraten. Christian Drosten warnte in einem Aufsatz damals bereits vor neuerlichen Infektionen mit dem Erreger, wenn der – wie manch andere Viren auch – in Tieren weiter existieren würde: »Sollte dies bei SARS-CoV der Fall sein, kann von solch neuen Tierreservoirs zu gegebener Zeit wieder eine Epidemie ausgehen.«[213] Dieses Szenario klang jedoch angesichts einer Zahl von kaum mehr als 8000 Infizierten weltweit nicht sonderlich bedrohlich.

Kaum hatte sich SARS-CoV (offensichtlich in Tierreservoirs) zurückgezogen, fielen in Asien immer wieder Vögel vom Himmel. Grund war das A/H5N1-Virus. Das A zeigt an, dass es sich um einen Subtyp des Influenza-A-Virus handelt, das H und das N stehen für die beiden wichtigsten Proteine auf dessen Hülle. A/H5N1 ist ein bereits 1961 nachgewiesenes Grippevirus, das bis dahin vorwiegend Zuchtgeflügel befiel, nun aber auch vermehrt bei Wildvögeln gefunden wird. Die Region um Hongkong ist erneut der Ausgangsort. Zugvögel und Geflügeltransporte verteilen das Virus zunächst in China und den angrenzenden Ländern. 2005 kommt die Vogelgrippe in Russland, Europa und in Teilen Afrikas an. Stallpflicht, Importstopp für Geflügel und Tötung befallener Bestände können die Seuche nicht wirkungsvoll eindämmen, da diese Maßnahmen nichts gegen die Viren in Wildvögeln ausrichten. Das Hauptproblem bei der Vogelgrippe besteht in der Gefährdung des Menschen, denn das aggressive Virus löst eine häufig tödlich verlaufende Erkrankung aus, die mit hohem Fieber, Halsschmerzen und Atemnot beginnt und zumeist in eine Lungenentzündung übergeht. Anfang 2005 meldet die WHO 47 Fälle und 34 Tote im Zusammenhang mit A/H5N1, im Oktober desselben Jahres bereits 117 Erkrankungen, von denen siebzig tödlich enden. Die enorme Mortalitätsrate veranlasst die WHO dazu, eine

Pandemiewarnung zu veröffentlichen, in der sie vor Millionen Toten warnt. Doch nach und nach wird klar, dass in der Regel keine Übertragung des Virus von Mensch zu Mensch stattfindet. Nur bei engem Kontakt mit infiziertem Geflügel oder deren Exkrementen ist eine Infektion möglich. Dieser Übertragungsweg von Tier zu Mensch und umgekehrt wird als »Zoonose« bezeichnet. Die Vogelgrippewelle ebbte 2006 langsam ab, flammte jedoch seither immer wieder auf, unter anderem 2015 in den USA und Kanada. Bis 2020 zählte die WHO 861 Infektionen und 455 Todesfälle.

Der große Ausbruch blieb der Menschheit also bislang erspart. Gefährlich könnte es allerdings bei einer Kreuzung von A/H5N1 mit den menschlichen Grippeviren werden, wofür bereits eine gleichzeitige Infektion eines Patienten mit beiden Erregertypen ausreichen würde. Oder eine Scharfschaltung im Labor, wie sie 2011 dem niederländischen Virologen Ron Fouchier an der Erasmus-Universität in Rotterdam gelingt. Mittels experimentell ausgelöster Mutationen stellt er aus dem H5N1-Virus einen hochansteckenden, über Aerosole von Säugetier zu Säugetier übertragbaren Erreger her. Fouchier fügt Gene ein, die das Virus für das Andocken in den Atemwegen optimieren. Mit seinem Virus infiziert er Frettchen, die in der Influenza-Forschung als Modellorganismen für den Menschen gelten. In den Tieren passt sich das Virus dann weiter auf Säugetiere an und zeigt sich stabil. Ganz anders als die infizierten Frettchen, die reihenweise verenden.

Das renommierte Fachmagazin *Science* lehnt das Paper von Fouchier über seine Versuche ab. Die Veröffentlichung berge das Risiko, hochsensible Informationen für Bioterroristen zugänglich zu machen. Für die Regierung der Niederlande hat sich Fouchier bereits mit dem Versenden seines Artikels des illegalen Waffenexports schuldig gemacht. Der Wissenschaftler wird vor Gericht gestellt, verliert und kann noch von Glück reden, dass die Sanktionen gegen ihn lediglich in der Zensur seines Papers bestehen. Fouchier muss daraufhin seine Versuchsbeschreibung drastisch kürzen. Als der japanische Virologe Yoshihiro Kawaoka (*1955) wenig später mit einer ganz ähnlichen

Studie aufwartet, bricht in der Öffentlichkeit eine Welle der Empörung los. Insgesamt 39 weltweit tätige Influenza-Forscher kündigen daraufhin an, ihre Arbeit an H5N1 für sechzig Tage auszusetzen, um eine internationale Debatte über die Risiken ihrer Arbeit und die Einrichtung schärferer Sicherheitsmaßnahmen zu ermöglichen. Die Veröffentlichung ihres Moratoriums in *Science* und *Nature* ist allerdings bereits der Höhepunkt der öffentlichen Debatte. Die Forscher versuchen darin vor allem, den Sinn ihres Tuns im Labor plausibel zu machen, und erklären, dass es noch weiterer Anstrengungen bedürfe, »um zu verstehen, wie sich Influenzaviren, die in der Natur vorkommen, zu einer pandemischen Bedrohung für die Menschheit entwickeln, indem sie die Fähigkeit erlangen, sich von Mensch zu Mensch zu übertragen«.[214] Nach der selbstverordneten Denkpause von zwei Monaten nehmen die Wissenschaftler ihre Arbeit dann wieder auf.

Das Vogelgrippevirus hat sich in der Vergangenheit bereits auf natürliche Weise mit anderen Grippeviren gekreuzt. Im Jahr 1968 war das resultierende A/H3N2 um die Welt gegangen und hatte bis zu zwei Millionen Todesopfer gefordert. Dieses Virus zeichnete für die letzte Pandemie des 20. Jahrhunderts verantwortlich. In die Geschichtsbücher ging sie nach ihrem Ursprungsort als »Hongkong-Grippe« ein. 2009 nun hält die nächste Zoonose die Welt in Atem. Verursacht wiederum durch Kreuzung von Influenzaviren. Darunter ein alter Bekannter, der in denkbar schlechter Erinnerung geblieben ist. Denn A/H1N1 war für viele Millionen Tote während der Spanischen Grippe 1918 bis 1920 verantwortlich. Rasch bürgert sich für die von Mexiko ausgehende Erkrankungswelle die Bezeichnung »Schweinegrippe« ein, weil der Vierbeiner als Hauptwirt des Virus gilt. Offensichtlich vereinen sich in dem mutierten Erreger nordamerikanische und eurasische Viruslinien der bei Schweinen auftretenden Influenza, die sich überdies noch mit Genen des humanen Grippevirus A/H3N2 gekreuzt haben. Das Ergebnis A/H1N1(v) unterscheidet sich ein wenig von dem saisonalen menschlichen Grippevirus, weswegen ihm ein »v« für Variante beigegeben wurde. Der kleine Unterschied im Virus macht für

Infektiosität und Sterblichkeit allerdings einen größeren Unterschied. Der Erreger überträgt sich gut von Mensch zu Mensch, und die Erkrankungen verlaufen, was die Symptome angeht, vergleichbar, doch die Sterblichkeit ist höher als bei der saisonalen Grippe.

Die Verantwortlichen in Mexiko reagieren mit bewährten Maßnahmen. Sie ordnen Schulschließungen an und verteilen Schutzmasken. Als sich das Infektionsgeschehen Ende April noch immer nicht unter Kontrolle bringen lässt, ordnet Präsident Felipe Calderón (*1962) für Mexico City eine Woche Zwangsurlaub an und appelliert in einer Fernsehansprache an seine Mitbürger, daheim zu bleiben: »Ich möchte alle dazu anhalten, die Tage vom 1. bis zum 5. Mai zu Hause bei der Familie zu verbringen. Daheim ist der sicherste Ort, an dem man sich vor einer Ansteckung schützen kann.«[215] Unterdessen war die Schweinegrippe bereits in den USA angekommen. Besonders in Kalifornien steigen die Zahlen, und der dortige Gouverneur Arnold Alois Schwarzenegger (*1947) verhängt den Notstand. Präsident Barack Hussein Obama (*1961) fordert den Kongress auf, anderthalb Milliarden Dollar für Impfstoffe bereitzustellen. Allein im Mai 2009 gibt es etwa eine Million Fälle. Die Sterblichkeit liegt »mit 0,3 Prozent etwas über derjenigen eines saisonalen Ausbruchs«.[216]

Die WHO stuft das Infektionsgeschehen im Juni als Pandemie ein, nachdem es auch in Europa, Asien und Australien zu Ausbrüchen gekommen ist. Als die Schweinegrippewelle sogar im Sommer nicht abflacht, wird der Ruf nach einer Impfung laut. Niemand kann absehen, was geschehen wird, wenn sich die grassierende Variante von A/H1N1 nun auch noch mit dem Virus der bevorstehenden saisonalen Grippe mischt. Deutschland bestellt fünfzig Millionen Dosen des eilig hergestellten Totimpfstoffs mit dem sinnigen Markennamen Pandemix. Dem allerdings ist ein Wirkstoffverstärker zugesetzt, damit er in ausreichendem Maße geliefert werden kann. Dieses sogenannte Adjuvans AS03 gab zu Skepsis Anlass, weil es noch in keinem anderen handelsüblichen Impfstoff erprobt worden war und Nebenwirkungen wie überschießende Immunreaktionen möglich schienen. Die Deutschen zeigen sich dann auch entsprechend zurückhaltend, und so müssen zum Ablaufdatum im Jahr 2011 insgesamt 29 Millionen Impfdosen vernichtet werden. Die fachmännische Entsorgung der 196 Paletten im Magdeburger Heizkraftwerk kostet den Steuerzahler gerade einmal 14 000 Euro. Eine lächerliche Summe angesichts der Anschaffungskosten des Impfstoffs, für die er 239 Millionen Euro löhnen musste.

Die Schweinegrippe-Pandemie läuft im ersten Halbjahr 2010 aus und wird von der WHO schließlich im August für beendet erklärt. Für Deutschland meldet das RKI insgesamt 226 000 Infektionen mit A/H1N1(v). Mit 258 Toten liegt die Sterblichkeit dabei im Normalbereich der saisonalen Grippe. Der Krankenstand ist allerdings beachtlich. Insgesamt verursacht das Virus in Deutschland 1 547 000 Tage Arbeitsausfall.[217] Die Zahl der weltweiten Todesopfer beläuft sich nach unterschiedlichen Schätzungen auf 200 000 bis 400 000.

Zwei Jahre darauf taucht schon wieder ein neues Virus auf. In Saudi-Arabien liegt ein Mann mit untypischen Symptomen im Krankenhaus. Er leidet an einer nichtbakteriellen Lungenentzündung, zugleich versagen seine Nieren. Die Ärzte tippen auf ein Virus, können aber keines nachweisen. Sie schicken eine Probe an den Virologen Al Mohamed Zaki im Dr.-Soliman-Fakeeh-Krankenhaus in Dschidda. Der aber kann ebenfalls nichts finden und bittet die Kollegen im Erasmus-Krankenhaus in Amsterdam um ihre Meinung. Als aus den Niederlanden dann die Nachricht kommt, dass es sich höchstwahrscheinlich um einen Erreger aus der Coronaviren-Familie handelt, schlägt Zaki Alarm. Erst landesweit in Saudi-Arabien, und als niemand reagiert, weltweit. Die verantwortlichen Saudis empfinden Zakis Aktivitäten nicht nur als wenig hilfreich, sondern als äußerst störend und lösen schließlich sogar den Vertrag mit dem renommierten Virologen auf. Der erkrankte Patient wird nach London verlegt, wo er trotz intensivmedizinischer Betreuung verstirbt. In weiteren Proben kann man wiederum per Zufalls-PCR einen Genabschnitt eines bis dahin unbekannten Coronavirus nachweisen. Damit ist endgültig erwiesen, dass es sich um einen neuen Erreger handelt. Nachdem das Virus bei mehreren

Patienten auf der arabischen Halbinsel nachgewiesen wurde, einigen sich die Forscher auf die Krankheitsbezeichnung MERS. Wie bei SARS steht RS für »respiratorisches Syndrom«, ME ist die Abkürzung für »Middle East«. Insofern entscheidet man sich bei der Namensgebung für den Ausbruchsherd im Nahen Osten und nicht für die Charakterisierung der Erkrankung als schwer und akut. Dabei verläuft MERS schwerer und akuter als SARS und führt bei einem Drittel bis der Hälfte der Patienten zum Tod.

Eine Ansteckung von Mensch zu Mensch wird allerdings bei keiner der Kontaktpersonen zweifelsfrei nachgewiesen. Da alle Fälle auf der arabischen Halbinsel auftreten, liegt die Vermutung einer Zoonose nahe. Fledermäuse gelten als eine Art Inkubator für Coronaviren. Die jedoch gibt es nicht nur im Nahen Osten. Vergleichsweise exklusiv in dieser Region sind allerdings Dromedare beheimatet, und die Infizierten hatten alle Kontakt mit diesen tierischen Beförderungsmitteln. Bei der Untersuchung verschiedener Kamelherden wird man auch rasch fündig. Bis zu drei Viertel der Tiere haben Antikörper gegen das MERS-CoV. Als in älteren Serumproben ebenfalls Antikörper gefunden werden, gilt als erwiesen, dass die Viren irgendwann von Fledermäusen übergesprungen sind und Dromedare ihnen schon länger als Wirte dienten. Ein Forscherteam um den Virologen Fang Li von der Minnesota Medical School in Minneapolis fand schließlich heraus, dass sich – möglicherweise während der Anpassung an die Kamele – zwei Mutationen in den Spike-Proteinen ereignet hatten, die das Virus schließlich für den Menschen gefährlich machten.

Insgesamt erkrankten bislang etwa 2500 Menschen an MERS, ungefähr 850 erlagen der Infektion. Auch in Deutschland löst dieser neuerliche Ausbruch eines Coronavirus Besorgnis aus. Als Reaktion auf die Entwicklung wird ein nationales Konsiliarlabor für Coronaviren an der Universität Bonn eingerichtet, das 2013 unter Leitung von Christian Drosten seine Arbeit aufnahm. Dort wird auch der von der WHO als Standard empfohlene Test auf MERS-CoV entwickelt.

Ab 2013 mehren sich Ausbrüche von Viruserkrankungen, die von Stechmücken übertragen werden. Chikungunyafieber breitet sich rasant in Südamerika, Afrika und Asien aus. Die Zahl der Infizierten beläuft sich bis 2015 auf knapp eine Million. Im Jahr 2017 meldet Sri Lanka Denguefieber mit über 100 000 Fällen. Besonders bedenklich ist in diesem Zusammenhang die Ausbreitung der Asiatischen Tigermücke (*Aedes albopictus*, Synonym: *Stegomyia albopicta*), die beide Krankheiten und dazu noch Gelbfieber sowie das West-Nil-Fieber übertragen kann. Sie verhält sich – verglichen mit anderen Stechmücken – besonders aggressiv und sticht auch durch die Kleidung ihrer Opfer hindurch. Die Klimaerwärmung spielt ihr in die Karten. Seit 2018 breitet sie sich sogar in Deutschland aus und übertrug bereits mehrfach das West-Nil-Fieber. 2020 waren es zwölf Fälle.

Noch 2016 muss die WHO erneut den internationalen Gesundheitsnotstand ausrufen. In Lateinamerika treten vermehrt Fälle mit grippeähnlichen Symptomen auf. Neben Fieber gehören aber auch Hautreizungen, starke Schmerzen und bei Schwangeren Fruchtschädigungen dazu. In Proben von Erkrankten kann schließlich das bereits seit 1952 bekannte Zikavirus als Verursacher ausgemacht werden. Besonders die Fehlbildungen bei Säuglingen alarmieren die Gesundheitsbehörden. In Brasilien wird im letzten Quartal 2015 eine Zunahme der sogenannten Mikrozephalie um fast 2000 Prozent gemeldet. Bei diesem Krankheitsbild kommen die Babys mit einem zu kleinen Kopf auf die Welt und leiden lebenslang an geistiger Behinderung. Bei Erwachsenen verlaufen die Infektionen vergleichsweise harmlos. Geschätzt werden zwischen 600 000 und anderthalb Millionen Fälle in 48 Ländern Lateinamerikas und der Karibik. 2016 zog sich das Zikavirus wieder zurück.

Die Chikungunya-, Dengue-, Gelbfieber-, West-Nil-Fieber- und Zikaviren verbreiten sich ausschließlich mithilfe von Stechmücken. Zumindest konnte eine Übertragung von Mensch zu Mensch nicht gesichert nachgewiesen werden. Vor Mückenstichen kann man sich durch Anwendung entsprechender Sprays schützen oder, brachialer, indem man die Ausrottung der Mücken betreibt und ihre Brutstätten vernichtet oder genmanipulierte Artgenossen freisetzt. Allerdings haben die Mücken bislang noch immer überlebt, und die von ihnen übertragenen Viren gehören allesamt zur RNA-Fraktion der Virengemeinde. Anders als die DNA-Viren, die ihr Erbgut von der hochgradig fehlerresistenten Reproduktionsmaschinerie der Zellen vervielfältigen lassen, bringen die RNA-Viren ihre eigene Polymerase zur Vervielfältigung mit. Die aber macht beim Kopiervorgang in der Zelle sehr viele Fehler. Das Resultat ist eine hohe Mutationsrate bei RNA-Viren. Das heißt, ihre Evolution schreitet so rasch voran wie bei keiner anderen biologischen Einheit. Das macht RNA-Viren extrem gefährlich. Die Erfolgsgeschichte der Coronaviren zeigt, wie rasch durch ein paar Genveränderungen ein neuer Übertragungsweg erschlossen werden kann. Man möchte sich das explosive Infektionspotenzial der Stechmückenviren gar nicht ausmalen, das sie entfalten würden, wenn sie eines Tages von Mensch zu Mensch weitergegeben werden könnten.

Das hochpathogene Ebolavirus hat sich diesen Übertragungsweg bereits erschlossen. Mit einer durchschnittlichen Infektionssterblichkeit von über fünfzig Prozent gehört es zu den für den Menschen gefährlichsten Viren. In der ersten Krankheitsphase ähnelt das Ebolafieber von den Symptomen her einer Grippe, in der zweiten kommt es dann zu hohem Fieber, Blutungen und einer überschießenden Immunreaktion, bei der das körpereigene Gewebe angegriffen wird. Dieser Prozess kann schließlich zum Tod durch multiples Organversagen führen.

Entdeckt wurde das Ebolavirus bereits 1976. Damals trafen bei der WHO Meldungen mehrerer Fälle aus dem zentralafrikanischen Zaire ein, bei denen das bis dahin unbekannte Krankheitsbild auftrat. Die Symptome ähnelten dem der Marburg-Fieber-Erkrankung. Die war zehn Jahre zuvor erstmals beim Menschen aufgetreten. Allerdings nicht in Afrika, sondern in Deutschland, genauer in Marburg. Die dort beheimateten Behringwerke hatten für Versuchszwecke Affen aus Uganda importiert. Mehrere beim Pharmakonzern angestellte

Laboranten und Tierpfleger steckten sich bei den Tieren an und bekamen Symptome, die denen einer Ebolainfektion ähneln. Insgesamt erkrankten in Marburg 31 Personen, sieben starben. Als Ursache konnte ein Virus identifiziert werden, das schließlich nach dem Ort seines ersten Ausbruchs benannt wurde. 1976 verglich man die elektronenmikroskopischen Aufnahmen des Marburgvirus mit den Erregern, die sich in den Proben aus Zaire – heute Demokratische Republik Kongo – fanden. Sie wiesen starke Ähnlichkeiten auf. Eine Antikörperuntersuchung ergab jedoch, dass es sich um zwei verschiedene Virustypen handelte. Auch der neue Erreger erhielt seinen Namen nach dem Ort, an dem der erste Ausbruch bemerkt wurde. Im Fall des Ebolavirus handelte es sich jedoch nicht um eine Stadt, sondern um einen Fluss, der sich durch den Dschungel im Norden Zaires schlängelt. Dort ist es wahrscheinlich durch Kontakt mit Flughunden oder den Genuss von sogenanntem *bush meat* auf den Menschen übergesprungen. »Buschfleisch« ist eine Sammelbezeichnung für alle im Dschungel – in der Regel illegal – gejagten Wildtiere. Dieses Fleisch birgt bei Transport, Zubereitung und Verzehr ein Infektionsrisiko. Das RNA-Virus wird darüber hinaus durch den Austausch von Körperflüssigkeiten von Mensch zu Mensch weitergegeben. Eine Aerosol-Übertragung konnte nicht nachgewiesen werden.

2014 kommt es zu einem Ebola-Ausbruch in Westafrika. Besonders betroffen sind Liberia, Sierra Leone, Guinea, Nigeria und der Kongo. In den zwei Jahren der Epidemie gibt es 28 639 Infektionen. Für 11 314 Menschen endet die Erkrankung tödlich. Die Dunkelziffer liegt sicherlich in beiden Fällen höher. Bereits 2018 flammt das Infektionsgeschehen erneut auf. Vor allem in der Demokratischen Republik Kongo und in Uganda. Als diese neuerliche Epidemie im Juni 2020 abebbt, zählt die WHO 3470 Erkrankungen und 2287 Tote. Damit liegt die Letalität (Sterblichkeit) bei 64,3 Prozent. Das heißt, von drei Erkrankten starben im Durchschnitt etwa zwei.

Die Eindämmung der Epidemie gelingt erst mit der Anwendung einer noch nicht zugelassenen Impfung. Ihren Einsatz rechtfertigte man ethisch mit der hohen Wahrscheinlichkeit eines tödlichen Verlaufs der Erkrankung. Die verwendete Vakzine mit der Bezeichnung rVSV-ZEBOV-GP wurde vom Nationalen Biologischen Labor Winnipeg in Kanada entwickelt. Es handelt sich um einen Lebendimpfstoff, der mit für den Menschen harmlosen und zusätzlich abgeschwächten Stomatitis-Viren als Vektoren arbeitet. Diese Viren bringen das Gen für einen bestimmten Bestandteil des Ebolavirus in die Zellen, wo dieser dann produziert wird. Das Immunsystem reagiert darauf und bildet Antikörper. Für die Kampagne wird eine besondere Strategie angewendet, die sich »Ringimpfung« nennt. Im ersten »Ring« befinden sich alle Kontaktpersonen, die mit einem Infizierten in Berührung gekommen waren. Die Kontakte dieser Personen bilden den zweiten Ring. Es werden zuerst alle Personen aus dem ersten und hernach die aus dem zweiten Ring geimpft, die sich dazu bereit erklären. Das sind insgesamt 91 492, hinzu kommen noch 28 888 behandelnde Ärzte und Helfer. Auf diese Weise gelingt es, zwei Ringe um die Infektionsherde zu ziehen und so die Seuche an der weiteren Ausbreitung zu hindern.

Tatsächlich erweist sich die Impfung als hochwirksam. Von den Geimpften erkranken lediglich 0,017 Prozent gegenüber 0,656 Prozent bei den nicht Geimpften. Daraus ergibt sich eine Wirksamkeit der Vakzine von beachtlichen 97,5 Prozent. Nach Auswertung der Daten wird der Impfstoff im November 2019 zugelassen, im Juni 2020 kommen noch zwei weitere Arzneien zur Ebolabekämpfung auf den Markt.[218] Zumindest für die nächste Ebola-Epidemie scheint die Welt einigermaßen gerüstet.

Die Krankheit X oder: ein Dank an die Viren

Seit 2015 veröffentlicht die WHO eine Liste von Erregern, von denen Pandemiegefahr ausgeht. Darauf findet sich seit 2018 neben Zika-, Ebola-, MERS-, SARS- und Coronaviren unter anderem auch die »Krankheit X«.[219] Ihr Name ist Programm. Die WHO setzt ganz bewusst einen noch unbekannten Erreger mit auf die Liste, damit sich die Weltgemeinschaft nicht in trügerischer Sicherheit wiegt. Denn jederzeit könnte ein neues Virus auftreten oder sich ein bekanntes in bedrohlicher Weise verändern. Als das X jedoch reale Gestalt annimmt, zögert die WHO erstaunlich lange, bis sie den durch ein neues SARS-Coronavirus bewirkten Ausbruch zur Pandemie erklärt. Erst am 11. März 2020 verkündet der Generalsekretär der Weltgesundheitsorganisation, Tedros Adhanom Gebreyesus (*1965): »Das ist die erste Pandemie, die von einem Coronavirus verursacht wurde. Wir haben die Alarmglocke laut und deutlich geläutet.«[220] Doch zu diesem Zeitpunkt ist die Pandemie längst in vollem Gange: 118 000 Fälle und 4291 Tote sind gemeldet, und das Virus hat sich schon in 114 Ländern ausgebreitet.

Dabei waren dem chinesischen Arzt Li Wenliang (1986–2020) im Krankenhaus von Wuhan bereits Ende Dezember 2019 mehrere Patienten mit untypischer Lungenentzündung aufgefallen. Am 30. Dezember informiert er seine Kollegen in einer WeChat-Gruppe über diese Erkrankungen, die von der Symptomatik her an SARS erinnern. Anfang Januar 2020 wird Li von den örtlichen Behörden einbestellt. Folgende schriftliche Verwarnung legt auf ganz eigene Weise Zeugnis ab:

武汉市公安局 武昌分局 中南路街派出所
训 诫 书

武公（中）字（20200103）

被训诫人 李文亮　　　性别 男　　出身年月 19861012

身份证号各类及号码 ▇▇▇▇▇▇▇▇▇▇▇▇▇▇▇▇

现住址（户籍所在地）武汉市▇▇▇▇▇▇▇▇▇▇

工作单位　武汉市中心医院

违法行为（时间、地点、参与人、人数、反映何问题、后果等）

　　2019年12月30日在微信群"武汉大学临床04级"发表有关华南水果海鲜市场确诊7例SARS的不属实的言论。

　　现在依法对你在互联网上发表不属实的言论的违法问题提出警示和训诫。你的行为严重扰乱了社会秩序。你的行为已超出了法律所允许的范围，违反了《中华人民共和国治安管理处罚法》的有关规定，是一种违法行为！

　　公安机关希望你积极配合工作，听从民警的规劝，至此中止违法行为。你能做到吗？

　　答：能

　　我们希望你冷静下来好好反思，并郑重告诫你：如果你固执己见，不思悔改，继续进行违法活动，你将会受到法律的制裁！你听明白了吗？

　　答：明白

被训诫人：李文亮　　　2020年 1月 3日

训诫人：　　　　　　　工作单位：

Polizeiliche Verwarnung für den Arzt Li Wenliang wegen seiner Berichte über die neuartige Lungenerkrankung im Dezember 2019

Polizei – Sicherheitsbehörde der Stadt Wuhan – Zweigstelle Wuchang – Polizeiwache in der Zhongnan Straße
Verwarnung

Verwarnter: Li Wenliang.
Geschlecht: Männlich. Geburtsdatum: 12.10.86.
ID-Nummer: [unleserlich]
Aktuelle Adresse (Hukou): Wuhan [unleserlich]
Arbeit: Zentrales Krankenhaus von Wuhan.
Rechtswidriges Verhalten:
Li hat am 30.12.2019 in der WeChat-Gruppe »Klinische Medizin Jahrgang 04 der Universität Wuhan« eine Nachricht verbreitet, die nicht der Realität entspricht. Und zwar hat er behauptet, dass es auf dem Huanan Obst-und-Meeresfrüchte-Markt in Wuhan sieben SARS-Fälle gab.

Für diese nicht den Tatsachen entsprechende Aussage verwarnen und rügen wir dich gesetzesgemäß! Dein Verhalten hat in schwerwiegendem Maße die gesellschaftliche Ordnung gestört und den Rahmen dessen, was rechtlich erlaubt ist, überschritten. Dein Verhalten hat gegen das »Gesetz der Volksrepublik China über Sanktionen zur Steuerung der öffentlichen Sicherheit« verstoßen und ist damit rechtswidrig!
Wir hoffen, dass du von nun an aktiv mit uns kooperierst und unserem Rat folgend dein rechtswidriges Verhalten stoppst. Bist du dazu bereit?

Antwort: Ja. [dazu sein Fingerabdruck]

Wir hoffen, dass du dich beruhigst und dein Verhalten überdenkst. Wir warnen dich! Wenn du stur sein solltest und keine Reue für dein Verhalten zeigen solltest und mit deinen rechtswidrigen Aktionen fortfahren solltest, so wirst du die Härte des Gesetzes zu spüren bekommen! Hast du das verstanden?

Antwort: Ja. [dazu sein Fingerabdruck]

Verwarnter: [Unterschrift von Li Wenliang, dazu sein Fingerabdruck]
3. Januar 2020
Verwarnende: Unterschrift der Beamten Hu Guifang und Xu Jinhang.
[amtlicher Stempel der Polizeibehörde der Wuhan][221]

Übersetzung aus dem Chinesischen

Doch leider entsprechen die Chat-Nachrichten Li Wenliangs sehr genau der Realität. Der junge Arzt infiziert sich ebenfalls mit dem neuen Coronavirus und erkrankt schwer. In der Nacht zum 7. Februar 2020 stirbt der Ehemann und Familienvater eines fünjgährigen Jungen und eines weiteren, noch ungeborenen Kindes an den Folgen seiner COVID-19-Erkrankung. Noch am selben Tag nimmt eine staatliche Untersuchungskommission ihre Arbeit in Wuhan auf und stellt nach eingehender Prüfung am 19. März Fehlverhalten der Behörden fest. Nur Stunden nach der Veröffentlichung des Berichts nimmt die Sicherheitsbehörde die Verwarnung zurück und entschuldigt sich bei Li Wenliang und seinen Angehörigen. Das Schreiben endet mit der Versicherung: »Die Polizei wird weiterhin mit dem Volk gemeinsam am selben Strang ziehen, tapfer kämpfen und die schwierige Zeit überwinden. Gemeinsam werden wir entschlossen den vollständigen Sieg in der Epidemie-Bekämpfung erringen.«[222]

Die Virologie zeigt Anfang 2020, was sie mittlerweile kann. Bereits am 7. Januar wird der Erreger als neuartiges Coronavirus identifiziert, eine Woche später gelingt die Sequenzierung und fast gleichzeitig wird vom mittlerweile an der Berliner Charité tätigen Coronavirus-Experten Christian Drosten und seinem Team ein PCR-basiertes Nachweisverfahren entwickelt. Schon am 17. Januar liegt der Test vor und wird von der WHO als weltweit erster diagnostischer Leitfaden zum Nachweis des neuen Virus veröffentlicht. Damit ist in nur neun Tagen gelungen, was noch im letzten Jahrhundert über fünfzig Jahre dauern konnte, wie etwa im Falle des Rous-Sarkom-Virus. In einer Erklärung des Deutschen Zentrums für Infektionsforschung und der Berliner Charité sagt Drosten: »Ich gehe davon aus, dass die breite Verfügbarkeit des Diagnostiktests nun in kurzer Zeit helfen wird, Verdachtsfälle zweifelsfrei aufzuklären und zu bestimmen, ob eine Mensch-zu-Mensch-Übertragung des neuen Virus möglich ist.«[223]

Als dieser Ansteckungsweg wenig später unbezweifelbar nachgewiesen werden kann, steigt der Erregungspegel allerorten. Mittlerweile hat die Krankheit auch einen Namen: COVID-19. Die Abkürzung für

Coronavirus Disease (20)19. Der Erreger heißt nun offiziell SARS-CoV-2, das Virus von 2002 dementsprechend SARS-CoV-1. Seit über hundert Jahren immer wieder erprobte Regeln zur Verhinderung von Ansteckung und Ausbreitung kommen zur Anwendung. Neben Abstandhalten, Händewaschen und Masketragen tauchen zudem auch immer mehr epidemiologische und virologische Begriffe in der öffentlichen Kommunikation auf: Quarantäne, Isolation, Kontaktperson, Inzidenz, Reproduktionsfaktor, Vakzine, Letalität, ja selbst PCR, RNA und Kreuzimmunität geistern durch Talkshows und Privatgespräche. All das hindert das Virus aber nicht daran, sich rasant auszubreiten. In vielen Ländern herrscht rasch medizinischer Notstand. In Italien, Spanien und Großbritannien kommt es sogar zur Triage. Wie im Lazarett zu Kriegszeiten müssen völlig überarbeitete Ärzte entscheiden, welcher COVID-19-Patient noch Zugang zu intensivmedizinischer Betreuung und einem Beatmungsgerät bekommt und wem nicht mehr geholfen werden kann. In New York muss man die Toten vorübergehend sogar in Parks begraben, während sich in manchen Orten Lateinamerikas wie der ecuadorianischen Hafenstadt Guayaquil die Leichen auf der Straße stapeln. Es kommt zum allgemeinen Lockdown, der vorerst Schlimmeres verhindert.

Die Infektionszahlen sinken und die Todeszahlen ebenfalls. Doch rasch stellt sich ein Paradoxon ein, das im englischen Sprachraum mit dem Aperçu »There is no glory in prevention« beschrieben wird. Mit Vorsorge ist kein Ruhm zu ernten, und die Verantwortlichen spüren aller Orten, dass in dem Grade, in dem die Maßnahmen zur Eindämmung der Pandemie erfolgreich sind, genau diese Maßnahmen angezweifelt, kritisiert und deren Aufhebung gefordert wird.

Dieses Präventionsparadoxon treibt schließlich sogar Menschen auf die Straße. Verschwörungsplauderer schreiten Seite an Seite mit Esoterikern, Fundamentaloppositionellen, Impfgegnern, Homöopathen und Rechtsradikalen, aber auch vielen Menschen ohne Agenda, die sich in ihren Freiheitsrechten eingeschränkt fühlen. Die Art der Freiheit, deren Verlust angesichts von Masken- und Abstandsgebot beklagt wird, vergleicht der systemische Organisationsberater und Therapeut Fritz B. Simon (*1948) treffend mit der Forderung nach einem Recht auf Geisterfahrten: »Wer das Gebot, einen Mund-Nasen-Schutz zu tragen für eine Einschränkung seiner persönlichen Freiheit hält, der sollte auch vor dem Bundesverfassungsgericht das Recht, in der Gegenrichtung auf der Autobahn zu fahren, einklagen.« Simon nimmt auch ein in den Diskussionen über den Umgang mit Corona oft gebrauchtes Argument auf: »Dass sich unter Cov-Idioten auch intelligente Menschen finden, zeigt, dass Blödheit keine Frage der Intelligenz ist.«[224]

Tatsächlich begehren auch Ärzte und sogar Virologen gegen die Strategien zur unkontrollierten Verbreitung von SARS-CoV-2 auf, als die Infektionszahlen im Sommer 2020 stark zurück gehen. Die Warnungen aus berufenem Munde, dass sich derweil – wie bei der Spanischen Grippe – langsam, aber stetig eine zweite Welle aufbaut, werden vieler Orten in den Wind geschlagen. Dann kommt, was nicht kommen musste: Das Virus breitet sich ab November 2020 ungebremst aus. Unter den europäischen Ländern setzen Irland, Ungarn, Italien und Österreich zuerst auf einen harten Lockdown, die anderen Länder der EU folgen nach und nach. Doch das Virus gerät außer Kontrolle. Das exponentielle Wachstum der Ansteckungen, der Anstieg der Krankenhauseinweisungen und in der Folge auch der Todeszahlen ist nicht zu beherrschen. Der traurige Rekord aus der ersten Welle mit 8429 Toten an einem Tag (17. April 2020) verdoppelt sich in der zweiten Welle fast. Am 13. Januar 2021 zählt die Johns Hopkins University weltweit 17 244 Todesfälle im Zusammenhang mit dem Coronavirus – allein 1201 davon in Deutschland. So stellt sich ein weiteres Paradoxon ein: In der ersten Welle wusste man wenig über SARS-CoV-2 und hat bei der Bekämpfung vieles richtig gemacht, in der zweiten Welle hingegen wusste man bereits viel über das Virus und hat wenig richtig gemacht. So sind ein Jahr nach dem Tod von Li Wenliang weltweit über zwei Millionen Menschen infolge einer Infektion mit SARS-CoV-2 gestorben, mehr als hundert Millionen Menschen haben sich infiziert.

Es ist auffällig: In der Corona-Pandemie zeigen besonders die eher populistischen Machthaber Führungsschwäche. Ihre Gewohnheit, die Krise, der sie sich widmen, selbst zu definieren, erweist sich in diesen Zeiten als tödlich. Denn die Realität der Pandemie bricht sich Bahn und ist durch das im Kern zwar plumpe, trotzdem aber nachhaltig verwirrende Spiel um Fake-News nicht mehr zu verdrängen. Und so verhindert das Virus sogar eine zweite Amtszeit von Donald Trump. Sein miserables Krisenmanagement und seine kruden Thesen über SARS-CoV-2 fallen ihm letztlich auf die Füße.

Boris Johnson (*1964), der das Virus verharmloste, bis es ihn selbst auf die Intensivstation brachte, wird hingegen von den Entwicklungen geradezu überrannt. Als eine neue, hoch ansteckende Mutation von SARS-CoV-2 in Großbritannien grassiert, sieht er sich zu drakonischen Maßnahmen gezwungen. Er verhängt einen strikten Lockdown, den er Anfang Januar 2021 noch einmal verschärft, und richtet einen eindringlichen Appell an seine Landsleute: »Bleiben Sie zu Hause! Retten Sie Leben!«

Die Liste der WHO mit pandemieträchtigen Erregern hat Bestand. Weder SARS- noch Coronaviren werden gestrichen, nachdem sie den Beweis erbracht haben, dass sie die Weltgesundheitsorganisation sehr zu Recht auf der Rechnung hat. Auch weiterhin. Denn leider sind womöglich nicht nur aller guten Dinge drei. So könnte nach SARS-CoV-1 und -2 noch eine dritte Form dieses Virustyps entstehen und sich an den Menschen als Wirt anpassen. Auch die Krankheit X bleibt auf der Liste. Als Platzhalter für unangenehme Überraschungen aus dem Reich der Viren und als Mahnung für etwas mehr Demut vor der Natur.

Demut wäre tatsächlich angebracht, zumal es uns ohne Viren gar nicht gäbe. Nicht nur in einem allgemeinen Sinne, weil Viren wahrscheinlich die ersten biologischen Strukturen überhaupt waren, sondern auch ganz konkret: Ohne Viren hätten sich keine höheren Säugetiere entwickeln können. Diese Einsicht in die Tiefendimension der Evolution hat der noch recht junge Zweig der Paläovirologie ans Licht gebracht, der durch die Sequenzierung der menschlichen Erbanlagen enormen Auftrieb bekam. Als man 2003 die Abfolge der 3,27 Milliarden Basenpaare in der DNA ausbuchstabieren konnte, lag ein gigantisches Datenmaterial vor, das umgerechnet etwa 3000 Bücher mit je tausend Seiten füllen würde. Bei der Analyse dieser genetischen Informationsfülle stellte man fest, dass nicht weniger als acht Prozent des menschlichen Genoms von Viren stammt.[225] Das war erstaunlich und äußerst erklärungsbedürftig. Von den Retroviren wusste man unterdessen, wie raffiniert sie sich im Zellkern festsetzen und von Zellgeneration zu Zellgeneration vererben lassen konnten. So wie das HI-Virus, dessen Gene über Jahre und viele Zellgenerationen im Erbgut des Wirtes schlummern können. Einige Retroviren kommen sogar noch einen Schritt weiter und können ihr Erbgut in die Kerne der Keimzellen einbauen. Humane endogene Retroviren – kurz HERV – nannte man die Gruppe, der dieser Schachzug gelang, den man ohne Übertreibung als genial bezeichnen kann. Denn wenn es die Gene der Viren erst einmal in Spermien- oder Eizellen geschafft haben, werden sie letztlich auf jedes Individuum der nächsten Generation übertragen. So sieht die ideale Anpassung an einen Wirt aus, denn nun muss das Provirus den Menschen gar nicht mehr krank machen, um für Nachkommenschaft zu sorgen, sondern es kann sich friedlich ins Erbgut der Keimzellen einnisten, im begründeten Vertrauen in die Weitergabe seiner Gene bei der Fortpflanzung seines Wirts. Die Virusgene verlieren so ihre angestammte Funktion und stehen für neue Aufgaben im Genom bereit.

Am Beispiel des sogenannten *env*-Gens gelang es, diesen Prozess nachzuvollziehen. *Env* ist die Abkürzung von englisch *envelope*, Hülle. Dieses Gen, so schreiben die Entdecker der HERV um den deutschen Virologen und ehemaligen Leiter des Robert-Koch-Instituts Reinhard Kurth (1942–2014), »kodiert für die viralen Hüllproteine«.[226] Genau diese vom *env*-Gen codierten Eiweiße, die einst die Hülle des Virus mit der Membran der Wirtszelle verbanden und damit für das Eindringen in die Zelle verantwortlich zeichneten, finden sich heute in der Plazenta des Menschen. Wie beim HI-Virus sorgen diese Eiweiße für eine Verringerung der Immunantwort. Diese kleine Intervention hat einen enormen Effekt: Das Immunsystem erkennt den im Mutterleib wachsenden Embryo nicht als Fremdkörper und stößt ihn daher auch nicht ab. Ein immenser Vorteil gegenüber eierlegenden Säugetieren, da das Ungeborene nun im Mutterleib geschützt ist und bis zur Geburt mit allem versorgt werden kann, was es braucht. Diesen Mechanismus schrieb ein endogenes Retrovirus vor siebzig bis hundert Millionen Jahren in das Genom der Säugetiere ein, die daraufhin zu Plazentatieren wurden. Für die Ermöglichung dieses im wahrsten Sinne epochalen Evolutionssprunges, dem nicht zuletzt auch wir Menschen unsere Existenz verdanken, sind die ansonsten so arg geschmähten Viren eigentlich gar nicht genug wertzuschätzen.

Dank

Mein Dank geht zuerst an Stefan Mayr, der mich auf die Idee zu diesem Buch brachte. Weiterhin danke ich Gisela Eckoldt und René Weiland für ihre genaue Erstlektüre des Manuskripts und ihre konstruktive Kritik. Für die hilfreiche Unterstützung bei der Recherche in Zeiten der pandemiebedingten Bibliothekenschließung danke ich vor allem Felicitas Eckoldt-Wolke und Steve Ayan. Auch Bernhard Pörksen und Peer Wollsiefer gilt mein Dank für die intensiven Diskussionen über den gesellschaftlichen Umgang mit der viralen Gefahr. Meinen Nachbarn auf dem Land danke ich für die Ermunterungen verbaler und vinologischer Art sowie die mitunter mehrtägigen Pausen beim Rasenmähen und beim Gebrauch der Kreissäge.

Und meiner Frau danke ich für ihre ermunternde Unterstützung und inspirierende Anwesenheit.

Anmerkungen

1 Robert M. Hazen: Die Evolution der Minerale, *Spektrum der Wissenschaft*, August 2010, https://www.spektrum.de/magazin/die-evolution-der-minerale/1037417, zuletzt abgerufen am 23.11.2020.
2 Bernt Karger-Decker: *Unsichtbare Feinde*, Leipzig 1980, S. 11.
3 Johannes Baptista van Helmont: *Aufgang der Artzney-Kunst: d.i. noch nie erhörte Grundlehren von der Natur zu einer neuen Beförderung der Artzney-Sachen, sowohl die Krankheiten zu vertreiben als sie zu heilen*. Sulzbach 1683, S. 153.
4 Aristoteles: *Historia animalium* – Die Tierkunde, V 15. 548 a, Paderborn 1957, übersetzt von Paul Gohlke.
5 Max Caspar, Walther van Dyck (Hrsg.): *Johannes Kepler in seinen Briefen*. Bd. 1, München und Berlin 1930, S. 250.
6 Giovanni Boccaccio: *Il Decamerone*. München 1957, S. 12.
7 Heinrich Haeser: *Lehrbuch der Geschichte der Medicin und der epidemischen Krankheiten*. 3. Aufl., Bd. 3, Jena 1882, S. 181.
8 *Vorträge und Forschungen: Ausgewählte Aufsätze von František Graus*. Bd. 55. Hrsg. vom Konstanzer Arbeitskreis für Mittelalterliche Geschichte e.V., Stuttgart 2002, S. 289–301.
9 Ralph Drollinger: Is God Judging America Today? 21. März 2020, https://capmin.org/is-god-judging-america-today/, zuletzt abgerufen am 11.11.2020.
10 Heinz Schott: *Die Chronik der Medizin*, Dortmund 1993, S. 140.
11 Girolamo Fracastoro: *De contagione et contagiosis morbis eorumque curatione*, Venedig 1546.
12 van Helmont: *Aufgang der Artzney-Kunst*, S. 153.
13 William Harvey: *Die Bewegungen der Herzens und des Blutes*, Leipzig 1910, S. 117.
14 Schott: *Die Chronik der Medizin*, S. 182.
15 Karger-Decker: *Unsichtbare Feinde*, S. 13f.
16 Ebd. S. 16.
17 Friedrich Löffler: *Vorlesungen über die geschichtliche Entwickelung der Lehre von den Bacterien: für Aerzte und Studirende*, Berlin 1887, S. 5.
18 Antoni Leeuwenhoek: *Arcana naturae detecta*, Delphis Batavorum 1697.
19 Robert Kropp: *Pneumologie: Ein historisches Kaleidoskop – Überraschendes, Kurioses, Lehrreiches*, Stuttgart 2011, S. 194f.
20 Löffler: *Vorlesungen über die geschichtliche Entwickelung*, S. 22.
21 Karger-Decker: *Unsichtbare Feinde*, S. 32.
22 Ignaz Philipp Semmelweis: *Die Aetiologie, der Begriff und die Prophylaxis des Kindbettfiebers*, Wien und Leipzig 1861, S. 412.
23 Ebd. S. 55.
24 Karger-Decker: *Unsichtbare Feinde*, S. 23.
25 Jakob Henle: *Von den Miasmen und Kontagien und von den miasmatisch-kontagiösen Krankheiten*, Leipzig 1910 (im Folgenden siehe S. 9).

26 *The Broadview Anthology of British Literature: Concise Edition Volume A*, Peterborough, Canada, 2008, S. 1453 (Zitat übersetzt von Matthias Eckoldt [M. E.]).
27 Edward Jenner: *An inquiry into the causes and effects of the variolae vaccinae: a disease discovered in some of the western counties of England, particularly Gloucestershire, and known by the name of the cow pox*, London 1801, S. 29 (Zitat übersetzt von M. E.).
28 Ebd. S. 32.
29 Karger-Decker: *Unsichtbare Feinde*, S. 23.
30 Aloys Pollender: Mikroskopische und mikrochemische Untersuchung des Milzbrandblutes, so wie über Wesen und Kur des Milzbrandes. *Vierteljahresschrift für gerichtliche und öffentliche Medicin*, Bd. 7, Berlin 1855, S. 112f. (hier und im Folgenden).
31 Robert Koch: Die Ätiologie der Milzbrand-Krankheit, begründet auf die Entwicklungsgeschichte des Bacillus Anthracis. In: *Cohns Beiträge zur Biologie der Pflanzen*, Bd. II, Heft 2, Breslau 1876. Nachdruck in: *Gesammelte Werke von Robert Koch*, Bd. 1, hrsg. v. J. Schwalbe, Leipzig 1912, S. 8.
32 Robert Koch: Zur Ätiologie des Milzbrandes. In: *Mitteilungen aus dem Kaiserl. Gesundheitsamte*, Bd. I, Berlin 1881. Nachdruck in *Gesammelte Werke*, S. 174f. (hier und im Folgenden).
33 Koch: Die Ätiologie der Milzbrand-Krankheit, begründet auf die Entwicklungsgeschichte des Bacillus Anthracis, S. 6.
34 Robert Koch: Über bakteriologische Forschung. In: *Aus Verhandlungen des X. Internationalen Medizinischen Kongresses*, Berlin 1891. Nachdruck in *Gesammelte Werke*, S. 657.
35 Herbert A. Neumann: *Die Entstehung der Virologie*, Berlin 2019, S. 16.
36 Adolf Mayer: Ueber die Mosaikkrankheit des Tabaks. In: *Die landwirtschaftlichen Versuchs-Stationen*, Nr. 32, 1886, S. 466.
37 Martinus Willem Beijerinck: *Ueber ein Contagium vivum fluidum als Ursache der Fleckenkrankheit der Tabaksblätter*, Verhandelingen der Koninklijke Akademie van Wetenschappen te Amsterdam (Tweete Sectie), Deel VI. No. 5, Amsterdam 1898, S. 5f. (hier und im Folgenden).
38 Ebd. S. 3.
39 Rudolf Virchow: *Die Cellularpathologie in ihrer Begründung auf physiologische und pathologische Gewebelehre*, Berlin 1858. S. 25.
40 Friedrich Löffler: Untersuchungen ueber die Bedeutung der Mikroorganismen für die Entstehung der Diphterie beim Menschen, bei der Taube und beim Kalbe In: *Mittheilungen aus dem Kaiserlichen Gesundheitsamte*, Bd. 2, 1884, S. 424.
41 Friedrich Löffler, Paul Frosch: Berichte der Kommission zur Erforschung der Maul- und Klauenseuche bei dem Institut für Infektionskrankheiten in Berlin. In: *Centralblatt für Bakteriologie, Parasitenkunde und Infektionskrankheiten*, Berlin 1898, S. 391.
42 Karger-Decker: *Unsichtbare Feinde*, S. 217.
43 Heinz Flamm: Pasteurs Wut-Schutzimpfung – vor 130 Jahren in Wien mit Erfolg begonnen und doch offiziell abgelehnt. In: *Medizinische Wochenschrift*, Wien 2015, S. 323.
44 Adam Olt, August Ströse: *Die Wildkrankheiten und ihre Bekämpfung*, Neudamm 1914, S. 433.
45 Flamm: Pasteurs Wut-Schutzimpfung, S. 323f. (hier und im Folgenden).
46 Francis Peyton Rous: A Sarcoma of the fowl transmissible by an agent separable from the tumor cells. *Journal of Experimental Medicine* 1911, 13, S. 397f. (hier und im Folgenden, Zitate übersetzt von M. E.).
47 Ebd. S. 409 (Zitat übersetzt von M. E.).
48 Robert Koch: Über bakteriologische Forschung, S. 657.
49 Neumann: *Die Entstehung der Virologie*, S. 181.

50 Félix Hubert d'Hérelle: *The Bacteriophage and its behavior.* Baltimore 1923, S. 3f. (hier und im Folgenden, Zitate übersetzt von M. E.).
51 Neumann: *Die Entstehung der Virologie,* S. 188.
52 d'Hérelle: *The Bacteriophage and its behavior,* S. 546 (Zitat übersetzt von M. E.).
53 *Pandemic Influenza Risk Management,* WHO, 2017, S. 19, http://www.who.int/influenza/preparedness/pandemic/GIP_PandemicInfluenzaRiskManagementInterimGuidance_Jun2013.pdf.
54 Gina Kollata: *Influenza. Die Jagd nach dem Virus,* Frankfurt a. M. 2001.
55 Laura Spinney: *1918. Die Welt im Fieber. Wie die spanische Grippe die Gesellschaft veränderte,* München 2018, S. 52.
56 Ebd. S. 102.
57 Wilfried Witte: *Tollkirschen und Quarantäne. Die Geschichte der Spanischen Grippe,* Berlin 2008, S. 15.
58 Ebd. S. 12.
59 Ebd. S. 20.
60 Ebd. S. 21.
61 Digitales Wörterbuch der deutschen Sprache, Stichwort »vergreifen«, https://www.dwds.de/wb/vergreifen#etymwb-1, zuletzt abgerufen am 23.11.2020.
62 Kollata: *Influenza,* S. 76.
63 Ebd. S. 11.
64 Ebd.
65 F. Prein: Zur Influenzapandemie 1918 auf Grund bakteriologischer, pathologisch-anatomischer und epidemiologischer Beobachtungen. In: *Zeitschrift für Hygiene und Infektionskrankheiten* 1918, 90, S. 120.
66 Ebd.
67 Erich Leschke: Untersuchungen zur Aetiologie der Grippe. In: *Berliner Klinische Wochenschrift. Organ für praktische Ärzte* 1919, Nr. 1, S. 11f. (hier und im Folgenden).
68 Prein: Zur Influenzapandemie 1918, S. 107.
69 Spinney: *1918,* S. 116.
70 Ebd. S. 121.
71 Martin C. J. Bootsma, Neil M. Ferguson: The effect of public health measures on the 1918 influenza pandemic in U.S. cities. In: *Proceedings of the National Academy of Sciences* 2007, 14 (18), S. 7588 (Zitat übersetzt von M. E.).
72 Walter Glaser: *Grundlagen der Elektronenoptik,* Wien 1952, S. 7.
73 Ebd.
74 Carlheinz Wolpers: Helmut Ruska und die medizinische Elektronenmikroskopie, *Deutsches Ärzteblatt,* 1988, 45, S. 3174.
75 Helmut Ruska, Bodo von Borries, Ernst Ruska: Die Bedeutung der Übermikroskopie für die Virusforschung, *Archiv für die gesamte Virusforschung* 1939, Nr. 1, S. 155.
76 Ebd. S. 161.
77 Ebd.
78 Neumann: *Die Entstehung der Virologie,* S. 16.
79 Ruska et al.: Die Bedeutung der Übermikroskopie für die Virusforschung, S. 167.
80 Helmut Ruska: Uebermikroskopische Darstellung organischer Strukturen (vom Größenbereich der Zelle bis zum Ultravirus), *Archiv für experimentelle Zellforschung,* 1938, Bd. 22, S. 676–680 (hier und im Folgenden).
81 Wolpers: Helmut Ruska und die medizinische Elektronenmikroskopie, S. A-3175.
82 D. H. Krüger, P. Schneck, H. R. Gelderblom: Helmut Ruska und die Sichtbarmachung der Viren. *The Lancet* 2000, 355, S. 1715.

83 https://en.wikipedia.org/wiki/Thomas_F._Anderson.
84 Helmut Ruska: Unsichtbares wird sichtbar. *Kosmos* 1938, 35, S. 346.
85 Wendell M. Stanley: Isolation of a crystalline protein possessing the properties of tobacco mosaic virus. *Science* 1935, 81, S. 645 (Zitat übersetzt von M. E.).
86 Ebd. S. 644.
87 Anon. Im Vorfeld des Lebens, *Der Spiegel* 46/1955, S. 53.
88 Friedrich Miescher: Ueber die chemische Zusammensetzung der Eiterzellen. In: Felix Hoppe-Seyler, *Medicinisch-chemische Untersuchungen,* Heft IV, Tübingen 1871, S. 14.
89 Ebd. S. 28.
90 Alice Woodruff, Ernest Goodpasture: The Susceptibility of the Chorio-Allantoic Membrane of chick embryos to infection with the fowl-pox virus. *American Journal of Pathology* 1931, 7, S. 210 (Zitat übersetzt von M. E.).
91 Ebd. S. 214 (Zitat übersetzt von M. E.).
92 Ebd. S. 221 (Zitat übersetzt von M. E.).
93 Wolfram Doerr, H. W. Gerlich: *Medizinische Virologie. Grundlagen, Diagnostik, Prävention und Therapie viraler Erkrankungen.* Stuttgart 2010. S. 5.
94 Neumann: *Die Entstehung der Virologie,* S. 60.
95 Wolpers: Helmut Ruska und die medizinische Elektronenmikroskopie, S. A-3175 (hier und im Folgenden).
96 Helmut Ruska: Versuch zu einer Ordnung der Virusarten. *Archiv für die gesamte Virusforschung,* 1943, 2 (5), S. 483-495 (hier und im Folgenden).
97 Helmut Ruska: *Virus. Eine kurze Zusammenfassung der Erkenntnisse über das Virusproblem,* Potsdam 1950, Anhang, Tabelle 9.
98 Ebd. S. 43.
99 Ebd.
100 Ebd. S. 44.
101 Heinz L. Fraenkel-Conrat, Bea Singer: Virus reconstruction and the proof of the existence of genomic RNA, *Philosophical transactions of the Royal Society of London, Series B, Biological Sciences* 1999, S. 583 (Zitat übersetzt von M. E.).
102 Thomas Radetzki, Matthias Eckoldt: *Inspiration Biene,* Stuttgart 2020, S. 54.
103 Robert N. Proctor: Adolf Butenandt (1903–1995). Nobelpreisträger, Nationalsozialist und Max-Planck-Gesellschaft-Präsident. In: Ergebnisse. Vorabdrucke aus dem Forschungsprogramm »Geschichte der Kaiser-Wilhelm-Gesellschaft im Nationalsozialismus«, hrsg. v. Carola Sachse, Berlin 2000, https://www.mpiwg-berlin.mpg.de/KWG/Ergebnisse/Ergebnisse2.pdf.
104 Gerhard Schramm, Wolfram Zillig: Über die Struktur des Tabakmosaikvirus. *Zeitschrift für Naturforschung* 1955, 10b, S. 498.
105 Ebd. S. 493.
106 Ebd. S. 495.
107 Ebd. S. 497.
108 Fraenkel-Conrat, Singer: Virus reconstruction and the proof of the existence of genomic RNA, S. 583 (Zitat übersetzt von M. E.).
109 Ebd.
110 Heinz L. Fraenkel-Conrat, Robley Williams: Reconstruction of active tobacco mosaic from its inactive protein and nucleic acid components, *Proceedings of the National Academy of Sciences of the USA* 1955, 41 (10), S. 691ff. (hier und im Folgenden, Zitate übersetzt von M. E.).
111 Fraenkel-Conrat, Singer: Virus reconstruction and the proof of the existence of genomic RNA, S. 583 (Zitat übersetzt von M. E.).

112 Anon.: Im Vorfeld des Lebens, *Der Spiegel* 46/1955, S. 53.
113 Fraenkel-Conrat, Singer: Virus reconstruction and the proof of the existence of genomic RNA, S. 583 (Zitat übersetzt von M. E.).
114 Alfred Gierer, Gerhard Schramm: Die Infektiosität der Nukleinsäure aus Tabakmosaikvirus, *Zeitschrift für Naturforschung* 1955, 11b, S. 138ff. (hier und im Folgenden).
115 James D. Watson: *Die Doppelhelix. Ein persönlicher Bericht über die Entdeckung der DNS-Struktur,* Hamburg 2015, S. 111f.
116 Ebd. S. 192.
117 Ebd. S. 33.
118 Ernst Peter Fischer: *Am Anfang war die Doppelhelix. James D. Watson und die neue Wissenschaft vom Leben,* Berlin 2004, S. 90.
119 Thomas Gull: Schrödingers Schicksalstage. UHZ News, 22.12.2017, https://www.news.uzh.ch/de/articles/2017/Schroedinger.html, zuletzt abgerufen am 11.11.2020.
120 Erwin Schrödinger: *Was ist Leben? Die lebendige Zelle mit den Augen eines Physikers betrachtet,* München 2017.
121 Thomas Hunt Morgan: The relation of genetics to physiology and medicine, Nobel Lecture, 4. Juni 1934 (Zitat übersetzt von M. E.), https://www.nobelprize.org/prizes/medicine/1933/morgan/lecture/, zuletzt abgerufen am 21.11.2020.
122 Schrödinger: *Was ist Leben?,* S. 48.
123 Watson: *Die Doppelhelix,* S. 149.
124 Ebd. S. 53.
125 Ebd. S. 148.
126 Ebd.
127 Ebd. S. 53.
128 Ebd. S. 150.
129 Fischer: *Am Anfang war die Doppelhelix,* S. 52.
130 Ebd. S. 54.
131 Watson: *Die Doppelhelix,* S. 42.
132 Ebd. S. 169.
133 Ebd. S. 176.
134 James Watson, Francis Crick: Molecular Structure of Nucleic Acids: A Structure of Desoxyribose Nucleic Acid, *Nature* 1953, 171, S. 738.
135 Francis Crick: *Ein irres Unternehmen. Die Doppelhelix und das Abenteuer Molekularbiologie,* München 1990, S. 227.
136 André Lwoff: Der Prophage und ich. In: John Cairns, Gunther Stent, James Watson: *Phagen und die Entwicklung der Molekularbiologie,* Berlin 1972, S. 97–107 (hier und im Folgenden).
137 André Lwoff: The Concept of Virus. The third Marjory Stephenson Memorial Lecture. *Journal of General Microbiology* 1957, 17, S. 241 (Zitat übersetzt von M. E.).
138 Lwoff: Der Prophage und ich, S. 104.
139 Ebd. S. 106.
140 Lwoff: The Concept of Virus, S. 241 (Zitat übersetzt von M. E.).
141 Neumann: *Die Entstehung der Virologie,* S. 40.
142 Ebd.
143 Lwoff: The Concept of Virus, S. 250ff. (hier und im Folgenden, Zitate übersetzt von M. E.).
144 Jacob von Heine: *Spinale Kinderlähmung,* Stuttgart 1860, S. V.
145 Neumann: *Die Entstehung der Virologie,* S. 99.
146 James P. Leake: Poliomyelistis following Vaccination against this Disease, *Journal of American Medicine* 1936, 44 (2), S. 142 (Zitat übersetzt von M. E.).

147 Paul A. Offit: *The Cutter Incident. How America's First Polio Vaccine Led to the Growing Vaccine Crisis,* New Haven, London 2005, S. 18 (Zitat übersetzt von M. E.).
148 Albert B. Sabin: Present status of attenuated live-virus poliomyelitis vaccine. *Journal of the American Medical Association,* 1956, 162, S. 1589 (Zitat übersetzt von M. E.).
149 Richard Hantulla: *Jonas Salk.* Milwaukee 2004, S. 38 (Zitat übersetzt von M. E.).
150 Dorothy Horstmann: The Sabin Live Poliovirus Vaccination Trails in the USSR, *Yale Journal of Biology and Medicine* 1959, 64, S. 499 (Zitat übersetzt von M. E.).
151 Hans-Philip Pöhn, Gernot Rasch: *Statistik meldepflichtiger übertragbarer Krankheiten. Vom Beginn der Aufzeichnungen bis heute.* München 1994, S. 72.
152 Ebd. S. 71.
153 Harald zur Hausen, Katja Reuter: *Gegen Krebs. Die Geschichte einer provokanten Idee,* Reinbek 2010, S. 36.
154 Karin Mölling: *Supermacht des Lebens. Reisen in die erstaunliche Welt der Viren.* München 2015, S. 53.
155 Howard M. Temin: *Nature of the Provirus of Rous Sarcoma.* Nat. Cancer Inst. Monograph 17, S. 557 (Zitat übersetzt von M. E.).
156 Robert Gallo: *Die Jagd nach dem Virus. Aids, Krebs und das menschliche Retrovirus. Die Geschichte einer Entdeckung.* Frankfurt a. M. 1991, S. 104.
157 Temin: *Nature of the Provirus of Rous Sarcoma,* S. 557 (Zitat übersetzt von M. E.).
158 Howard M. Temin: The DNA Provirus Hypothesis. The Establishment and Implications of RNA-directed DNA Synthesis, Nobel Lecture, 1975, S. 250 (Zitat übersetzt von M. E.).
159 Geoffrey M. Cooper: *The DNA Provirus. Howard Temin's Scientific Legacy.* Washington, D.C. 1995, S. 47 (Zitat übersetzt von M. E.).
160 Ebd. (Zitat übersetzt von M. E.).
161 Howard Temin, Satoshi Mizutani: RNA-dependent DNA polymerase in virions of Rous sarcoma virus, *Nature* 1970, 226 (5252), S. 1213 (Zitat übersetzt von M. E.).
162 Mölling: *Supermacht des Lebens,* S. 54.
163 Ebd.
164 Ebd.
165 Doerr, Gerlich: *Medizinische Virologie,* S. 20.
166 Robert Huebner, George Todaro: Oncogenes of RNA Tumor Viruses as Determinants of Cancer. In: *Proceedings of the National Academy of Sciences* 1969, 64 (3), S. 1087 (hier und im Folgenden, Zitate übersetzt von M. E.).
167 zur Hausen, Reuter: *Gegen Krebs,* S. 230.
168 Ebd. S. 122.
169 Ebd. S. 104.
170 Ebd. S. 181.
171 Ebd. S. 227.
172 Ebd. S. 245.
173 Gallo: *Die Jagd nach dem Virus,* S. 99.
174 Ebd. S. 151.
175 Ebd.
176 Time to eradicate HTLV-1: an open letter to WHO, https://gvn.org/who/, zuletzt abgerufen am 11.11.2020 (Zitat übersetzt von M. E.).
177 Michael S. Gottlieb: Epidemiologic Notes and Reports: Pneumocystis Pneumonia – Los Angeles. *Morbidity and Mortality Weekly Report* 1981, 30 (21), S. 1 (Zitat übersetzt von M. E.).
178 The Nobel Prize in Physiology or Medicine 1978, https://www.nobelprize.org/prizes/medicine/1978/summary/, zuletzt abgerufen am 21.11.2020 (Zitat übersetzt von M. E.).

179 Gallo: *Die Jagd nach dem Virus,* S. 200.
180 Ebd. S. 205.
181 Robert Gallo, Luc Montagnier: AIDS im Jahre 1988. *Spektrum der Wissenschaft,* Dezember 1988, S. 52.
182 Lawrence Altman: Federal Official Says He Believes Cause of AIDS Has Been Found, https://www.nytimes.com/1984/04/22/us/federal-official-says-he-believes-cause-of-aids-has-been-found.html, zuletzt abgerufen am 21.11.2020.
183 Gallo: *Die Jagd nach dem Virus,* S. 267.
184 Ebd. S. 194.
185 Mölling: *Supermacht des Lebens,* S. 54.
186 Gallo: *Die Jagd nach dem Virus,* S. 293.
187 Robert Gallo, Luc Montagnier: AIDS im Jahre 1988. *Spektrum der Wissenschaft,* Dezember 1988, S. 53.
188 Christina Berndt: Eine kräftige Ohrfeige, https://www.sueddeutsche.de/wissen/aidsforscher-gallo-eine-kraeftige-ohrfeige-1.533800, zuletzt abgerufen am 21.11.2020.
189 Mölling: *Supermacht des Lebens,* S. 40.
190 Vineet Menacherie et al: A SARS-like cluster of circulating bat coronaviruses shows potential for human emergence, https://www.nature.com/articles/nm.3985#change-history (Zitat übersetzt von M. E.), zuletzt abgerufen am 21.11.2020.
191 Kary Mullis: Dancing naked in the Mind Field, New York 1998. S. 131 (Zitat übersetzt von M. E.).
192 Ebd. S. 132 (Zitat übersetzt von M. E.).
193 Ebd. S. 4 (Zitat übersetzt von M. E.).
194 Ebd. S. 6 (Zitat übersetzt von M. E.).
195 Ebd.
196 Ebd. S. 7 (Zitat übersetzt von M. E.).
197 Alexander S. Kekulé: Das erste Gentherapie-Opfer hätte wahrscheinlich vermieden werden können, https://www.tagesspiegel.de/themen/gesundheit/das-erste-gentherapie-opfer-haette-wahrscheinlich-vermieden-werden-koennen-kommentar/110568.html, zuletzt abgerufen am 21.11.2020.
198 Schattenseite der Gentherapie, https://www.focus.de/gesundheit/ratgeber/zukunftsmedizin/news/gentherapie-opfer_aid_84238.html, zuletzt abgerufen am 21.11.2020.
199 Ebd.
200 Heinz von Foerster: *Einführung in den Konstruktivismus,* München 1992, S. 61.
201 Kathrin Geißelmann, Eva Richter-Kuhlmann: Gene Drive: Das Ende der Vererbungsregeln, *Deutsches Ärzteblatt* 115 (37), A-1590/B-1344/C-1332.
202 Aurelia-Stiftung: Schützt die Biene vor Gentechnik, https://www.biene-gentechnik.de/, zuletzt abgerufen am 21.11.2020.
203 Johann Grolle: Bildhauer des Lebens, https://www.spiegel.de/spiegel/print/d-143471128.html, zuletzt abgerufen am 21.11.2020.
204 Blake Bextine: Insect Allies, https://www.darpa.mil/program/insect-allies, zuletzt abgerufen am 23.11.2020.
205 Max-Planck-Gesellschaft: Ein Schritt zur biologischen Kriegsführung mit Insekten? https://www.mpg.de/12316482/darpa-insect-ally, zuletzt abgerufen am 21.11.2020.
206 Chris Burt: ID2020 and partners launch program to provide digital ID with vaccines, 20. September 2019, https://www.biometricupdate.com/201909/id2020-and-partners-launch-program-to-provide-digital-id-with-vaccines, zuletzt abgerufen am 23.11.2020. Vgl. auch Ina Knobloch: *Shutdown. Von der Corona-Krise zur Jahrhundert-Pandemie,* München 2020, S. 170.

207 Event 201, https://www.centerforhealthsecurity.org/event201/, zuletzt abgerufen am 21.11.2020.
208 Ebd. (Zitat übersetzt von M. E.).
209 Knobloch: *Shutdown*, S. 121.
210 Event 201, https://www.centerforhealthsecurity.org/event201/index.html (Zitat übersetzt von M. E.), zuletzt abgerufen am 21.11.2020.
211 Christian Drosten et al.: Identification of a Novel Coronavirus in Patients with Severe Acute Respiratory Syndrome. *New England Journal of Medicine* 2003, 348, S. 1967.
212 Doerr, Gerlich: *Medizinische Virologie*, S. 130.
213 Christian Drosten: SARS: Weltreise eines neuen Virus. *Biologie in unserer Zeit* 2003, Nr. 4, S. 213.
214 Ron A.M. Fouchier: Pause on Avian Flu Transmission Research, *Science* 2012, 335 (6067), S. 400–401.
215 Hausarrest für Mexikaner, https://www.dw.com/de/hausarrest-f%C3%BCr-mexikaner/a-4216950, zuletzt abgerufen am 21.11.2020.
216 Doerr, Gerlich: *Medizinische Virologie*, S. 605.
217 Robert-Koch-Institut (Hrsg.): *Bericht zur Epidemiologie der Influenza in Deutschland Saison 2009/10*, S. 7.
218 Vfa – Die forschenden Pharmafirmen: Zulassungen für gentechnisch hergestellt Arzneimittel, 29.9.2020, S. 6, https://www.vfa.de/de/arzneimittel-forschung/datenbanken-zu-arzneimitteln/amzulassungen-gentec.html/genteczulassungen.pdf, zuletzt abgerufen am 21.11.2020.
219 WHO: Prioritizing diseases for research and development in emergency contexts, https://www.who.int/activities/prioritizing-diseases-for-research-and-development-in-emergency-contexts, zuletzt abgerufen am 21.11.2020.
220 WHO: WHO Director-General's opening remarks at the media briefing on COVID-19 – 11 March 2020, https://www.who.int/dg/speeches/detail/who-director-general-s-opening-remarks-at-the-media-briefing-on-covid-19---11-march-2020, zuletzt abgerufen am 21.11.2020.
221 Übersetzung: Charles Schildge.
222 Übersetzung: Charles Schildge.
223 DZIF: Erster Test für das neuartige Coronavirus in China ist entwickelt, https://idw-online.de/de/news730025, zuletzt abgerufen am 21.11.2020.
224 https://www.carl-auer.de/magazin/kehrwoche/cov-idioten.
225 Martin Vieweg: Immunstark durch Viren-Überbleibsel im Erbgut, https://www.wissenschaft.de/umwelt-natur/immunstark-durch-viren-ueberbleibsel-im-erbgut/, zuletzt abgerufen am 23.11.2020.
226 Roswitha Löwer, Johannes Löwer, Reinhard Kurth: Characteristic and biological significance of human endogenous retrovirus sequences. *Proceedings of the National Academy of Science* 1996, 93, S. 5177 (Zitat übersetzt von M. E.).

SACH- UND PERSONENREGISTER

Abbe, Ernst Karl 94f.
Abiogenese *siehe Urzeugung*
Adenoviren 201, 203, 211
AIDS 18, 179–188
 -Leugner 196
 -Medikamente 196
Allantois-Kultur 110
Allele 204
Alter, Harvey James 213
Anderson, Thomas F. 101, 112
Andrewes, Christopher 146
Angelin, Bo 187
Arber, Werner 181
Aristoteles 25, 29f., 71
Autopoiesis 14f.

Bakteriologie 47, 160
Bakteriophagen 78–80, 113, 132, 134, 140ff., 162
Baltimore, David 163f., 166, 168, 194
Baltimore-Gruppe 171, 179
Barr, Yvonne 170
Barré-Sinoussi, Françoise 175, 179, 182, 187
Bawden, Frederic C. 107

Bechhold, Heinrich Jakob 99f.
Beijerinck, Martinus Willem 61–64, 147
Beria, Lawrenti 79
Berkefeld, Wilhelm 65
Berkefeld-Filter 65, 75, 88, 99
Bernhard-Nocht-Institut 216
Bill-und-Melinda-Gates-Stiftung 204, 207
Black-Queen-Cell-Virus 167
Boccaccio, Giovanni 27
Bootsma, C. J. 91
Bordet, Jules 96
Borries, Bodo von 97
Borries, Hedwig von 97
Braun, Wernher Freiherr von 95
Brodie, Maurice 152–156
Burnet, Macfarlane 146, 160
Busch, Hans 95
Butenandt, Adolf 119–120

Calderón, Felipe 220
Caltech (California Institute of Technology) 131, 163
Cantor, Eddie 150

Caroll, James 69
Caulimovirus 167
Cavendish-Laboratorium 127, 131
CDC (Center for Disease Control) 184
Celsus, Aulus Cornelius 59
Chamberland, Charles Edouard 61
Chamberland-Filter 61f., 64, 76f., 99
Chargaff, Erwin 127, 135
Chargaff-Regel 135
Charité 88, 96f., 230
Charpentier, Emmanuelle 204
Chauveau, Jean-Baptiste Auguste 59
Chermann, Jean-Claude 182
Chikungunyafieber 223
Chirac, Jacques 186
Cholera 57, 65, 85
Cohen, Seymour 134
Cohn, Ferdinand Julius 57
Corona 191–235
 -Familie 216, 221
 -Impfung 208ff.
 -Krise 28, 87, 102
 -Pandemie 28, 37, 164, 189, 195, 206f., 212f., 233
Coronavirus 167f., 189f., 207ff., 211f., 214, 221f., 224, 227, 230ff.
COVID-19 *siehe* Corona

Crick, Francis 127f., 131–139, 160, 164
CRISPR/Cas9-Verfahren 203
Crodel, Brigitte 110
Cruz, da Costa 79
Cruz, Oswaldo 79
Curran, James W. 184
Cystovirus 167

Delbrück, Max 132
Denguefieber 74, 167, 223
Desinfektion 45, 90, 214
d'Hérelle, Félix Hubert 77–80, 132
Doane, Philip 87
Doppelhelix 130, 136ff., 166, 198
Douglas, Roger 193
Drollinger, Ralph 28
Drosten, Christian 216f., 222, 230
Duesberg, Peter Heinz Hermann 196f.
Dürst, Matthias 172
Dusch, Theodor von 39

Ebolavirus 167, 211, 224ff.
Eichroth, Ludwig 151
Elektronenmikroskop 93–101, 102, 112f., 115, 121f., 192
Eliava, Georgi 79
ELISA-Test 183
Epstein, Sir Michael 170

Epstein-Barr-Virus 170f.
Erbgut 140, 169, 171, 173, 177, 195, 204, 234
-information 206
manipuliertes 203
Modifizierung 205
Sequenzierung 188
Erbkrankheiten 130, 198, 200, 203
Esvelt, Kevin 205

Fabricius, Johann 26
Fang Li 222
Ferguson, Neil M. 91
Finlay, Carlos Juan 69
Firfth, Stubbins 68
Foerster, Heinz von 203
Fouchier, Ron 218
Fracastoro, Girolamo 29
Fraenkel-Conrat, Heinz Ludwig 118f., 121–125, 130
Franklin, Rosalind 135f.
Frisch, Karl von 119
Frosch, Paul 64–66
Fruchtfliege 102, 128f.

Galenus, Claudius 22, 30
Gallo, Robert Charles 162, 170–171, 176–187, 193
Gates, Bill 207
Gebreyesus, Tedron Adhanom 227
Gelbfieber 67–70, 223

Impfung gegen 70, 111
-kommission 68, 70, 86
-mücke 70, 204
Symptome 68
-virus 67–70, 111, 113, 167, 223
Gelsinger, Jesse 200–202
Gelsinger, Paul 202
Genetik 129f., 174
Genfähren 195, 201, 203, 205
Genschere 204f.
Gierer, Alfred 124f.
Gilbert, Walter 172
Gissmann, Lutz 172
Goethe, Johann Wolfgang von 39
Goodpasture, Ernest William 109f.
Graaf, Reinier de 33f.
Graaf-Follikel 33
Grippe *siehe Influenza*

Harvey, William 30, 40, 63
Heine, Jakob 151
Helmont, Johannes Baptista 24, 29f.
Henle, Jakob 46f., 54, 56, 63
Herpes(virus) 74, 113, 166, 170f.
Hippokrates 21f.
Hitler, Adolf 119
Hittorf, Johann Wilhelm 95
Hittorfröhre 95
HIV (Humanes Immundefizienz-Virus) 168, 176–190, 196

Impfung 180, 210
Pandemie 187
Test 193
Hongkong-Grippe 219
Hoppe-Seyler, Felix 107f.
Horstmann, Dorothy Millicent 157
Houghton, Michael 213
HTLV (Humanes T-Zell-Leukämie-Virus) 177–186
Huebner, Robert 169f., 176
Hühnerpocken 110
Hunter, John 51
Hybridviren 189
Hygiene 61, 75, 209

Infektiosität 71, 89, 109, 122f., 125, 152, 220
Influenza 58, 84ff., 87
 -Impfung 110
 -Pandemie 85
 saisonale 220f.
 -viren 167f., 217ff.
Institut Pasteur *siehe Pasteur-Institut*
Inzidenz 231
Iwanowski, Dmitri Iossifowitsch 61, 63f.

Jenner, Edward 50–53, 212
Johnson, Boris 233

Kant, Immanuel 53

Kaposi-Sarkom 179
Kawaoka, Yoshihiro 218
Keber, August Ferdinand 59
Keegan, J. J. 85f.
Kepler, Johannes 26, 27
Kindbettfieber 45
Kinderlähmung *siehe Polio(myelitis)*
Kircher, Athanasius 37
Klein, Johann 45f.
Knobloch, Ina 215
Knoll, Max 95f.
Koch, Hermann Robert 50, 54–58, 59, 63ff., 76, 94
Kolletschka, Jakob 45
Kolloidchemie 99
Kolmer, John Albert 152–154, 156
Kombinationstherapie 188, 196
Kontagium 46
Kossel, Albrecht 133
Kruse, Walter 75
Kuhpocken 52f., 71
Kurth, Reinhard 234
Kußmaul, Adolf 151

Landsteiner, Karl 151
Lavoisier, Antoine Laurant de 39
Lazear, Jesse William 69f.
Leake, James 153f.
Leder, Philip 194
Leeuwenhoek, Antoni van 32–38, 77, 93, 96, 119

Leschke, Erich 88f.
Letalität 225, 231
Levenne, Phoebus Aron Theodor 133f.
Li Wenliang 227–230, 232
Lichtmikroskop 33, 94, 96, 100
Liebig, Justus Freiherr von 41
Löffler, Friedrich 63–66
Luria, Salvador Edward 132, 134
Lwoff, André 140–147, 162
Lysogenie 140–148

Marburgvirus 167, 225
Masern(virus) 58, 74, 88, 167
Maturana, Humberto 14
Maul- und Klauenseuche 64ff., 113
Maxam, Allan 172
Maxam-Gilbert-Verfahren 173
Max-Planck-Gesellschaft 120, 206
Max-Planck-Institut 120
Mayer, Adolf Eduard 60–64
Mbeki, Thabo Mvuyelwa 196f.
Meister, Josef 72f.
Mendel, Johann Gregor 128
Mendel'sche Gesetze 204
Mensch-zu-Mensch-Übertragung 230
MERS-CoV 222, 227
Miasma 22f., 46
Miasmatheorie 44, 47

Miescher, Johannes Friedrich 107–108, 133
Mikroben 38–43, 44, 54ff., 61, 112f.
Mikrokokken 76
Miller, Stanley Lloyd 123f.
Milzbrand(erreger) 54ff.
Mizutani, Satoshi 163
Molekularbiologie 133, 172, 174
  Dogma der 138, 160, 163f.
Mölling, Karin 164f.
Montagnier, Luc 175, 179f., 182–187, 189f., 193
Montagu, Lady Mary Wortley 51
Morgan, Hunt 128ff.
Mücken
  als Überträger 69, 74, 223
  Ausrottung der 224
  genmanipulierte 204, 224
Mullis, Kary 195–199, 216
Mumps(virus) 74, 167
Murrow, Edward R. 157

Nathans, Daniel 181, 195
Needham, John Tuberville 38, 53
Negri, Adelchi 73, 74
Negri-Körper 73
NIH (National Institutes of Health) 170, 202
Nobel, Alfred 65, 187
Nucleoproteide 114
Nukleotid 134, 138, 173

Obama, Barack Hussein 220
Ockham, Wilhelm von 147
Offit, Paul A. 154
Onkogene 169ff., 176
O'Shaughnessy Heckler, Margaret Mary 184
Ossietzky, Carl von 119

Papillomvirus 171ff., 193, 209
   HPV (Humanes Papillomvirus) 172
   Impfung gegen 209, 211
Pasteur, Louis 40–42, 44, 61, 63, 70–73, 77, 109, 152, 212
Pasteur-Institut 70, 72, 77, 140, 142f., 179, 182ff.
Pasteurisierung 42
Pauling, Linus 130–133, 136
PCR (Polymerase-Kettenreaktion) 195, 198
Peiris, Malik 216
Perlmann, Peter 183
Perutz, Max 135
Pest 21ff., 27ff., 37, 58, 83
Pfeiffer, Richard 85
Pfeiffer'scher Bazillus 85, 88, 89
Pierie, Norman W. 107, 146
Pocken 50–53, 58, 88
   -impfung 50–53, 59, 70, 152
   -infektion 51
   -virus 74
Polio(myelitis) 150–159, 170
   Ausrottung der 193
   -Epidemie 157
   -impfung 150–159, 185, 193
   -Schluckimpfung 159, 170
   -virus 74, 151f., 155
Pollender, Franz Anton Aloys 55
Polymerase 163, 198, 224
Pouchet, Félix, Archimède 40
Prein, F. 89
Proctor, Robert 119
Putin, Wladimir 211

Rauscher-Leukämie-Virus 163
Reagan, Ronald 186, 193
Redi, Francesco 30f.
Reed, Walter 68, 70
Remlinger, Paul Ambroise 72ff.
Reproduktionsfaktor 231
Restriktionsenzym 181, 195
Retroviren 160–168, 169f., 176ff., 193f., 196, 203, 234
Reverse Transkriptase 161, 165ff., 176, 181f., 187, 193f., 196
Rice, Charles Moen 213
Rivers, Tom Milton 153ff.
Robert Koch-Institut (RKI) 220, 234
Rockefeller-Institut 74f., 102f., 110, 118, 153
Rolph, James 91
Roosevelt, Franklin Delano 150
Rosenau, Milton Joseph 85f.

Rotavirus 167
Rous, Francis Peyton 73f., 161
Rous-Sarkom-Virus 74, 161ff.
 167, 169, 230
Ruska, Ernst 95f.
Ruska, Helmut 96–98, 100f.,
 102, 112–115, 140, 166, 168
Ruska, Irmela 97

Sabin, Albert Bruce 155–157,
 159, 170f., 174
Salk, Jonas Edward 155–157,
 159, 185f., 193
Sanarelli, Giuseppe 68
SARS 215f., 222, 227,
SARS-CoV-2 *siehe Coronavirus*
Schnupfenvirus 75
Schramm, Gerhard 120–126, 130
Schrödinger, Erwin 127–130
Schwarz, Elisabeth 173
Schwarzenegger, Arnold Alois
 220
Schweinegrippe 219ff.
Schweinepest 74
Selter, Hugo 87f.
Semmelweis, Ignaz Philipp
 44–46
Shiga-Bakterien 77ff.
Siebeck, Richard 96f.
Simon, Fritz B. 232
Singer, Bea 118
Smith, Hamilton Othanel 181,
 195

Smith, Michael 199
Spallanzani, Lazzaro 38f., 41
Spanische Grippe 82–92, 219,
 232
Sputnik V 211
Stanley, Wendell Meredith
 102–107, 118, 120ff., 134, 146
Sternberg, George 68
Stewart, Timothy 194
Sumner, James Batcheller 103f.
Syphilis 29

Tabakmosaikkrankheit 60f.,
 63f., 101, 106, 123, 147
Tabakmosaikvirus 64, 100,
 102ff., 118, 122, 124, 147, 160
 Eiweiße 120
 Kristalle 106f., 120
 Nukleinsäuren 118ff.
 Taxonomie (der Viren) 112–
 116, 166, 168
Temin, Howard 161–164, 166
Thatcher, Margaret 193
Theiler, Max 110f.
Titrationsverfahren 66
Todaro, George 169f., 176
Tollwut 29, 67, 70–73
 -impfung 70–73, 151f.
 -institut 72
 -virus 72, 74, 109, 224
Totimpfstoff 152, 155, 159, 212
Triage 91, 231
Trump, Donald 28, 190, 233

Tschumakow, Michail 157, 159
Twort, Frederick 76–78

Ultrafiltration 99f.
Urease 103f.
Urzeugung 23, 24–26, 27ff., 36f., 38–43, 47, 53, 55, 63

Variola *siehe* Pocken
Varizella-Zoster-Virus 166
Varro, Marcus Terentius 22
Vermeer, Jan 32
Vermehrungsstrategie 140, 168, 176, 194
Verschwörungstheorie 28, 189, 207, 231
Virchow, Rudolf 46, 63, 75
Viren
 -art 112ff., 132, 160
 -forschung 18, 116, 120
 -kultivierung 109, 192
 -umprogrammierung 195
 -vermehrung 115f., 120, 188
Virologie 47, 127, 160, 192f., 194, 196f., 200, 214, 230
 Fachzeitschrift für 177
 molekularbiologische 181
 Paläo- 233
 Tumor- 75
Viruserbgut 177, 199, 224
Viruskristall 102–108
Vogelgrippe 217ff.
Vogt, Carl 39

Vöneky, Silja 206

Waldeyer, Wilhelm von 128
Watson, James Dewey 125, 127f., 130–138
West-Nil-Fieber 223
WHO (Weltgesundheitsorganisation) 53, 82, 158, 214, 216ff., 220ff., 227, 230, 233
Wieland, Heinrich 102
Williams, Robbey Cook 118f., 121–124
Wolf, Hans 171
Wollmann, Eugène 140–142, 145
Wolpers, Carlheinz 111
Wood, Leonard 70
Woodruff, Alice Miles 109f.
Wuhan 189f., 212, 227ff.

Younger, Julius 155

Zaki, Al Mohamed 221
Zikavirus 223
Zoonose 218f., 222
zur Hausen, Harald 170–174, 176, 178, 187